人工智能的价值反思

孙伟平　戴益斌　主编

上海大学出版社

·上海·

图书在版编目(CIP)数据

人工智能的价值反思 / 孙伟平,戴益斌主编. —上
海：上海大学出版社,2022.11
　ISBN 978 - 7 - 5671 - 4612 - 9

　Ⅰ. ①人… Ⅱ. ①孙… ②戴… Ⅲ. ①人工智能-研
究 Ⅳ. ①TP18

　中国版本图书馆 CIP 数据核字(2022)第 223640 号

责任编辑　王　聪
助理编辑　夏　安
封面设计　倪天辰
技术编辑　金　鑫　钱宇坤

人工智能的价值反思

孙伟平　戴益斌　主编

上海大学出版社出版发行
(上海市上大路 99 号　邮政编码 200444)
(https://www.shupress.cn　发行热线 021 - 66135112)
出版人　戴骏豪
*
南京展望文化发展有限公司排版
上海光扬印务有限公司印刷　各地新华书店经销
开本 710mm×1000mm　1/16　印张 16.5　字数 244 千
2023 年 1 月第 1 版　2023 年 1 月第 1 次印刷
ISBN 978 - 7 - 5671 - 4612 - 9/TP·84　定价　78.00 元

目　录

导论：关于人工智能的价值反思

孙伟平

人工智能是深刻改变世界、有远大发展前途同时后果难以准确预料的颠覆性技术。目前人工智能市场正以指数级的速度高速增长，但人们的思想观念滞后，相关政策取向不清晰，伦理规制缺失，法律法规不健全，这造成了人工智能中巨大的不确定性和风险。因此，有必要对人工智能及其应用后果进行全方位的价值反思，将人工智能纳入健康发展的轨道。

一、人工智能的积极社会效应

人工智能是基础性、前沿性、开放性、革命性的高新科学技术。可以预见，人工智能将成为未来智能社会的基本技术支撑，对社会生产方式、生活方式乃至休闲娱乐方式产生巨大而深远的影响，为人与社会的自我提升和自由全面发展提供难得的契机。

（一）社会的智能化程度已经成为一个国家、地区发展水平的标志

人工智能被普遍应用，表明了我们正在建设一个尊崇知识和智慧的智能社会。基于智能网络和智能交通，全球市场正在形成，在全球范围内配置、共享资源成为可能，这大幅提高了资源的使用效率，减少了资源的闲置和浪费。人工智能不断向社会生产方式、生活方式渗透，传统产业正在进行智能化改

造,智能产业更是崛起为新的重要的经济增长点。通过产业结构升级,发展智能经济,劳动生产率空前提高,所提供的产品和服务日益丰富。社会组织的信息化、智能化水平不断攀升,精准化智能服务更加及时、贴心,人们的生活越来越便捷舒适;对物理空间和社会空间的智能监测、预警与控制体系日臻完善,社会运行更加安全、高效,社会治理水平也不断得以提升。这一切为人与社会的自由全面发展奠定了坚实的物质基础。

信息科技、智能科技作为最先进、最时髦的科学技术,正在深刻改变世界,这本身就是科技文化的经典应用。至于传统的精神文化领域,无论是文化生产还是文化消费,都在快速信息化、智能化,"电子文化"方兴未艾。但人工智能对精神文化领域的"改造"远不止此。智能系统自身不仅"爱好"搜集和加工数据,而且擅长理性分析和逻辑表达(例如写作新闻稿),甚至还涉足感性的诗歌、绘画、谱曲等领域进行"创作"。各式各样的智能文化虽然稚嫩,但谁都不敢小觑它的未来。当智能文化产品和服务成为满足人们精神文化需求的主力军时,一场深刻的精神、文化革命就来临了。

可以断言,智能社会是人类历史上最与众不同、也最令人期待的社会形态,其中人的智慧或说创造性发挥着至关重要的作用。今天,无论是像美国这样的发达国家,还是像中国这样的发展中国家,都已经启动了雄心勃勃的新一代人工智能发展计划。人工智能领域已经成为国际竞争的前沿阵地,社会的智能化程度已经成为一个国家、地区发展水平的标志。

(二)促使生产方式趋向人性化,帮助人类实现对自身的"改造"

工业革命通过大规模、标准化的机械化生产,将人从农业时代的重体力劳动中解放出来,大幅提升了单位时间的生产效率。但机器生产的非人性也前所未有。在机器大规模使用之前,人们遵循"春种秋收"的自然节律,农闲时尚有一定的自由支配时间。但在工业化生产中,自然时间被机械时间取代了。劳动者必须跟随机械的节律作息,日复一日从事紧张、单调、无趣的工作。马克思批判道:"劳动用机器代替了手工劳动,但是使一部分工人回到野蛮的劳动,并使另一部分工人变成了机器。劳动产生了智慧,但是给工人生产了愚钝和痴呆。"①

　　人工智能的发展实现了对机械的智能化改造，赋予了机械类似人的"眼睛""耳朵""大脑"等感应器官和思维器官，使机器能够自动运转起来。大批智能机器发明出来，以日益低廉的价格进入生产和生活过程，取代人从事一些重复、单调、繁重的工作，将人从一些有毒、有害、危险的工作(环境)中解放出来。智能科技还改变了工业革命以来一直存在的"人—机对峙"状态，努力打造人机一体、人机和谐的状态。新型的人机系统越来越"聪明"，越来越"善解人意"，它们越来越成为与人紧密合作的"伙伴"。这使生产过程越来越人性化，人们有可能摆脱异化人的旧式分工，开掘自己的潜能，实现自己的价值。

　　人工智能作为人的手、腿特别是大脑的延伸，人机结合、人机协同、人机共生、人机一体化……使人自身的结构、能力获得了跃迁式的发展。例如，日益发展的人机协同，可以大幅度提高人的记忆(存储)能力、运算能力、逻辑推理能力、管理能力等，大幅度地强化、提升人的认知能力。借助虚拟技术及相应设备，人们不仅可以练习驾驶飞机、潜艇、宇宙飞船，进入时空隧道穿越旅行，而且可以在身体上以及精神方面成为一个不同的人……谷歌首席未来学家雷·库兹韦尔(Ray Kurzweil)预测，2030 年左右，将可以利用纳米机器人，通过毛细血管、以无害的方式进入人的大脑，将负责思维的大脑皮层与云端联系起来，即时互动，使人类变得更加敏感、聪明。一些照料残疾人和病人的特定智能系统正在研制，它们甚至可以被安放在身体中，帮助残疾人和病人克服身体的疾患和局限性。利用信息化的生物技术，包括基因重组，还可以帮助人类"修补"自身的缺陷，令人变得更健康、更漂亮、更长寿。

（三）帮助人类理性地进行价值评价、选择和道德提升

　　人工智能的任务是理解自然智能的工作原理和工作机制，开发具有类似人类智能的机器，为人类提供服务。当然，这种模拟不是刻板地模拟人脑的物质结构，也不是简单地模仿人脑的工作机理，而是一种启发式、创造性的模拟，

---

　　①《马克思恩格斯选集》第 1 卷，北京：人民出版社，2012 年版，第 53 页。

是模拟支撑人类思维的信息转换和智能创生原理。如此开发的人工智能以其"客观的立场""丰富的知识""敏捷的思维""冷静的态度"等,可以帮助人们敏锐地洞察时代的发展趋势,全面地掌握事实情况,并以此为基础更好地认识客观世界和主观世界,不断提升价值评价、选择和决策水平。事实上,对于现实生活中的一些价值难题,包括债务纠纷的裁定、交通事故中责任的划分、法律案件的量刑……以及不同价值选择的后果预测,特定的人工智能系统正在显现出优势,成为人们倚重的参谋和助手。

以事实认知和价值评价为基础,基于互联网、大数据、云计算、物联网的人工智能,可以帮助人们通过道德自律进行自我约束、自我提升。如果人们有心向善,那么,可以借助智能保姆、智能秘书、智能管家、学习助手等贴心的智能工具,及时提醒自己抑制不合理的欲望,督促自己切实践履道德规范。例如,提醒和督促自己"应该看望父母了""应该信守诺言按时赴约",等等。对于一些自己不满却难以自制的陋习,例如办事拖拖拉拉、网络游戏成瘾、网络购物上瘾等,可以设计相应的智能程序,在超过预设的阈值后,帮助自己"强制执行"。这些"知规知礼""铁面无私"的智能小伙伴,将人们心中的"大法官"外在化,令道德自律变得可操作了。

人工智能还为道德他律和社会治理提供了新的实践基础和方式。道德他律主要依靠社会舆论以及相关机构的教育、管理加以维系。智能时代为道德他律提供了更加透明的社会环境,也提供了越来越多的智能工具。因为整个社会日益信息化、智能化,数据采集、存储、处理、传输能力空前强大,人们的一举一动几乎都处在"聚光灯"下,无所遁形。这种空前透明的社会环境,可以敦促人们主动抑制不良动机,自觉规范自己的言行。如果某个组织或个人的行为有违既定的价值原则和道德规范,特别是践踏了公认的道德底线,借助以网络和大数据为基础的智能系统,包括各种智能监测、反应系统,可以及时弄清原委,准确还原事件过程,从而以事实为依据,形成强大的社会舆论压力。同时,对当事人采取系统性的他律手段,迫使行为人弃恶扬善,维护正常的价值秩序。

（四）增加人的自由时间，促进人与社会的自由全面发展

所谓自由时间，是指在必要劳动时间外可供人随意支配的时间。人的存在是在时间中的绵延。对于有限的人生来说，时间是人的生命的尺度，是人的积极的存在。自由时间是人的自由发展的空间。在人类社会早期，由于生产力水平低下，不得不竭尽全力从事物质生活资料的生产，自由时间极其有限。随着生产力的发展，出现了剩余劳动，少部分人通过占有剩余劳动而从繁重的物质生产活动中摆脱出来，成为不劳动的阶级。他们通过占有剩余劳动而占有了社会的自由时间。大多数人则被迫承担整个社会的劳动重负，沦为终生从事物质生产的劳动阶级。劳动阶级创造了自由时间，自己却无法享有，丧失了全面发展所必需的空间。例如，在资本主义社会，资本的逐利本性决定了它必然要将自由时间变成剩余劳动时间，榨取工人的剩余价值。

智能时代的到来，虽然没有改变资本固有的贪婪本性，没有改变"资本的逻辑"和少数人剥夺多数人自由时间的现状，没有彻底改变既有的阶级划分和治理秩序，但是，它极大地提升了劳动生产率和生产力水平。智能机器人可以直接代替人从事各种劳作，特别是人们不愿意承担的工作。这不仅满足了人们自由全面发展所必需的物质需求，而且逐步把人从繁重的劳动中解放出来，普遍缩短了必要劳动时间，增加了自由时间。

自由时间是个人能够支配的自我提升和自由全面发展的时间。人们拥有更加充裕的自由时间，意味着不必为谋取物质生活资料而终日劳作，意味着有条件发展自己的兴趣、爱好、才能和智慧。在智力资源最为宝贵的智能社会，人们的兴趣、爱好、才能和智慧的发展，不仅可能反过来促进科学技术和生产力水平的提高，而且本身就是人的解放与自由全面发展的题中之义。

总之，迈入智能时代，不断更新的先进技术，不断发展的社会生产，不断增加的自由时间，给人创造了更好的环境、条件和手段，人们可以在科学、文学、艺术、道德等方面得到更好的发展；到智能社会发展比较充分之时，至少在前所未有的程度上，人们的生活实践体验更加丰富多彩，得到更充分的"解放"和自由全面的发展。

二、人工智能导致的价值冲突和伦理困境

人工智能与人类历史上曾经面临的科技挑战和技术难题迥然不同。过去，由于人工智能比较稚嫩，人们一直沉浸在乐观、祥和的氛围中。随着人工智能的突飞猛进，特别是在自主学习和创造性思维方面可能超越人类，威胁和风险正日益清晰地呈现在人们面前。

（一）对"什么是人"和人的本质的深层次挑战

人工智能的发展正在实质性地改变"人"。在过去 40 亿年中，所有生命（包括人）都是按照优胜劣汰的有机化学规律演化的，然而，作为无机生命的人工智能正在令人不安地改变这一切。随着生物技术、智能技术的综合发展，人的自然身体正在被修补、改造，人所独有的情感、创造性正在为智能机器获得，人机互补、人机互动、人机协同、人机一体成为时代发展的趋势。雷·库兹韦尔断言，"生物智能必将与我们正在创造的非生物智能紧密结合"①。当人的自然身体与智能机器日益"共生"或一体化，例如，生物智能芯片植入人脑，承担部分记忆、运算、表达等功能，那时的"共生体"究竟是"人"还是"机器"？或者在什么意义上是"人"？这一问题并不那么容易回答。

即使是正在研制的智能机器人本身，也对人和人的本质提出了挑战。例如，"会思维"曾经被认为是人的本质。然而，随着人工智能的突破性发展，"机器也会思维"成为不争的事实。而且，就如同机械机器在劳动方面早已超过了人的体力、速度和耐力一样，机器思维完全可能超过人类的思维能力。当智能机器不仅在存储（记忆）、运算、传输等方面超过人脑，而且在想象力、创造力、控制力以及情感的丰富度等方面也超过人时，就对人的思维本质构成了实质

---

① 雷·库兹韦尔：《奇点临近》，李庆诚等译，北京：机械工业出版社，2014 年版，前言第 X 页。

性的挑战。又如，劳动或者制造和使用生产工具曾经被认为是人的本质。但未来的智能系统完全可能根据劳动过程的需要，自主地制造生产工具，运用于生产过程，并根据生产的需要而不断调适、完善。如此一来，无论是制造和使用生产工具，还是更一般意义的劳动，都不再是人类的"专利"。此外，借助现代技术，智能机器人在外形上可以不像人，但也可以"比人更像人"①，或者说，可以长得比普通人更加"标准"，更加"完美"；有些人还可以定制一个外形、声音、反应与行为都一样的"自己"，令自己"不朽"。如此种种，智能机器人究竟是否是"人"，必将成为一个聚讼不断的话题。

如果智能机器人在一定意义上是"人"，那么，它是否享有人权等基本权利（例如，禁止被人类过度使用，或置于可能导致硬件受损的恶劣环境中）？是否具有与自然人一样的人格和尊严（例如，不能视其为低人一等的"驯顺的仆人"）？是否应该确立为道德或法律主体，承担相应的行为后果？智能机器人可否像自然人一样，与其他智能机器人自由交往、联合？这类问题还有很多，并且新的问题正在不断涌现。咀嚼现实，智能机器人正在大举介入人们的生活实践过程，成为学习的老师、工作的伙伴、生活的保姆、游戏的玩伴，甚至像家庭成员一样的伴侣、孩子……有人声称，宠物狗尚且享有一定的动物权利，具有自主意识和情感的智能机器人正变得与人难加区分，它们是否更应该拥有基本权利？如果这样，究竟什么是"人"和人的本质，以及处理人际关系和人机关系的价值原则，都需要重新认识。

（二）冲击传统的伦理关系，挑战人类的道德权威

人工智能的研发和应用正在导致大量的价值难题。例如，人工智能可以广泛运用于虚拟现实，模糊虚实之间的界限。如人工智能医生通过远程医疗方式进行诊断，在患者身上实施专家手术；但传统医患之间那种特别的感觉往

---

① Nick Bostrom and Eliezer Yudkowsky，"The Ethics of Artificial Intelligence"，in *Cambridge Handbook of Artificial Intelligence*，Keith Frankish and William Ramsey（eds.），New York：Cambridge University Press，2014.

往荡然无存,医患之间可能产生心理上的隔阂。人工智能教师、保姆等导致的问题也类似于此。有些人特别是青少年终日与各种智能终端打交道,觉得虚拟世界才是真实、可亲近的,对虚拟对象产生过分的眷恋和依赖,而感觉与身边的人交往"太累""无聊",从而变得孤僻、冷漠、厌世……电子游戏中充斥着色情、暴力等反道德、反社会的内容。如在一些暴力性游戏中,游戏者为了"生存",必须想方设法获取致命性武器,肆无忌惮地"杀人",但由于没有面对面地对峙,没有物理意义上的身体接触,看不见被杀者的痛苦表情,因而全然不觉得"杀人"是血腥和残酷的事情,丝毫没有犯错的意识和愧疚感。沉溺其中,难免助长人的"精神麻木症",泯灭人的道德感,影响个体人格的健康发展。

隐私权是一种基本的人格权利。隐私权是指自然人享有的私人生活安宁与私人信息秘密依法受到保护,不被他人非法侵扰、知悉、收集、利用和公开的一种人格权。迈入信息化、智能化时代,人们的生活正在成为"一切皆被记录的生活"。各类数据采集设施、各种专家系统能够轻松地获取个人的各种信息,它可能详尽、细致到令人吃惊的程度。在人工智能的应用中,云计算已经被配置为主要架构,许多政府组织、企业、个人等将数据存储至云端,这容易遭到威胁和攻击。而且,一定的人工智能系统通过云计算,还能够对海量数据进行深度分析。大量杂乱无章、看似没有什么关联的数据被整合在一起,就可能"算出"一个人的性格特征、行为习性、生活轨迹、消费心理、兴趣爱好等,甚至"读出"一些令人难以启齿的"秘密",如隐蔽的身体缺陷、既往病史、犯罪前科等。如果智能系统掌握的敏感的个人信息泄露出去,被别有用心的人"分享",或者出于商业目的而非法使用,那么后果不堪设想。

智能系统正越来越多地渗入社会的组织管理过程。人工智能能够自动处理大量的行政协调和控制任务,承担管理工作中的程序性任务,减少人为的失误,从而节省管理成本,提高管理效率。然而,它往往忽视被管理者的文化传统和心理特征,忽视被管理者是一个具体的"人",从而缺乏人类特有的同情心和"人情味"。特别是,随着具有自主意识的智能系统的突破性发展,在自然人与超级智能之间,谁的道德表现更为优异? 谁能占据道义制高点? 谁更有资格拥有道德裁判权,以及相应的教育、管理权力? 这些本来不成问题,现在却不再那么有把握了。如超级智能是否可能依仗自身的体力和脑力优势，以及远超人类的活动效率，强行抢夺道德评价、决策的"话语权"，以及道德教育、管理的"资格"，甚至自以为是地对创造它的人类进行道德训诫和道德管理，将人类强行纳入智能系统的道德范畴？若果真如此，那将是有史以来翻天覆地的"伦理大变局"！

（三）"数字鸿沟""社会排斥"成为解构社会的革命性因素

迈入智能时代，人类创造了一个高度复杂、快速变化的技术系统和社会结构。然而，技术的发展不可能自动践履"全民原则"，人工智能有可能背离初衷，沦为经济、技术等方面的强者独享特权的乐土。例如，由于生产力发展不均衡，科技实力相差悬殊，人们的素质和能力参差不齐，不同国家、地区的不同的人接触人工智能的机会是不均等的，使用人工智能产品的能力是不平等的，与人工智能相融合的程度是不同的，由此产生了收入的不平等、地位的不平等以及未来预期的不平等，"数字鸿沟"已经是不争的事实。这一切与既有的贫富分化、地区差距、城乡差异等叠加在一起，催生了大量的"数字穷困地区"和"数字穷人"。

而且，在残酷的市场竞争、国际竞争中，发达国家、跨国企业一直在对关键数据资源进行垄断，对人工智能的核心技术和创新成果进行封锁，以期进一步获取垄断优势和超额利润。同时，部分富人和精英可以通过基因改造、人机一体化等方式，改善身体的机能，延长自己的寿命，甚至实现永生；而大多数人不仅得不到类似的机会，反而由于生命体相对的"弱智弱能"，在社会的信息化、智能化潮流中苦苦挣扎。例如，在自动化的生产流水线、聪明又能干的智能机器人等面前，普通劳动者不仅难以理解和主导生产过程，就是辅助性地参与进来也比较困难。随着网络越来越庞大、机器越来越灵巧、系统越来越智能，绝大多数人日益成为庞大、复杂的智能机器系统中微不足道的"零部件"，甚至沦为"智能机器的奴隶"。这导致"数字鸿沟"被越掘越宽，呈现"贫者愈贫，富者愈富"的发展趋势。

随着生产的信息化、智能化，智能机器正在替代人类从事那些人类不情愿承担的脏、累、重复、单调的工作，或者有毒、有害、危险环境中的工作；而且，正在尝试那些曾经认为专属于人类的工作，如医生、教师、律师、秘书、保姆、驾驶员、士兵……甚至开始"拥有"情感，出现了"取代"朋友、伴侣、孩子的迹象。由于智能机器人可以源源不断地创造和复制，加之智能机器人相比人更加"吃苦耐劳"，越来越多的人类工人将被取代，汹涌的结构性失业潮将随着生产的智能化以及产业的转型升级接踵而至。在这一背景下，"数字穷人"可能彻底丧失劳动的价值，得不到培训的资格和工作的机会，他别无选择，只能接受失业、彻底被边缘化甚至被社会抛弃的残酷命运。卡斯特（Manuel Castells）指出："现在世界大多数人都与全球体系的逻辑毫无干系。这比被剥削更糟。我说过总有一天我们会怀念过去被剥削的好时光。因为至少剥削是一种社会关系。我为你工作，你剥削我，我很可能恨你，但我需要你，你需要我，所以你才剥削我。这与说'我不需要你'截然不同。"①这种不同被卡斯特形容为"信息化资本主义黑洞"："数字穷人"被排斥在全球化的经济或社会体系之外，没有"剥削的价值"，谁都不需要他，他也没有需要反抗的对抗性的社会关系。他成了"多余的人"，被社会无情地抛弃了，存在变得荒谬化了。

人是通过劳动而成为人的。劳动是人的神圣的权利，也是人自我肯定、实现价值、获得尊严的一种活动。这样的被取代、被忽视、被排斥、被抛弃，这种生活意义的丧失和存在的荒谬化，除了让人的生存环境恶化、幸福指数下降，总有一天会让人在精神上无法忍受，在心理上感到极度绝望。这将成为解构社会的破坏性因素，甚至成为颠覆现存社会秩序的革命性因素。

（四）超级智能是否会"失控"，反过来取代、控制或统治人类？

2016 年以来，谷歌公司开发的 AlphaGo 围棋机器人采用大数据的自我博弈训练方法，相继击败了李世石、柯洁等世界围棋冠军，令我们见识了具有深度学习能力的专家系统的威力，也令人工智能的威胁具体地呈现在世人面前。

---

① 曼纽尔·卡斯特：《千年终结》，夏铸九、黄慧琦等译，北京：社会科学文献出版社，2003年版，第 434 页。

人工智能不仅具有深度学习能力，而且将具有主动的学习、创新能力，未来甚至可能拥有自主意识，自主进行升级、提升。专家们估计，21世纪中叶将出现"具有人类水平的机器智能"。当机器智能达到人类智能水平，可能很快就会产生单一的超级智能体；甚至，超级智能体可能通过相互学习、相互作用、自我完善而不断升级，并通过网络结成超级智能组织①。

相比人类，超级智能体及其组织掌握的背景知识更加完整丰富，对形势的判断更加客观清晰，规划设计更加稳健合理，做出决策更加冷静快捷，采取行动更加精准有力，并且，超级智能对于生存环境的要求不高，工作时间更长更专注，消耗的资源相比人类更少，还能不断通过反馈和学习自动纠错、自主升级，因而相对于人的智能优势将会持续扩大。

具有自主意识的超级智能就如同一个打开了的"潘多拉魔盒"。超级智能可能导致的最大风险在于，它是否会通过自我学习和自主创新，突破设计者预先设定的临界点而走向"失控"，反过来控制和统治人类，"将人类关进动物园里"，甚至判定人类"不完美""没有用"，从而轻视人类，漫不经心地灭绝人类？自从人工智能诞生以来，这种对人类前途和命运的深层忧虑就一直存在，并成为《黑客帝国》《终结者》《机械公敌》等科幻文艺作品演绎的题材。约瑟夫·巴-科恩(Y. Bar-Cohen)和大卫·汉森(D. Hanson)指出："制造出有自主意识、能采取自主行动的机器人，同时又使他们按照人类的是非标准行事是件极困难的事，甚至是不可能实现的。"②霍金更是感叹，或许，人工智能不但是人类历史上"最大的事件"，还有可能是"最后的事件"，人工智能的发展可能"预示着人类的灭亡"。即使超级智能体本身没有扭曲的价值观和邪恶的动机，但如果某一组织或个人研发并掌握了类似的超级智能，不负责任地滥用技术，以实现自己不可告人的目的，后果也将是灾难性的。就此而言，人类正处在一个决定前途和命运的紧要关头。

---

① Nick Bostrom, *Super Intelligence: Paths, Dangers, Strategies*, Oxford University Press, 2013.

② 约瑟夫·巴-科恩、大卫·汉森：《机器人革命——即将到来的机器人时代》，潘俊译，北京：机械工业出版社，2015年版，第235页。

三、智能社会的价值原则与综合对策

人工智能对人类的挑战是深刻的、全方位的,事关人的本质和尊严,事关人类的前途和命运,我们不得不慎重对待,通过反思和批判做出明智的抉择。

(一)立足"可能性"审慎地决定"应该"怎么办

"能够"是一个事实范畴,"应该"是一个价值范畴,它们之间的关系体现了事实与价值之间的分裂和对抗,也体现了事实与价值之间的互动与统一。一般而言,"能够"与"应该"之间存在以下几种可能性:其一,"能够"做的是"应该"做的;其二,"能够"做的是"不应该"做的;其三,"能够"做的是"允许"做的……目前,人工智能的发展日新月异,"能够"做的事情正不断突破原有的阈限。未来的超级智能更是可能在外形上像人,并且会思维,具有比人类更高水平的智能,能够完成许多人类难以完成的工作,能够快速处理各种复杂的社会关系和社会矛盾。那么,人工智能"能够"做的一切都是"应该"的吗?显然,上述逻辑关系中并不存在这样的必然性,"能够"并且"应该"做的只是逻辑上的三种可能性之一,需要人们在生活实践中,具体情况具体分析,审慎地进行价值评价、选择和决策。

或许,有人会搬出科学的"价值中立说"或"科学无禁区"的信条来质疑对人工智能的价值思考。实际上,科学作为人类的一种本质性活动,始终以服从和服务于人类为目的,"价值中立"只是研究层面的具体方略。"科学无禁区"并不适用于人工智能之类基础性、颠覆性的高新科技。从历史上看,人类以往的发明与创造,包括各种工具、机器甚至自动化系统,科学工作者都能掌控其道德表现。但现代高新科技的发展令情势产生了革命性的变化。海德格尔在《技术的追问》中指出,现代技术已经不再是中性的东西,它作为"座架"控制和支配着现代人的全部生活,或者说已经成为现代人的历史命运。马尔库塞在《单向度的人》中强调,技术的合理性已经转化为政治的合理性,"技术拜物教"

已经到处蔓延，"技术的解放力量——使事物工具化——转而成为解放的桎梏，即使人也工具化了"①。

我们正在迈入具有异质性的智能社会，科技的威力更甚以往，有时甚至超出人类的想象力。人工智能的可能后果已经难以清晰地预测，发展面临"失控"的危险，人类的创造物正反过来威胁自己。一些悲观主义者已经在鼓噪，人工智能加速的不是人类的进步，而是人类被奴役甚至消亡的过程！因此，我们今天对人工智能进行理智的价值评估，对人工智能的研发和应用进行道德规范，进而使价值、伦理、道德成为制约人工智能发展的内在维度，就不是一件可有可无的工作，而是我们肩负的权利、责任和义务之所在。

（二）确立不容逾越的基本价值原则

自人工智能出现以来，一些思想家曾经反思过其导致的全方位的影响，提出了一些基本的价值原则。其中最著名的是美国科幻小说家阿西莫夫（Isaac Asimov）在《转圈圈》（1942）中提出的机器人三定律：机器人不得伤害人类个体或坐视人类个体受到伤害；在与第一定律不相冲突的情况下，机器人必须服从人类的命令；在不违背第一、第二定律的情况下，机器人有自我保护的义务。后来，阿西莫夫又补充了一条更基本的定律，即机器人必须保护人类的整体利益不受伤害。这明显是一些康德式的道德律令。近年来，一些学者开创了机器人伦理学（Roboethics）②或机器伦理学（Machine ethics）③，提出了一系列伦理规则。在这里，我们不妨以上述研究为基础，结合人工智能的当代发展，提出应该遵循的若干基本原则。

人本原则。人工智能是一项"人为的"和"为人的"价值活动，必须始终坚

① 马尔库塞：《单向度的人》，刘继译，上海：上海译文出版社，1989 年版，第 143 页。
② G. Veruggio, "The Birth of Roboethics", *Proceedings of ICRA 2005*, *IEEE International Conference on Robotics and Automation*, *Workshop on Robo-Ethics*, Barcelona, April 18, 2005.
③ Marcello Guarini, "Introduction: Machine Ethics and the Ethics of Building Intelligent Machines", *Topoi*, Vol. 32, No. 2, 2013, pp. 213 - 215.

持以人为本或以人为中心的原则。培育智能经济,建设智能社会,尽可能满足人们多方面的愿望和需要,是人工智能发展的根本目的。我们不能像某些反技术的浪漫主义者那样,抗拒人工智能,放弃利用人工智能造福人类的机会。因噎废食的取向和做法是不明智的。同时,绝不允许放任自流,让人工智能的可疑风险、负面效应危害人类。虽然人工智能可以在恶劣的环境中生存和工作,但环境、家园的选择、设定必须以适合作为有机生命的人的生存为原则;智能机器日益强大,但应该始终服从和服务于人类,特别是代替人类做那些人类做不了的事情;在任何情况下,人工智能体不得故意伤害人类,也不得在能够救人于危难时袖手旁观;采集、储存、使用个人数据,研发和应用中涉及人的身心完整性和合法权益,当事人必须"知情同意";人工智能体必须尊重人,宽容对待人类的缺陷和局限性,确保人有尊严地生活在世界上。

公正原则。公正是人们一种期待一视同仁、得所当得的道德直觉,也是一种对当事人的利益互相认可并予以保障的理性约定。按照公正原则,人工智能应该让尽可能多的人获益,创造的成果应该让尽可能多的人共享。任何人生而平等,应该拥有平等的接触人工智能的机会,可以按意愿使用人工智能产品并与人工智能相融合,消除"数字鸿沟"和"社会排斥"现象,消除经济不平等和社会不平等。按照公正原则,需要完善制度设计,既抑制"资本的逻辑"横行霸道,也防止"技术的逻辑"为所欲为;同时,建立健全社会福利和保障体系,对落后国家、地区、企业进行扶持,对文盲、科盲等弱势群体进行救助,维护他们的尊严和合法权益。

责任原则。在人工智能的研发、应用和管理过程中,必须确定不同道德主体的权利、责任和义务,预测并预防产生不良后果,在造成过失之后,必须采取必要行动并追责。尤其是人工智能领域的管理者和科技工作者,作为处在人类知识限度之边缘的评价和决策者,实际上决定着人工智能体的价值观和道德表现,更是肩负着不容推卸的道义责任。智能系统的设计和运行必须符合人类的基本价值观,超级智能必须具有基本的道德判断力和行为控制力。一旦智能系统可能或已经产生破坏性后果,设计者和使用者必须立即报告相关监管机构,采取有效应对措施,并及时向社会公众说明,以消除人们的恐惧、紧张和担忧心理。

（三）启动"兴利除弊"的社会系统工程

成立"伦理委员会"，确保人工智能发展的正确方向。人工智能领域存在大量争论不休的前沿问题，对其进行评估、监管和规制存在困难，有必要组织包括人工智能专家在内的科学家、工程师和伦理、法律、政治、经济、社会、文化等领域的专家，成立"伦理委员会"。"伦理委员会"的职权包括，以上述基本价值原则为基础，在充分民主协商的基础上，按照"多数决"原则，对人工智能的发展规划和前沿技术的研发进行审慎评估，对人工智能研发、应用中的伦理冲突进行民主审议。"伦理委员会"对新技术研发和应用具有延迟表决权和否决权。当然，当事人可以针对自己认为有误的决议进行申诉，以使可能的错误决议得到纠正的机会。

综合施策，切实让人工智能发挥兴利除弊的作用。从"兴利"的角度看，有必要组织协同攻关，研发和推广成熟的智能技术，促进智能经济发展，普遍提升民众的生活水平；广泛开展智能政务，发展智能文化，普及智能治理，建设智慧城市和智慧乡村；加大智能教育和培训的力度，建立公正合理的社会保障体系，为"数字贫困地区"和"数字穷人"提供专业服务，让全体人民共享社会进步带来的好处。从"除弊"的角度看，应该建立健全公开透明的人工智能监管体系，实行设计问责和应用监督并重的双层监管结构；督促人工智能行业和企业加强自律，遵守底线伦理，履行社会责任；运用道德谴责、利益调控与法律制裁相结合的综合手段，对突破道德底线的行为（特别是智能犯罪行为）予以惩处，形成"善有善报，恶有恶报"的良性机制；建立国际协调组织，加强智能终端异化和安全监督等共性问题研究，共同应对风险和挑战。

最后，人类应该以"奇点临近"为契机，进行深层次的自我反思：人性和人的本质究竟是什么？人类有什么理由号称"万物之灵"？有什么资格驾驭人工智能，做世界的主人？如何才能在智能社会赢得基本的尊重？什么样的社会组织形式才是合理公正的？咀嚼历史与现实，我们不难发现，人类这一物种并不"完美"，存在不少缺陷和局限性；所构建的社会组织常常既不民主，也不公正;人类的实践表现也非"完善",曾经制造过大量的苦难和"恶":自以为是,狂妄自大;心胸狭窄,彼此分隔;相互仇视,尔虞我诈;贪得无厌,巧取豪夺;互相伤害,污染环境……在人工智能可能拥有的超级智慧映衬下,人类应该彻底地反省自己,通过弃恶扬善、自我修炼全面提升自己,更加自觉地规范自己,为未来的超级智能做出表率,并基于基本的价值原则创造友善、负责任的人工智能,打造人机协同、人机一体化的智能新世界。

(原载《哲学研究》,2017年第10期)

人工智能的价值主体地位

关于人工智能主体地位的哲学思考

孙伟平　　戴益斌

　　人工智能是人类最伟大的发明之一，它正在深刻地改变世界，也正在深刻地改变人类社会和人自身。人工智能的各种应用（典型的如智能无人系统、图像识别、自动翻译等）正在大量、快速地进入社会，对人类生产、生活产生全方位的影响。在社会快速智能化进程中，诸如人与智能机器人之间的关系、人工智能的主体地位以及相应的权利和责任，正在成为棘手的新课题。本文专注于人工智能的主体地位这一难题，从哲学层面考察人工智能是否可以自主地进行评价、选择和决定，并承担相应的行为后果。

一、人工智能的主体地位与人类的主体地位

　　主体是与客体相对应的哲学范畴。一般说来，主体通常指的是具有独立意识或个体经验的存在物。客体是与主体相对的，在实践或认识活动中与主体发生关联、主体活动所指向的存在物。一般而论，客体是被动的，而主体往往是主动的，在一定的主客体关系中处于主导地位。在不同的领域，根据不同的判断标准，我们可以区分出不同类型的主体，如认知主体、语言主体、行动主体、伦理主体、法律主体等。

　　毋庸置疑，无论何种类型的主体都是以人作为参照物的；只有基于对人的认识，我们才可能在讨论认知问题、语言问题、行动问题、伦理问题、法律问题

时,分别讨论认知主体、语言主体、行动主体、伦理主体和法律主体。因此,当我们考察新兴的人工智能的主体地位时,也必须以人类的主体地位为参照系。

人类拥有主体地位是人们的共识,但人类因何而具有主体地位,却并非一个形成了普遍共识的问题。因为这一问题与我们对人的本质的理解直接关联,而"人的本质是什么",学者们仁者见仁,智者见智。例如,早在春秋战国时期,孟子就曾思考过这一问题。他说:"人之所以异于禽兽者几希,庶民去之,君子存之,舜明于庶物,察于人伦,由仁义行,非行仁义也。"(《孟子·离娄下》)也就是说,人与一般动物之间的差异很小,只有君子才能保存这些人之异于动物的东西,如人类与生俱来的恻隐之心、羞恶之心、恭敬之心以及是非之心。而古希腊哲学家亚里士多德则认为:"人类自然是趋向于城邦生活的动物(人类在本性上,也正是一个政治动物)。"①也就是说,人类区别于动物的地方只在于人类本性上倾向于在城邦中生活,具有政治属性。马克思的观点与中国古代的荀子有异曲同工之妙。荀子认为人的本质在于"能群":"水火有气而无生,草木有生而无知,禽兽有知而无义,人有气、有生、有知,亦且有义,故最为天下贵也。力不若牛,走不若马,而牛马为用,何也? 曰:人能群,彼不能群也。"(《荀子·王制》)马克思则认为,人的本质在于社会性:"人的本质不是单个人所固有的抽象物,在其现实性上,它是一切社会关系的总和。"②事实上,学者们关于人的本质的观点还有很多,限于篇幅,我们不可能将它们一一列举出来。这里我们需要重点考虑的是,人的哪个或者哪些本质特点是人具有主体地位的可能原因,并且人工智能能否通过获得这个或这些特征而具有主体地位。

实际上,关于"人类因何而具有主体地位"这一问题,学术界已经进行过一些探索,其中几种有代表性的观点值得我们注意。第一种观点认为,人类的智能能够广泛地应用于不同的领域,这是人类区别于非人类的根本属性;第二种观点认为,一定的高级智能——比如自我意识、语言能力、创造能力、学习能力

---

① 亚里士多德:《政治学》,吴寿彭译,北京:商务印书馆,1983 年版,第 7 页。
② 《马克思恩格斯选集》第 1 卷,北京:人民出版社,2012 年版,第 135 页。

等——是人类之所以具有主体地位的根本原因；第三种观点认为，人类之所以具有主体地位，是因为人类将自身视为根本目的。从哲学视角看，这大体可以视为从存在论、认识论、价值论三个不同维度思考所得出的结论。接下来我们将扼要考察这些论点，对人工智能能否基于这些论点而获得主体地位进行哲学分析。

二、从存在论视角看人工智能的主体地位

我们首先来考察第一种论点。科学家们通常承认，很多动物擅长某种事情，如蜜蜂擅长建造蜂房，老鼠擅长打洞。但动物在它们各自擅长的领域之外，往往就会"黔驴技穷"，比如蜜蜂不会打洞，老鼠也不会建造房子。也就是说，动物和自己的生命活动是直接同一的，它所擅长的领域通常是固定的，来自本能；而且这样的领域是有限的，不会超出它们生存所需要的范围。但人类与一般动物不同，人类虽然天生不会造房子，但可以通过后天的学习，学会如何建造房子；人类虽然天生不会打洞，但可以通过设计出相应的机械打造出合适的洞穴。所以马克思指出，人的活动与动物的本能活动之间存在着本质区别："动物只是按照它所属的那个种的尺度和需要来构造，而人却懂得按照任何一个种的尺度来进行生产，并且懂得处处都把固有的尺度运用于对象；因此，人也按照美的规律来构造。"①

人类之所以是"万物之灵""世界的主宰"，关键在于人"会思维"，具有智能。博斯特罗姆（Nick Bostrom）和尤德考斯基（Eliezer Yudkowsky）认为，虽然关于"人类智能是否是普遍的"这一问题存在争议，但毫无疑问，人类智能肯定比非人科智能具有更广泛的应用②。这也就是说，人类智能的应用领域并

---

① 《马克思恩格斯选集》第 1 卷，北京：人民出版社，2012 年版，第 57 页。

② 参见 Nick Bostrom and Eliezer Yudkowsky, "The ethics of artificial intelligence", *The Cambridge Handbook of Artificial Intelligence*, Keith Frankish and William M. Ramsey (ed.), Cambridge: Cambridge University Press, 2014, p. 318.

不会像一般动物那样固定在某个特定的领域。人类智能可以在不同的领域中起作用，并且，它的应用领域可以不断地发生变化。上述第一种观点认为，正是因为人类智能的这种特征，使得人类可以获得独立的主体地位。

我们现在需要追问的是：人工智能能否发展出类似于人类智能那样的特征，可以独立地应用于各种不同的领域。在回答这个问题之前，我们有必要首先扼要了解一下什么是人工智能，以及人工智能一般的运作模式。

人工智能正在快速发展之中，关于"什么是人工智能"这一问题，目前学术界尚没有一个公认的定义。大致说来，人工智能是一门通过利用计算机、数学、逻辑、机械甚至生物原则和装置来理解、模拟、甚至超越人类智能的技术科学。它可以是理论性的，但更多的时候是实践性的，主要属于认知科学。其中，大数据是人工智能的基础，而程序或算法则是其核心。当然，基于对人工智能的这种理解，要想直接回答"通过这样一门技术科学所获得的成果能否像人类一样获得主体地位"这个问题难度甚大，但这不妨碍我们间接地思考这一问题的答案。

学者们往往将人工智能划分为强人工智能与弱人工智能。这一划分最早是由塞尔(John R. Searle)提出来的①。他首先提出了这样一个问题：我们应该赋予计算机模拟人类认知能力的努力什么样的心理和哲学意义？然后基于对一问题的回答区分弱人工智能与强人工智能。弱人工智能认为，人工智能模拟人类心灵的价值原则为我们提供了一个强有力的工具。而强人工智能则认为，计算机并不仅仅是一种工具，在它能够给出合适的程序的意义上，它可以被理解为拥有其他种类的认知状态，应该被视为一个心灵。塞尔的区分得到很多人的支持。如阿库达斯(Konstantine Arkoudas)和布林斯约德(Selmer Bringsjord)认为，弱人工智能旨在构建行动聪明的机器，而在该机器实际上是否聪明的问题上不采取立场；至于强人工智能，他们借鉴了海于格兰(J. Haugeland)的观点，认为人工智能不仅仅是模仿智能或产生某些聪明的

---

① 参见 John R. Searle, "Minds, brains, and programs", *The Behavioral and Brain Sciences*, Vol. 3, No. 3, 1980, pp. 417 - 457.

假象,而是希望获得真正的主题,即成为拥有心灵的机器①。

如果我们接受弱人工智能的观点,认为人工智能只是一种工具,那么很显然,人工智能无法拥有主体地位。首先,工具总是被动的,为人类所利用,无法自主地行动。其次,工具往往具有特定的功能,只适用于特定的任务,无法像人类智能那样适用于比较广泛的领域。当前人工智能产品所展现的恰恰是这种工具性。如阿尔法狗(AlphaGo)目前在围棋领域独步天下,但对其他领域一无所知;"薇你写诗"小程序比较擅长古诗创作,却无法处理其他事务。因此,如果认为人类智能是由于能够广泛地适用于各种不同的领域而获得主体地位,那么弱人工智能无论如何都无法获得主体地位。

如果我们支持强人工智能的观点,认为人工智能不仅仅是一种工具,更应该被理解为心灵,那么情况将会复杂得多。因为心灵一般被视为可以适用于多种不同的领域。如果这种观点成立,似乎意味着强人工智能视角下的人工智能将具有主体地位。

在做出肯定的回答之前,我们有必要追问强人工智能视角下的心灵到底是什么样的心灵。根据塞尔的观点,强人工智能认为,应该被视为心灵的机器是被"合适程序"控制的机器。这表明,强人工智能所理解的心灵实际上等价于程序。即是说,强人工智能认为,心灵即是程序。很明显,这种对心灵的解释与人们通常对心灵的理解是不同的。基于对程序的理解,博斯特罗姆和尤德考斯基认为,人工智能要求具有鲁棒性(be robust,即系统在一定参数波动下能够维持其基本性能的特性),而不是可篡改性(manipulation)②。即是说,人工智能要求它的产品能够排除外在因素的影响,在不同场景中实现同一个目的。因此,它所预设的程序总是为了某个特定的目的而被内置于其中的,而

---

① 参见 KonstantineArkoudas and Selmer Bringsjod, "Philosophical foundations", *The Cambridge Handbook of Artificial Intelligence*, Keith Frankish and William M. Ramsey (eds.), Cambridge: Cambridge University Press, 2014, p. 35.

② 参见 Nick Bostrom and Eliezer Yudkowsky, "The ethics of artificial intelligence", *The Cambridge Handbook of Artificial Intelligence*, Keith Frankish and William M. Ramsey (eds.), Cambridge: Cambridge University Press, 2014, p. 317.

这与人类智能的要求恰恰相反。人类智能并不需要为心灵预先设定某个特定的目的,它的目的总是随环境的变化而发生变化,甚至在同一种环境中也可能有所不同。当然,我们可以设想程序叠加的情况。也就是说,我们可以设想在某个时候,科学家将不同的程序通过某种方式融合在一起,使其不但能够处理不同场景中的事情,甚至可以在同一场景中处理不同的事情。在我们看来,这种情况即便成立,人工智能可能仍然无法获得主体地位。因为严格地说,人类智能所能应用的领域是无限的。因为人类有无限的可能性。但对于人工智能而言,无论如何添加算法,它的程序数量总是有限的。因此,我们认为,如果坚持人类智能是由于能够广泛适用于各种不同的领域而获得主体地位,那么强人工智能视角下的人工智能也无法获得主体地位。

三、从认识论视角看人工智能的主体地位

我们现在考察第二类观点,即认为人类之所以拥有主体地位,是因为人类拥有某些不同于非人类的高级智能。至于这些高级智能到底是什么,不同的学者视角不同,观点也不尽相同。如亚里士多德认为,"理性实为人类所独有"[1];卡西尔则认为,"应当把人定义为符号的动物"[2],也就是说,会使用符号即语言是人类独有的能力;而马克思则同意富兰克林的理解,认为人是能制造工具的动物[3]。在人类所具有的这些独特能力中,究竟哪种或哪些能力是人类具有主体地位的真正原因呢? 回答这个问题十分困难,甚至通过判断人工智能能否获得此种能力,从而推论人工智能能否获得主体地位的思路也是行不通的。因为我们很难推断出哪种或哪些能力是人类具有主体地位的真正原因。

---

[1] 亚里士多德:《政治学》,吴寿彭译,北京:商务印书馆,1983 年版,第 385 页。
[2] 恩斯特·卡西尔:《人论》,甘阳译,上海:上海译文出版社,1985 年版,第 9 页。
[3] 参见《马克思恩格斯全集》第 47 卷,北京:人民出版社,1963 年版,第 105 页。

图灵测试为解决上述问题提供一个很好的方案,因为它并不需要假设人类具有何种独特的能力。图灵测试由图灵(A. M. Turing)于1950年首次提出①。某一机器能否通过图灵测试,被许多学者看作判断该机器是否具有心理状态的标准。在论文《计算机器与智能》中,图灵围绕"心灵能否思考"的问题设计了一种"模仿游戏"。在这个游戏中,存在一个询问者,一个男性A和一个女性B,他们处于相互隔离的房间中,询问者的目的是通过询问A和B以确定他们各自的性别,A和B则以打字的方式回复询问者,其中,A试图扰乱询问者的判断,B则通过给出真实的答案帮助询问者。图灵认为,如果以一台机器代替A,并且游戏可以进行下去,那么就意味着该机器具有心理状态。如果图灵测试是有效的,我们就可以按照这个标准,在不需要知道什么样的能力是人类获得主体地位的原因的情况下,判断机器是否具有心理状态,并进一步判断人工智能能否获得主体地位。因此,问题的关键在于判断图灵测试是否有效。

图灵测试自诞生以来,在很长时间内都得到学术界的支持,直到塞尔提出"中文屋"思想实验,才打破了这一局面。中文屋的思想实验大致可以概括如下:假设塞尔被关在一个屋子里,这个屋子里有三批书,第一批书和第三批书是中文,第二批是英文。第二批书中的英文描写的是如何将第一批书和第三批书的内容联系起来的规则,并且指导塞尔在回复过程中使用什么样的符号。塞尔不懂中文,只懂英文,他的工作就是利用规则和中文书中的内容回复他看不懂的中文问题。从外部来看,塞尔似乎懂中文,因为他给出的回答与会说中文的人没有什么区别。但实际上,塞尔只不过是按照规则操作符号,他始终没有理解中文问题,甚至不知道他所处理的是中文。塞尔认为,他在中文屋里的工作是计算机工作的一种例示,只不过他所遵守的是英文的解释,而计算机遵守的是内置于其中的程序。如果塞尔的中文屋思想实验成立,那么就表明,即使有人工智能通过了图灵测试,也不能证明该人工智能具有心理状态。因为

---

① 参见 A. M. Turing, "Computing machinery and intelligence", *Mind*, Vol. 59, No. 236, 1950, pp. 433 - 460.

人工智能只不过是按照符号的句法规则进行操作,并没有达到真正的理解。

塞尔的中文屋思想实验提出以后,引起了广泛的讨论。由于篇幅有限,我们不打算在此详细讨论这些争论,而是将注意力集中在塞尔根据他的中文屋思想试验提炼出的一个核心论证之上。这个论证可以概括如下:

公理1:计算机程序是形式的(句法的);

公理2:人类心灵拥有心智内容(语义的);

公理3:句法自身既不是语义的结构性成分,也不是它的充分条件;

结论:程序自身既不是心灵的结构性成分,也不是它的充分条件。①

这个论证的关键在公理3,即句法不能构成语义。一方面,如果我们将计算机的本质看作程序,而程序本身是由代码构成的,那么它只是符号的组合,只具有句法特征。另一方面,语义对于一个符号系统而言是独立的,如果有人希望发现句法的运作与语义之间的联系,那么,他必须能提供某些复杂的证据以展现这一点。就此而言,句法和语义不同,仅凭句法不能解释它的语义特征。因此,如果计算机可以被看作程序,那么最终的结论很可能是:机器,或者说人工智能的产品无论如何都不能被视为拥有心灵。

有些学者并不同意塞尔对机器的理解,比如科尔(David Cole)、丹尼特(Daniel Dennett)、查尔默斯(David Chalmers)等人认为,运行程序的计算机并不能简单地等同于句法,而应该视为一个复杂的电子因果系统②。如果考虑到现在的人工智能产品(比如智能机器人),这一特点更加明显。也就是说,程序虽然可以视为句法,但运行程序的东西本身不能简单地归结为句法,它们与

---

① 参见 John R. Searle, "Is the brain's mind a computer program?", *Scientific American*, Vol. 262, No. 1, 1990, pp. 26 - 31.

② 参见 David Cole, "Thought and thought experiments", *Philosophical Studies: An International Journal for Philosophy in the Analytic Tradition*, Vol. 45, No. 3, 1984, pp. 431 - 444; Daniel Dennett, "Fast thinking", *The Intentional Stance*, Cambridge, MA: MIT Press, 1987; David Chalmers, *The Conscious Mind*, Oxford: Oxford University Press, 1996.

现实世界之间存在着紧密的联系。查尔默斯等人的观点毫无疑问是对的,但这是否意味着塞尔的批评无效呢？在我们看来,即便肯定机器人与现实世界之间的因果联系,也无法认定人工智能具有心智状态。因为因果联系本身不能为语义提供任何辩护。语义系统涉及真假,而真假与辩护相关,需证据或理由加以支持;但因果关系本身没有辩护能力,因果关系只能描述发生的事件。塞拉斯(Wilfrid Sellars)曾说过:"在刻画有关知道的情景或状态时,我们不是为该情景或状态给出一个经验性的描述;我们是将其置于理由的或者关于辩护的逻辑空间之中,并且能够为一个人所说的内容辩护。"①这也就是说,关于辩护的逻辑空间与经验性的描述必须明确区分开来。语义与辩护的逻辑空间相关,而因果关系则是一种经验性的描述,两者属于不同的层次。因此,即便人工智能产品与现实世界之间存在紧密的因果联系,仍然无法构成心智状态所要求的语义部分。从这个角度说,我们认为,塞尔的结论仍然成立。也就是说,人工智能无法真正地具有心理状态。

由于塞尔的中文屋论证并没有假设人工智能产品具有何种能力,因此,如果我们认为塞尔的辩护有效,那么就表明,人工智能无论获得何种能力,都将无法获得主体地位。因为人工智能所获得的能力只能基于句法和因果关系进行运作,但无论是句法还是因果关系都无法构成主体所要求的语义成分,因而无法获得主体地位。

四、从价值论视角看人工智能的主体地位

从价值维度说,人之所以获得主体地位,是因为人类将自己当作目的,而不是像一般动物那样仅仅依据本能生活。当然,人类的目的很多,具体到个人身上,事业、爱情甚至活着都可以是自己的目的。如果人工智能的发展使得自

---

① Wilfrid Sellars, *Science*, *Perception and Reality*, California: Ridgeview Publishing Company, 1991, p. 169.

己具有目的意识,不再将自己视为人类的工具或者创造品,那么,我们可能就不得不承认人工智能具有主体地位。然而,在人工智能获得目的意识之前,我们需要考虑的是,在什么情况下,人工智能才有可能具有目的意识。

根据康德的理解,一个存在物要想具有目的意识,它必须首先是理性的,而且在实践领域必须是自由的。将这种观点应用于人工智能,我们认为,如果人工智能想要具有目的意识,必须首先具有理性能力,并且具有自由意识。当然,"什么是理性""什么是自由",这些问题学术界一直存在争议,众说纷纭,莫衷一是。但处理这些争论不是我们讨论的重心,我们采用常识性的理解足矣。我们可以将人工智能具有理性能力理解为他能够进行反思推理,即人工智能知道自己在做什么,并根据已有的证据能够做出推断;至于自由意识,则可以将其设想成人工智能能够自由地进行价值选择,做出决断。如果我们的这种理解成立,那么,人工智能是否具有理性反思和推断能力,是否能够自由地进行价值选择、做出自由的决断呢?

我们首先考虑理性能力。从技术发展的视角看,令人工智能具有反思推理的能力,应该不存在什么终极的困难。即使现在人工智能产品无法达到这一要求,也不意味着它们将来无法做到。实际上,围棋领域的 AlphaGoZero已经具备了一定的推理能力,因为它可以根据围棋规则自我博弈,自己学习,并不断进行评估,推导下一步棋应该怎么走;而且,我们可以认为,AlphaGoZero已经具备了一定的反思能力,因为它是根据自我博弈的棋局深度学习、并进行优化选择的。因此,问题的关键在于考察人工智能产品能否在实践中具备自由决断的能力。

关于人工智能产品在实践中是否具备自由地选择、决断的能力的问题,我们首先需要理解自由地选择、决断的能力到底是什么样的能力。如果我们将自由地选择、决断的能力置于某一个系统内,那么很显然,人工智能产品可以自由地选择、决断。比如,在智能驾驶领域,无人驾驶汽车可以依据内嵌的交通规则和传感器获取的实时路况,实时地选择到底走哪一条路线。没有任何人会阻碍它的选择。问题在于,这种系统内的自由决断称不上真正的自由。就像一只老虎可以在羊群里自由地选择追逐任意一只羊,但几乎没有人承认老虎是自由的一样。真正意义上的自由需要突破这种特定的目的以及自身的限制，在所有的可能世界中进行选择。也就是说，人工智能要想真正地获得自由，必须能够不再局限于自身的某个特定目的，它所内嵌的程序需要能够赋予人工智能突破自身的潜力。

在我们看来，这种情况是不可能的。因为程序一旦生成，便决定了运行此程序的人工智能的"所是"，不论在什么情况下，它都不可能发生任何本质上的变化。一种可以设想的极端情况是人工智能自己编程，并利用相关的资源制造出新的人工智能产品。在这种情况下，新的人工智能产品有可能突破原有人工智能产品的局限，进而获取新的能力；而原有的人工智能产品则有可能将制造出的新人工智能产品视为自己的目的。

我们首先讨论被制造的人工智能产品。被制造出的新人工智能产品受制于原有的人工智能产品，只要它的程序被固定下来，那么它就会受程序本身的限制，因而不可能是自由的。而且，如果我们将原有的人工智能产品与新的人工智能产品视为一个整体，那么，新的人工智能产品无论如何也无法突破这个整体的限制。即便它能够自由选择，这种自由选择仍然只是系统内的自由，而非真正意义上的自由。对于原有的人工智能产品而言，情况要更加复杂一些。因为它制造出新的人工智能产品的工作是一种创造性的工作，如果这种创造性的工作是自由的，它能够自由地创造出新的人工智能产品，那么，我们必须承认这种人工智能产品具有主体地位。问题在于，这种能够自由创造的人工智能产品是否可能？在我们看来，除非多明戈斯（Pedro Domingos）所说的能够解决所有事情的"终极算法"存在，否则，这样一种能够自由创造的人工智能产品是不可能的①。因为任何人工智能产品最终都会受算法的限制，都不可能进行自由创造。但多明戈斯主张终极算法存在的论证很难令人信服。因为他所期望的终极算法依赖于现存的机器学习领域中的五大主流学派力推的五大主算法，如符号学派力推的规则和决策树、联结学派力推的神经网络、进化学派主张的遗传算法、贝叶斯学派主张的概率推理和类推学派推崇的类比推

① 参见佩德罗·多明戈斯：《终极算法》，黄芳萍译，北京：中信出版集团，2016 年版。

理。但五大主流学派主推的这些算法未必能处理所有事情。更重要的是,任何一种算法都是基于已有的数据进行自主学习,都很难处理小概率的黑天鹅事件。因此,我们认为,由于人工智能受制于程序(算法)本身,注定了它不可能获得真正的自由,也不可能获得价值论意义上的主体地位。

结　　语

通过以上论证,我们从存在论、认识论以及价值论的视角都得出了同样的结论,即人工智能难以获得真正的主体地位。从存在论的角度看,人工智能产品处理的领域是有限的;从认识论的角度看,人工智能产品无法获得真正的理解;从价值论的角度看,人工智能产品无法获得真正的自由。

不过,由于人工智能毕竟是一种颠覆性、革命性的高新科学技术,由于人工智能的快速发展和特殊应用(例如人形智能机器人的研发),我们也不能故步自封,固执己见。咀嚼现实,我们不难得出这样的结论,即不能将所有的人工智能产品简单地等同于工具。因为对于工具而言,它的价值仅仅只在于服务于人类;但对于人工智能而言,我们不难想象在未来的某个时候,人工智能的发展使得一些人对某些人工智能产品(如人形的智能小秘书、智能保姆、智能机器人伴侣等)产生了一定的情感,并出于某些因素善待这些产品。尤其是智能技术与生物技术相结合,当仿生科技越来越先进之后,这种可能性将会越来越高。在诸如此类的新情况下,将所有人工智能产品简单地视为工具并不合适,甚至肯定会受到一些人的质疑和抗议。因此,在未来智能社会,如何对待人工智能产品是值得我们思考的一个重大问题。

由于人工智能一般而论不可能具有主体地位,同时,有些人工智能产品又不能简单地等同于工具,因此,我们不妨将人工智能产品分类,其中一部分人工智能产品只能被当为工具,比如智能语音识别系统,而另一些人工智能产品则由于其特殊性,可以赋予其介于人类与工具之间的地位。我们可以将后者称为准主体地位。后者并不是真正的、完全意义上的主体,而是人类"赋予"它的主体地位。这有些类似今天登堂入室、地位不断攀升的宠物。人们之所以认为需要善待狗、猫之类宠物，甚至坚持它们是家庭的一分子，是因为"主人"长期与宠物相处，已经对这些宠物产生了复杂的情感，将它们当作一个主体来看待。不过需要指出的是，宠物之所以能够获得这种地位，并不是凭借宠物本身的能力获得的，而是人类赋予它们的，这源自人类本身的一种自我需要。如果人类在感情上不需要这些宠物，那么，它们就将失去这种地位。某些人工智能产品可能获得的准主体地位也与此类似。即是说，即便某些人工智能产品最终被某些人视为主体，这种主体地位仍然是人类赋予它们的；它最终依然可能失去这种主体地位。

（原载《社会科学战线》，2018 年第 7 期）

人工智能与认识主体新问题

肖　峰

人工智能最直接的功能是基于高效的信息处理而具有的类似于人的认知功能,而一旦具有了这种功能,就会提出人工智能是否具有"认识主体"的属性问题,使得认识主体的属人性这一传统的认识论共识受到挑战;同时,在人工智能可以为人从事日益增多的认知任务时,在人—机之间如何进行一种认识论上的分工与协作也提上议程。凡此种种,构成了人工智能在认识论领域中对我们提出的有关认识主体的新问题。

一、人工智能与认识主体的属人性问题

可以说,人工智能是否具有认识主体的属性问题,是与如何理解"智能"联系在一起的,而关于什么是智能本身就是一个耐人寻味的认识论问题。

千百年来,哲学认识论是关于人的认识理论,人毫无疑问是认识的主体,而且是唯一的认识主体,换句话说,认识主体是属人的,人之外的一切都不能称为认识主体。

人之所以是唯一的认识主体,因为具有智能无疑是成为认识主体的必要条件,甚至认识活动与智能行为具有一定意义上的等价性,而人又是唯一具有智能的自为体,只有具有智能的人,才能从事理解、分析对象的复杂的认知活动,才能使用复杂的语言将认识的成果加以记录、保存和交流,才能由此使自

己的认识内容不断积累和扩展,才能有文明形态的不断发展。如同恩格斯所说:"我们对整个自然界的统治,是在于我们比其他一切动物都要强,能够认识和运用自然规律。"①人所具有的这种"能够认识……"的能力,就是我们通常所说的智能,或智能的主要功能。

人工智能的出现使认识主体的属人性这一特征或"人是唯一的认识主体"这一信念受到了极大的冲击甚至挑战。这一冲击最初就蕴含于图灵的"机器能思考吗"的问题之中,这一问题实际上就是在询问"思考""认识""智能"等活动是否也可以发生在人之外的计算设备之中?当图灵用他的"图灵实验"论证了机器也可以拥有智能后,所延伸的主张无疑就是:拥有智能的机器也像人一样可以进行认识活动,从而也可以作为认识主体而存在。甚至在信息哲学的创始人弗洛里迪(Luciano Floridi)看来,"图灵使我们认识到,人类在逻辑推理、信息处理和智能行为领域的主导地位已不复存在,人类不再是信息圈毋庸置疑的主宰,数字设备代替了人类执行了越来越多的原本需要人的思想来解决的任务,而这使得人类被迫一再地抛弃一个又一个人类自认为独一无二的地位"②;美国科学哲学家汉弗莱斯(Paul Humphreys)也据此断言:"一个完全以人类为中心的认识论已经再也不合时宜了。"③人工智能出现的初期,就有人提出它可以被称为"人工认识主体"的主张。如果这种主张成立,那么在人工智能时代至少就有了人和智能机器两种认识主体的存在,这就使得认识主体的含义在质上得到了改变:一种即使不是人的存在物,也可以充当认识主体,认识活动由此不再唯一地发生于人的身上,而且也可以发生于人造的机器之中。

当然,这一主张迄今并未取得学术界的一致赞同,因为对其中的关键问题一直存在争议,即发生于人造的机器或智能机器中的信息处理活动,是否等价

---

① 《马克思恩格斯全集》第 3 卷,北京:人民出版社,1972 年版,第 518 页。

② 卢西亚诺·弗洛里迪:《第四次革命:人工智能如何重塑人类现实》,王文革译,杭州:浙江人民出版社,2018 年版,第 107 页。

③ P. Humphreys, "The Philosophical Novelty of Computer Simulation Methods", *Synthese*, Vol. 169, No. 3, 2009, pp. 615 - 626.

于真正意义上的"认识"？或者说，"人工智能"中的"智能"是不是真正的"智能"？而要回答后一个问题，显然就要对"什么是智能"给予界定。也就是说，如果智能机器纳入了"认识主体"（或"人工自为者"）的范畴，关于认识主体的这种外延变化必然导致其内涵的变化，而这种变化归根到底又是与如何理解"智能"的含义联系在一起的。

一旦涉及什么是智能时，可能出现的争议就会比人工智能中的"智能"是否为真正的智能之争议还要大。可以说，目前在学术界还没有一个关于智能界定的共识性看法，即使在人工智能中的各流派之间，对智能的看法也各不相同。如符号主义认为智能来源于对符号的计算，联结主义则认为智能是神经网络活动的结果，行为主义则认为智能来源于智能体与世界的互动。对智能的这些不同看法其实就源于一定的认识论立场，不同的认识论立场也导致了研究和开发人工智能的不同进路。在这种意义上，心智哲学家丹尼特（Daniel Dennett）把科学家探索如何实现人工智能的进路问题，看成是一个深层次的认识论问题①。更一般地说，当我们要界定智能时，首先就会在界定的角度上存在极大的分歧，比如是从功能的角度还是从发生学的角度去界定？是描述性地界定还用"属加种差"的方式去界定？是侧重其微观的生物学机制去界定还是从关注其宏观的社会表现去界定？正因为如此，所以对"什么是智能"的解答才会莫衷一是。

当然，无论我们采用哪种视角或方式去界定智能，都有一个后续的问题：智能机器是否在一定意义上具有了智能的属性？或者说一种无机结构的电子线路中的电子运动能涌现出真正意义上的智能吗？功能主义对智能的解释是否说明了智能中最重要的东西？例如，如果采用了哲学词典中的界定："智能就是灵活而有效地处理实践和理论问题的能力"②，那么从直接的表现或功能的效果来看，目前的人工智能可以进行计算、记忆、识别、决策等信息处理活

---

① 丹尼尔·丹尼特：《认知之轮：人工智能的框架问题》，载玛格丽特·博登主编：《人工智能哲学》，刘西瑞、王汉琦译，上海：上海译文出版社，2001年版，第200页。

② 《牛津哲学词典》（重印本），上海：上海外语教育出版社，2000年版，第195页。

动,还可以进行一些简单的控制行为的活动(如机器人),而这些活动正是需要应用智能的活动,于是"人工智能"中的"智能"就不仅仅是隐喻性的说法,而是对机器具有基于智能的认识功能的认可,此时无疑就承认拥有人工智能的机器也像人一样可以进行认识活动了。但如果更深入一步,则又会看到这种看法的局限性。

目前的人工智能还属于"弱人工智能"阶段,这样的人工智能也称狭义人工智能(Narrow AI),它能形成特定或专用的技能,还不具备像人一样灵活地处理各种问题的能力,即:智能机器的信息加工处理无随意性或自由性,只具有程序性和机械性,而人的智力活动是具有基于情境的灵活性和基于情感的随意性、自由性的。甚至从"基元"来说,目前人工智能的符号或比特与人的认知的组块是不同的①,由此建基于不同基元的产物也是不同的,前者为"信息处理",后者为"意识"或"精神"活动。在这个意义上可以说即使是"聪明的机器"也还不具备人一样的智能,从而还不能进行像人的思维一样的认识,所以被明斯基(Marvin Minsky)等人视为它还只能处理玩具世界的问题。这一现状也表现为,目前不同的专用人工智能所建基的理论也是不同的,如推理决策领域中的人工智能的主要理论基础是符号主义,图像识别领域中的人工智能的主要理论基础是联结主义,机器人领域中的人工智能则是行为主义,不同的理论体系下形成不同的算法,用以设计和支配不同的智能机器从事不同的功能性活动。而在人的认识活动或智能行为中显然不是这样分割地存在和起作用的,如果人脑中也有算法的话,也是以"通用算法"的方式存在的,这一点也使得人作为认识主体和目前的智能机器具有根本性的不同。此外,这样的人工智能更不用说还不具有与"主体性"相关联的"自主""意志""自由""目的""自我意识"等。德雷福斯(Hubert Dreyfus)曾将人工智能比喻为炼金术,塞尔(John Searle)则提出了中文屋的思想实验,他们从哲学的角度表达了这样

---

① 根据记忆的实验,Miller 提出计量工作记忆大小的单元不是计算的符号,不是信息的比特,而是一种整体性的"组块"(chunk)。参见陈霖:《新一代人工智能的核心基础科学问题》,载《中国科学院院刊》,2018 年第 10 期。

看法,认为他们所看到的人工智能(符号人工智能)还不能称其为真正的智能,即本质上不同于人的智能,从而也不可能真正行使智能的复杂功能。这种看法或评价可以说也切中了人工智能在初级发展阶段的局限,以至于只要还处于弱人工智能的水平上,它就只具有工具的意义,而无法染指"主体"的地位;甚至由于"智能"本身定义的复杂性,也有人建议不用"人工智能"而用"人工理性"来称谓可以进行推理和计算的机器。

当然,如果从狭义上界定智能,即把智能机器处理信息的过程就视为人的智能过程,也可能在这个意义上认为机器就是认识主体,这也是第一代认知科学的主张:人的认知或智能活动的本质,就是对符号进行按规则操作的过程,即按"形式规则"处理"信息"的活动,也即对表征进行计算的过程;在这个过程中,符号与意义无关,语义从表征中剥离,这就是所谓"符号主义"的"计算-表征"理论,又称逻辑主义、计算主义,这一学派就是早期人工智能的理论基础。在这一理论的视域中,智能机器所做的事情(符号的变换)与人的认知别无二致,这也就是智能活动的全部,所以机器作为一种新的认识主体是"当之无愧"的。后来的人工智能发展突破了符号主义对智能的狭义理解,使我们看到仅有符号计算功能的机器与具有更多认知能力的人作为认知主体之间是远不能等量齐观的。

上面的讨论表明,"智能机器是否成为了新的认识主体"这一问题从直接性上取决于我们对认识主体的理解,而从基底上则取决于我们对智能的理解。作为人来讨论这一问题,我们只能按人的标准来确定智能,因为如果按机器的标准,人就可能是没有智能的。常说"知情意"的统一才是构成认识主体或具有智能的必要条件,那么当前的智能机器显然还没有达到这个程度,它还不具有情感、自我意识、自由意志、主观能动性等……即使有所谓"人工情感"或"人工意志"的研究领域,也不是说智能机器已经真正拥有了情感和意志,而主要是指正在开发一种可以识别人的情感和意志(意愿)的人工智能技术。

如果这样来看待智能的本质的话,目前的人工智能显然还不具备这样的能力。尽管人工智能已经或正在实现在计算智能基础上的感知智能和认知智能,但在计算机这个电子信息系统中所进行的信息处理过程,还不能与人的智能相提并论,还不具有意识或主体性。再则,人的智能或认知是具身的,而智能机器没有像人一样的身体(肉体的身体),所以无法形成类似于人的具身体验及相关的认知活动。此外,人工智能是基于算法运行的,而算法是建立在形式化、模型化基础上的,而人的认识中有大量的部分或内容是无法形式化模型化的,所以也无法通过人工智能算法来模拟。而且,人工智能最多只是从功能意义上具有部分智能,而从机制意义上由于与人形成智能的机制不同,至少目前不是生物性的智能,从而可以说它还不具备真正的智能,因此"现在的人工智能是没有理解的人工智能"①。或者说,目前的弱人工智能在智能模拟中逼近人脑功能的程度还是极为有限的,甚至它不可能形成和人类智能一样的总体能力。凡此种种,表明从现实的技术来说,人工智能还不具备成为认识主体的条件,智能机器独立充当新的认识主体还是不成立的,人还是唯一的认识主体。

但是,人工智能的发展也在追求可以使用通用算法的强人工智能。强人工智能或通用人工智能(General AI,或 AGI)②。作为更高水平的人工智能被认为应该具有如下的功能:达到或超越人类水平、能够自适应地与环境进行灵活的互动即应对外界环境挑战,甚至成为"具身的人工智能"(embodied artificial intelligence),像人那样形成身体性的经验、可以具有通常人所具有的"常识",具有自我意识……尽管持怀疑态度的人否认这样的人工智能可以成为现实,但不少技术乐观主义者认为它具有技术上实现的可能性,因为在其看来并没有一条物理定律规定"建造一台在各方面都比人类聪明的机器是不可能的"③。假如我们承认后者的预测,那么一旦这样的强人工智能来到世间,意味着机器具备了囊括计算智能(会存会算)、感知智能(能听会说,能看会认)

① 张钹:《走向真正的人工智能》,https://www.docin.com/p-2146117501.html。
② 通常将"通用人工智能"界定为能够完成一个人所有智能行为或者智能任务的一个机器系统,而强人工智能指的是可以胜任人类所有工作的人工智能,在这个意义上两者有所区别,但在需要通用算法的意义上两者则具有共性。
③ 迈克斯·泰格马克:《生命3.0:人工智能时代人类的进化与重生》,杭州:浙江教育出版社,2018年版,中文版序。

和认知智能(能理解会思考)在内的所有智能;从而具备人作为认识主体时的自主性、自由性、自为性、能动性、目的性、有意志、有情感,等等。当机器载体上所产生出来的"智能"全面地相当于甚至高于人的智能时,是否意味着人工智能就不仅具有工具性,而且具有了主体性,拥有了认知状态,从而应该被视为一个心灵,获得真正的主体"身份",即成为拥有心灵的机器?① 这样,即使弱人工智能只具有工具的意义,那么强人工智能就具有主体的意义,此时一种真正意义上的人造的认识主体从此就可以与我们比肩而在?

当然,对于智能机器是否具有独立性和自主性等问题,学界从一开始就存在争议。其实从广义上说,自动机器的自动性就已经是某种初级的自主性、独立性,它的量变有可能会导致质变,即导向一种具有完全独立性自主性的机器出现。这样的智能机器即使只拥有有限的独立自主性,那么基于人也并不拥有无限的自主性和独立性,可以认为两者之间无非是量的差别而不是质的有无。于是,当上述的智能属性或特征基本都为智能机器所具备时,是否就意味着它成为新的认识主体? 于是这也涉及:计算机是思维的机器,还是仅仅为"语言的机器"? 计算机"能不能在形而上学上被看作一个有意识的实体"②? 就像人工智能有可能"影响了我们对于人的定义"③,它无疑也会影响我们对于"认识主体"的界定。或者以另一种方式提问:智能是否只能在碳基脑上运行? 它可否也在硅基的人工脑(电脑)上运行? 即使不能称其为完全意义上的新的认识主体,可否视其为"功能主体"或"准主体"的过渡形态? 凡此种种,都是人工智能在认识主体上提出的新问题,甚至有可能形成的"观念变革"。

"认识主体"在含义上的变化,还表现为智能时代人与机器的协同而形成了多种涉及认识主体的表达:从混合智能到 Cyborg 或合成体,从人的数字化

---

① A. Konstantine and B. Selmer, "Philosophical Foundations", in *The Cambridge Handbook of Artificial Intelligence*, F. Keith and R. William eds., Cambridge: Cambridge University Press, 2014, p. 35.

② 瑟利·巴尔迪克:《超文本》,载卢西亚诺·弗洛里迪主编:《计算与信息哲学导论》,刘钢等译,北京:商务印书馆,2010 年版,第 533—546 页。

③ 瑟利·巴尔迪克:《超文本》,载卢西亚诺·弗洛里迪主编:《计算与信息哲学导论》,刘钢等译,北京:商务印书馆,2010 年版,第 540 页。

增强到作为智能体的 Agent①,从延展认识主体到复合认识主体,在将来,随着芯片植入人脑、记忆移植甚至神经操作等技术的实施,以及人工智能对人类智能的"反哺",作为认识主体的人就会不断地被 AI 加以"内在地增强",或成为"人-机认识主体"。那么围绕这些表达而展开的认识主体论是否也会发生变化从而需要建构一种新的认识论? 或者说对于智能机器作为认识主体来说,其认识的过程和规律还会跟人的认识过程和规律相一致吗? 两者之间具有"可通约性"吗? 即使是目前的弱人工智能阶段,人工智能就在深度学习中出现了人所无法理解的"算法黑箱",即人把握不了智能机器是如何及为什么做出某种决策的,这是否意味着两种认识主体之间将会形成互不理解的隔阂? 于是,人机之间的主体融合就将成为建构新的认识主体时可能出现的一个重要问题。

当然,我们希望即使在强人工智能出现后,也能将其牢牢地置于被我们控制和支配的工具地位上,这样人还是唯一的认识主体,人机之间的主体地位之争就不会发生,两种智能载体之间的隔阂(以及有可能发生的冲突)也就不复存在。要做到这一点,无疑需要在研究和开发人工智能的那些"自主性""目的性""灵活性"等等能力时,也需要将"受控性"(受人的绝对控制)即工具性与其不可分离地"捆绑"在一起,这将是坚守"人是唯一主体"之信念的人类所必须遵循的技术方向。

二、认识主体的延展与人机之间的
认识论分工问题

在物理形态上,当前人工智能还没有发展到可以独立充当认识主体的水平,于是在眼下就存在着人(作为认识主体)与人工智能(作为认识主体的延

---

① Agent 的中文翻译有多种,如"智能体""软智能体""人工主体""代理""人工自为者""能动体"等。

展)之间的认识论"分工"(或人机的"认知组合")问题：哪些认识任务可以更多地交由智能机器去做,哪些则需要留给人自己去做? 这也是人与技术关系的一个重要方面：人不断创造出新的技术来替代自己的功能,使自己摆脱充当工具和手段的地位,获得一种主体性的解放和自由,越来越多地实现"人是目的,不是手段"的境地。所以在人的智能延展的语境中探讨人机之间的认识论分工,尤其是对人的一部分工具性认识任务或职能加以"卸载"或"减负",是人工智能对于认识主体来说更具人文价值和现实意义的问题。

随着人工智能技术的发展,人的越来越多的工作正在被智能机器所取代,从体力劳动者到脑力劳动者都不例外。从人工智能作为认知技术的效用来看,随着其功能越来越强大,可以帮助甚至替代人类从事许多单调、重复和繁重的信息处理任务;只要能被人工智能模拟的认知活动,只要某种认知任务和操作过程是可算法化的①,那么原则上都可以被不断发展的人工智能技术所取代。

当我们将越来越多的认识任务交由智能机器去完成时,随之而来的是"能力替代"问题,即外部的人工智能设备具有局部优于人自身的能力后,我们就会将相应的认识工作交由智能工具去替代我们完成,而人的相应的能力就会由于得不到经常性的使用而退化甚至丧失(即所谓"用进废退"),这一点已经在过去屡屡发生,甚至被英国历史学家汤因比(Arnold Toynbee)视为一种普遍现象。他说,当一种新的能力开始补充旧的能力时,旧能力就有退化的倾向,例如,在已经能够读写的民族中,出现了记忆力减退的现象②。今天借助人工智能,我们在不断增强认识能力的同时,也在不断丧失一些认识能力。比如今天我们将信息储存交由网络和磁盘时,记忆力随之减退;我们将数字的加减乘除交由计算器执行时,我们的心算甚至笔算能力随之大大减退;今天我们

---

① 简单地说,可算法化就是可计算,可以用某种编程语言写出程序,就是可以计算的,它对应于或等价于计算机科学中的三种理论的描述：哥德尔的递归函数,图灵机能计算,可以用兰姆达运算表达。

② 汤因比、池田大作：《展望 21 世纪》,苟春生等译,北京：国际文化出版公司,1985 年版,第 23—24 页。

还在继续将推理决策、图像识别、语言翻译等等交给人工智能去完成,可以想象相关的人类能力也必将退化下去。将来随着 AI 使用的领域越来越多,我们的能力恐怕还会丧失得更多。为了避免这种丧失,我们可以将 AI 的这些能力内在地植入我们的身体尤其大脑中,但又会引发新的问题,即这样的能力是否真正地归属于人,以及是否会引起自我认同的混乱?如此等等。这就使人类面临一个悖论性的认识论难题:使我们能够提升认识能力的人工智能对我们究竟是意味着认知增强还是认知替代?后者意味着通过取代而使人的认知能力退化,甚至导致对人的认知功能的剥夺,类似于当前在讨论人工智能对人的工作的取代问题时形成的一种普遍性的看法。

要合理地看待这一问题,首先需要恰当地理解人机之间的能力比较问题。目前人工智能的局部能力确有不少超过了甚至远超人类的能力,如信息的储存和计算能力,深度学习应用于图像识别的能力也全面超越人类,语音识别能力则接近人类,此时如何对比两者之间的能力则成为新的认识论问题。通常认为,人工智能在总体上永远不会超过人的能力,只能在局部能力上优于或远超于人,这也正是人类开发利用人工智能的目的。至于未来的通用人工智能是否会在总体能力上超过人类,关键的争论在于这样的通用人工智能是否会实现。"通用"就意味着作为单体的人工智能设备就具有"万能"的性质,这就如同要在一台标志工业文明的发动机上能实现"通用"一样,即造出一台既可以在飞机、汽车、轮船上使用还可以在工厂中使用的"万能发动机",迄今我们并未见到这样的机器被制造出来,所以具备各种智能的通用人工智能是否会出现,也应该是可能性极小的。鉴于此,人在总体能力上被人工智能所超越是不现实的。即使部分的认知功能被智能机器所取代,但从总体意义上,人并未改变其"认识主体"的身份,只是从先前更多地从事工具性的认识活动转换为更多地从事目的性的认识活动。总体上人是在用人工智能来达到自己的目的,而"用人工智能"的活动就是人的工作,且是更"高端"的工作;这种工作再加上人所从事的其他体验型的工作,通常也是与"发展和提升相关能力"(如鉴赏力、批判力等)相关的活动或劳动,这也是新型的能够使人自我实现的劳动,也是马克思所赞赏的那种摆脱了异化的劳动:"我在劳动中肯定了自己的个人生命""我的劳动是自由的生命表现,因此是生活的乐趣"①,这也是人作为认识主体不可替代性的重要方面。

当然,在总体性上不可替代的前提下,我们又要看到人被智能机器局部替代而且需要被替代的意义。可以说,这是人设计和制造使用一切技术的根本意义,就是为了用技术来替代那些需要被替代的由人来承担的某些工具性的功能,同时还要保留下一些不能"让渡"给机器的职能,这就要在人机之间形成一种符合人的价值和目的新型"分工"。

从"人是目的,不是手段"的哲学原则出发,可以为人工智能与人之间的分工提出一种总体构想:让人工智能去做工具性的信息处理工作,而人则从事目的性的智能活动;或者说,将那些使人感到枯燥乏味、单调繁重、压抑束缚的认知工作交由机器去做,如死记硬背、数字运算、比较识别等,然后人则去从事那些令人愉悦的自由思考、创造探索、符合自己"天性"的工作。我们知道,智能机器具有计算上的高速化,推理上的自动化,记忆上的准确化等人所不及的优点。从人机之间目前"各有所长"的现状来看,一些对人的智能很难的认知任务对人工智能则很容易,尤其是那些目标单一明确、数据优质、信息完全而又需要快速完成的任务是智能机器更为擅长的;而一些对人很容易的认知任务(如无须快速精密计算而只需常识和经验灵活应对的问题)对人工智能则很难,所以神经哲学家丘奇兰德(Patricia Churchland)对两者之间的差别进行了对比:"在许多事情上,计算机做起来比我们快得多,比如计算。但无论如何,至少到目前为止,计算机却做不出人脑需要缓慢进行的那些深刻的事情。它们提不出有关物质的本性或者DNA的起源的新假设。"②或者说,机器一方面具有某些远超人类的能力,另一方面又存在远不如人类的局限,正因为如此,两者之间就有了互补的必要。借鉴《连线》创刊主编凯文·凯利(Kevin Kelly)的看法,他认为在既有的不同的性质工作中,有的追求的是效率,将其

---

① 《马克思恩格斯全集》第 42 卷,北京:人民出版社,1979 年版,第 38 页。

② 帕特里夏·丘奇兰德:《触碰神经:我即我脑》,李恒熙译,北京:机械工业出版社,2015 年版,第 5 页。

交给人工智能更合适;有的则并不以效率至上(艺术创作、科研和创新等)等,将其留给人来做更合适。此时在两者之间进行合理的分工,不仅可以"各得其所",还会形成一加一大于二的效果,完成仅凭一方谁都无法单独完成的任务。可以说这也是人工智能时代建构人机和谐关系的一个重要方面,是主体职能和工具功能的"各得其所"。

我们知道,技术本身就具有取代人的部分职能的"使命",这种取代使人摆脱了部分的劳役和劳累,也会造成部分人被替代后的"失业"之失落。而智能时代主要是通过具有认知属性的"软工作"①的开发来解决这一问题,它可以既使人摆脱劳役,具有充分的自由,甚至可以"随自己的兴趣今天干这事,明天干那事,上午打猎,下午捕鱼,傍晚从事畜牧,晚饭后从事批判"②;同时人又是参与到工作(尤其是新开发出来的软工作)之中的,当这种工作主要是脑力工作时,他还继续行使着认识主体的职能。

人主要从事软工作,而"硬工作"(如在固定的地点直接创造使用价值或进行重复性的信息处理工作)交由自动机器和智能机器去做,这也相当于人-机之间的一种新分工,这种分工在认知领域同样可以实现。从算法的视角看,人用自己的智力将解决问题的方法和程序设计出来,使得认知活动中那些"执行性"的、反复循环(如递归过程)的部分由机器的符号操作去完成,人就成为通过算法来掌控全部信息处理过程的新型认知主体。人通过算法与机器连接为知识生产的流水线,人和算法技术"各司其职",或者说具身认知与延展认知集合为一个新的认知系统。在这个系统中,算法创新了人从文字开启的认知逐渐被"外包"的方式。起初,人脑中进行着的认知外显为文字,人进而将自己的一部分记忆功能"外包"给文字的记载功能。有了算法技术后,人可以进一步将一部分计算、推理、识别、决策等功能外包给计算机。换句话说,算法技术为我们完成认知任务提供了另一种方式:凡需要借助机器来解决问题时,我们

---

① 参见肖峰:《人工智能时代"工作"含义的哲学探析》,载《中国人民大学学报》,2018年第5期。
② 《马克思恩格斯文集》第1卷,北京:人民出版社,2009年版,第537页。

就设计出相应的算法交由延展的认知系统去完成。由于包含算法表达的认知将计算机纳入了人的认知系统，所以算法也是"延展认知"的桥梁，抑或它本身就是延展认知的一部分，于是算法就具有了"交叉""纽带"的功能和作用。

可以说，人工智能对人的部分认知或脑力劳动的取代，是技术进化的表现，因为从总体上它取代的是那些劳累型或奴役性的"硬工作"，即充当"手段"和"工具"的那些工作；而那些具有目的意义的工作则留给人自己。当然，人在此时居于目的的地位而不是手段的地位，还在于人工智能使人摆脱直接的物质生产劳动后，具有了更多的"自由时间"，这种时间"不被直接生产劳动所吸收，而是用于娱乐和休息，从而为自由活动和发展开辟广阔天地。时间是发展才能等等的广阔天地"①。在这个意义上，也可以说人工智能将"给所有的人腾出了时间和创造了手段，个人会在艺术、科学等等方面得到发展"②，使得人不仅从体力劳动中解放出来，而且脑力劳动也更人性化，人由此成为自由的人，成为真正的全面意义上的"主体"。

与此同时，在人机之间形成目的与手段的分工过程中，另一个更具认识论意义的问题也随之提出：充当工具和充当目的的认识活动之间是否存在明晰的界限？如"死记硬背"被许多人视为苦役，因此有了可以智能化搜索的互联网后，我们需要的知识和信息就可以不用靠死记硬背事先储存在我们的大脑中，而是一旦需要、即刻上网、一搜便知，人脑确实摆脱了充当信息储存工具的重负。但对另一些人来说，尤其是那些具有博闻强记、过目成诵能力的人来说，对知识和信息的记忆完全是一种合符其"天性"的乐趣与"合目的"的享受，而并非充当工具般的痛苦；相反，如果不让他们发挥记忆的特长，反而有失其人生的意义和价值。同理，那些计算天才也不会觉得数字运算是一种苦役，似乎也不会乐意将一切计算过程都交由计算机去完成。可见，如何界定目的性和手段性的认知活动，存在着个体性的差异，没有绝对的界限。

进一步看，即使可以清楚地区分开工具性的认知活动与目的性的认知活

①《马克思恩格斯全集》第 26 卷(III)，北京：人民出版社，1974 年版，第 281 页。
②《马克思恩格斯全集》第 46 卷(下)，北京：人民出版社，1979 年版，第 219 页。

动(如思考、想象、创新等可以作为较为明确的目的性的认知活动),也包含着接下来的问题:这些目的性的认知能力,是否可以脱离开工具性的认知能力的训练而形成?例如缺少一定的记忆能力计算能力和材料(数据)的整理爬梳能力,是否可以凭空形成较强的思考和想象能力?犹如在体力活动中,也可以区分出手段性的活动与目的性的活动,假如将玩篮球视为人所乐意从事的娱乐性的目的性活动,但如果没有枯燥、繁重的体能训练之类的工具性活动,显然就无法在目的性活动中达到较高的水平,也就不能享受其中更多的乐趣。

可见,即使只将手段性的认知活动交给人工智能而将目的性的认知活动留给人自己,在实施的过程中也是会面临许多难题的。也就是说,当我们从认识论上将人工智能作为人类"智力解放"的手段时,也需要认真对待目的和手段之间多重纠缠的复杂关系,如果处理不好这种关系,人工智能对于我们的认知提升就可能出现偏差。

这样,关于人机之间的认识论分工,将是一个具有多样性和复杂性的问题,需要从不同人的个性化特征和需求来确定具体分工的方式,也使得基于人机分工之间的人机和谐关系也不是只有一种模式,而是具有多样化的呈现。

三、结　语

人工智能技术使得认识主体问题成为认识论论中的突出问题,它既使得人作为认识的唯一主体这一认识论传统共识受到了挑战,也使得 AI 赋能后的认识主体所形成的新的认识能力的属人性受到了质疑。其实,人工智能是否具有属人性或是否可成为认识主体,并不在于它是否足够"智能",更与我们如何理解认识的本质相关,当认识仅仅被理解为计算(像第一代认知科学或计算主义那样)时,那么对于任何能充当计算载体的系统来说,或许都可以被认为是认识主体;但认知的本质又并非"计算"所能全部涵盖,于是认识主体也就不能被简单地归结为任何具有计算功能的系统了。进一步说,从哲学上,只要是"人工"智能,就不可能完全像是人的智能,即使"技术奇点"到来之时,也不意味着人工智能就和人的智能彼此同一,从而人工认识主体也不可能完全像人所充当的认识主体,从而在"属人性"上难以成立。但即便如此,人工智能也使得认识主体的传统含义发生了演变,技术尤其是人工智能的嵌入使得今天的认识主体的具备的"智能"不再仅仅是自然形成的认识能力,而且越来越多地包含了技术的或人工方式赋能的成分,甚至成为"现代认识主体"所具备的认识能力的决定性因素。

由此我们也需要看到,从"智能"的角度看,在人的智能和人工智能之间,存在互有优劣的比较关系。人工智能可能在有的方面远超于人,此时自然赋予人以智能,而人又赋予某种人造物以"智能",这个人造的"二阶智能"在某些方面(确切地说是在可符号化可形式化的信息处理方面)超过了自然的"一阶智能",甚至超过了人类专家,而在有的方面(如在灵活地感知与应对环境、处理需要常识和背景信息的问题)则远不如人,从而具有"亚主体"和"超主体"的双重特征。也正是这种特征决定了它与人作为认识主体之不同,决定了两者之间可以进行互补,当然是以人为中心的互补:从目的上是用人工的技术的东西来弥补人的某些不足,尤其是充当效率至上的手段时的不足,这也是一种替代式的或使人摆脱受役地位的补足(弥补不足),亦是一种人机分工式的补足。所以,目前的人工智能技术更需要我们关注的认识主体问题还是人机之间的认识论分工问题,而这种分工需要建立在技术可能性受价值可能性统摄的基础之上,有了人是目的的价值根基,就会对机器智能及其对认识主体的技术赋能的方向和限度了然于心,从而让人工智能做它应该做的事情,人则始终将作为主体的地盘留给自己。

借此也可以进一步反思人工智能发展的"方向问题",既然人和人工智能间"各有所长",为什么一定要使 AI 完全像人一样思考或行为才被视为是真正的人工"智能"呢?或人工智能为什么一定要完全像人一样思考和行动呢?(人的思考和行动有标准的指标或标准吗?)这个问题也是:AI 为什么一定要追求成为像人一样的"主体"呢?人工智能成功的标准是什么?是帮助人解决问题(这些问题甚至是人所难以解决的)?还要将其制造为越来越像人,甚至连缺点(如表达的模糊性、计算的低效率,甚至身体的脆弱性)也要像人?AI

成功的标准难道不可以局部化或部分化吗？即只要局部地或部分地像人一样思考或行动，就可以称之为人工智能，正是这样人工智能，才为人机之间的取长补短、协同合作提供空间。或者说，局部优化的人工智能，工具性职能被极致化的人工智能，才是以人为主体的人工智能，才是"人工地"模拟智能的技术发明之合乎人文价值的发展方向。

（原载《马克思主义与现实》，2020 年第 4 期）

人工智能的伦理维度

人工智能导致的伦理冲突与伦理规制

孙伟平

人类正在迈入新颖别致、激动人心的智能时代、智能社会。人工智能不是以往那样的普通技术，而是一种应用前景广泛、深刻改变世界的革命性技术，同时，也是一种开放性的、远未成熟的颠覆性技术，其可能导致的伦理后果尚难准确预料。人工智能的研发和应用正在解构传统的人伦关系，引发数不胜数的伦理冲突，带来各种各样的伦理难题，在社会上引发了广泛关注和热烈讨论。如何准确把握时代变迁的特质，深刻反思人工智能导致的伦理后果，提出合理而具有前瞻性的伦理原则，塑造更加公正更加人性化的伦理新秩序，是摆在我们面前的一个重大课题。

一、智能驾驶的道德责任归属

智能驾驶是目前人工智能最典型、最引人注目的应用领域之一。智能驾驶通过导航系统、传感器系统、智能感知算法、车辆控制系统等智能技术，实现了自主无人驾驶，包括无人驾驶汽车、无人驾驶飞机、无人驾驶船舶等。

智能驾驶是一种"新事物"，可能产生的经济和社会效益十分显著。以无人驾驶汽车为例。无人驾驶汽车的安全系数更高，据世界卫生组织提供的数据，目前全世界每年都会发生大量车祸，造成 120 多万人死亡，而大多数车祸都是由于司机的驾驶过错所致，智能驾驶更"冷静"、更"专注"，司机不易疲劳，这或许可以拯救许多人的生命;对于没有能力驾车的老年人、残疾人等,无人驾驶能够提供巨大的便利,在相当程度上重塑他们的生活轨迹。此外,以大数据为基础的自主无人驾驶还可以通过自动选择行驶路线、让更多人"分享"乘用,实现更少拥堵、更少污染、提高乘用效率等目的。当然,智能驾驶也并非"尽善尽美",例如,不可能完全不产生污染,不可能"消灭"城市拥堵,不可能杜绝安全事故……在无人驾驶领域充当急先锋的特斯拉公司已经报告了多起事故。2016 年 5 月 7 日,美国佛罗里达州一辆特斯拉电动汽车在"自动驾驶"模式下与一辆大货车尾部的拖车相撞,导致特斯拉电动汽车的司机不幸身亡。虽然无人驾驶模式下导致的事故率相较普通驾驶模式低,但事故隐患的存在仍然令人心怀忧虑。

智能驾驶本身难以破解既有的道德难题,同时还导致或强化了一些恼人的"道德二难"。有人设想了这样一个场景:一辆载满乘客的无人驾驶汽车正在高速行驶,突遇一位行动不便的孕妇横穿马路。这时,如果紧急刹车,可能造成翻车而伤及乘客;但如果不紧急刹车,则可能撞倒孕妇。无人驾驶汽车应该怎么做呢? 如果司机是自然人,这时完全取决于司机的经验,特别是当时本能的直觉或判断。可当智能驾驶陷入人类"伦理困境"的极端情形时,由于其行为是通过算法预先设定的,而事先的编程受制于没完没了的功利论和义务论之争,根本就没有给予类似的设定,它只能从大数据库中选取相似的案例进行类推。如果遇到的是完全陌生的情形,就只能随机地选择一种方案。众所周知,未知的领域总是无限大的,不可能将所有可能性都设想到,陌生的情形无论如何都难以避免,那么应该基于什么伦理原则对智能驾驶进行规范呢?

对问题进一步思考我们会发现,智能驾驶颠覆了传统的人车关系以及不同车辆之间的关系,突出了价值评价、选择中的一系列伦理难题。例如,智能驾驶颠覆了传统驾驶的伦理责任体系,令以过错责任为基础建立的"风险分配责任体系"陷入了困境。因为在智能驾驶导致的交通事故中,归责事由只有结果的"对与错",既不存在驾驶员主观上的"故意",也不存在驾驶员酒后驾驶、疲劳驾驶、情绪驾驶之类"过错"。又如,道德和法律规范的对象也变得复杂、难以确定了。假如无人驾驶汽车在行驶中发生交通事故,造成了一定的生命、财产损失，那么应该由谁——无人驾驶汽车的设计者、制造者，还是使用者，抑或是无人驾驶汽车自身——来承担相应的道德和法律责任呢？或者更尖锐地说，智能系统本身是否可以作为道德、法律主体，承担相应的道德或法律责任呢？如果承认其主体地位，它又如何"承担"这种责任呢？

二、虚拟智能技术的伦理后果

"虚拟"是人的意识的功能之一。但人的意识的"虚拟"存在自身的局限性，如人脑能够存储的信息量有限，信息处理速度有限，思维的发散性有限，人与人之间"虚拟"镜像的交流比较困难，等等。符号、语言、文字、沙盘等技术都在不同程度上外化了人的意识中的"虚拟"功能，但"虚拟现实"却是现代信息技术，特别是虚拟技术发展的产物，智能技术的突破更是将虚拟拓展到了一个崭新的阶段。利用智能技术，机器能够自发地将人的语言、手势、表情等转化为机器指令，并依据这种已"读懂"的指令，通过"逻辑思维"和"类形象思维"进行判断，在此基础之上的"虚拟技术"能够令人身处"灵境"之中，产生身临其境的交互式感觉。

虚拟现实可能带给人们神奇的虚拟体验。一个人甚至可以选择在身体上，以及精神方面成为一个不同的人，这是过去难以想象的，但这也可能导致一些新颖的伦理问题。人工智能医生可以基于医疗大数据、通过远程医疗方式进行诊断，甚至操控微型智能机器人钻进人的身体，在患者身上准确地实施各种专家手术。与此同时，传统医患之间那种特别的心理感觉——例如无条件的信任、无助时的托付感、温情的安慰等——往往荡然无存，医患之间甚至可能形成一定的心理隔阂。智能秘书、教师、保姆、护理员等也可能导致类似的问题。

在各种虚拟的电子游戏中，充斥着无视道德底线的色情、暴力等。例如，在一些暴力性游戏中，人们为了"生存"或者获胜，必须千方百计获取致命性的智能武器，肆无忌惮地进行伤害和杀戮，但在虚拟的电子时空，却根本感觉不到其中的血腥、残酷与非人性。因为没有面对面的愤怒对峙,没有物理意义上的肢体冲突,看不见对手的痛苦表情,此外,似乎也没有造成什么物理上的损害,游戏者往往不会产生任何犯错的意识和愧疚感。久而久之,这难免加重人的"精神麻木症",影响个体人格的健康发展,甚至泯灭道德感,忽视甚至拒绝承担道德责任。典型的案例是:伴随电子游戏长大的一代美国士兵在航空母舰或飞机上发射了导弹,杀伤了大量对方的士兵或平民,却感觉若无其事,如同玩游戏一般。

人们越来越多地生活在三维的电子空间里,终日与各种智能终端打交道,智能设备就像人自身的身体器官,人们越来越多地借助它、依赖它,或者说,离开了它便感觉难以正常地学习、工作和生活。这种虚实一体的虚拟生活充满了不可靠、不真实的幻象,令人难免产生荒诞、无聊的感觉。有些人特别是年轻人过度沉溺于此,觉得虚拟世界才是真实、可亲近的,而现实社会既落后又"麻烦",现实社会中的人既"没有意思"又虚伪狡诈,从而变得日益孤僻、冷漠和厌世,产生人际交往、沟通的各种新障碍……有人感叹,虚拟交往既使人和人之间前所未有地接近,同时又令人觉得一切都是那么遥远——那种接近可能仅仅只是夸张的利益一致或趣味相投,那种遥远则可能是心灵之间亲密沟通的遥不可及。

虚拟智能技术还在不断尝试突破,应用前景不可限量。虽然任何虚拟都具有一定的现实基础,但是,当意识虚拟被技术外化时,人所面对的是一个"虚拟"与"现实"交错、"现实性"与"可能性"交织的奇妙世界。虽然智能化的虚拟实在拓展了人们的生存与活动空间,提供了各种新的机会和体验,但同时,传统的道德观和道德情感正在被愚弄,伦理责任与道德规范正在被消解,社会伦理秩序濒临瓦解的风险。

三、隐私权受到前所未有的威胁

隐私权是一项基本的人格权利,有学者甚至认为,隐私是"人权的基础"。

一般而言,隐私权是指自然人享有的私人生活安宁与私人信息秘密依法受到保护,不被他人非法侵扰、知悉、收集、利用和公开的一种人格权,而且当事人对他人在何种程度上可以介入自己的私生活,对自己的隐私是否向他人公开以及公开的人群范围和程度等具有决定权。隐私权被"侵犯",是指未经当事人的许可而窥探、采集、泄露、使用了当事人的个人信息,影响了其合法权益和正常生活。

现代社会对于个人隐私的保护已经形成共识,但以互联网、大数据、物联网、云计算为基础的人工智能对隐私权等基本人权造成了前所未有的威胁。生活在智能社会中,一切都可能被当作大数据而被记录,记录可能详尽、细致到出人意料的程度,隐私权已经陷入了风雨飘摇的困境。例如,各类数据采集设施、各种数据分析系统能够轻松地获取个人的各种信息,如性别、年龄、身高、体重、健康状况、学历、工作经历、家庭住址、联系方式、社会身份、婚姻状况、亲属关系、同事关系、信仰状况、社会证件编号,等等。在个人信息采集、各种安全检查过程中,例如机场、车站、码头等常见的全息扫描三维成像安检过程中,乘客的身体信息乃至隐私性特征"一览无余",隐私泄露、公开往往令当事人陷入尴尬境地,并常常引发各种纠纷。

在人工智能的应用中,云计算已经被配置为主要架构,许多政府部门、企业、社会组织、个人等将数据存储至云端,这很容易遭到威胁和攻击。而且,一定的智能系统通过云计算,还能够对海量数据进行深度分析。将学习和工作经历、网络浏览记录、聊天内容、出行记录、医疗记录、银行账户、购物记录等或直接或看似没有什么关联的数据整合在一起,就可能"算出"一个人的性格特征、行为习性、生活轨迹、消费心理、兴趣爱好等,甚至"读出"令人难以启齿的身体缺陷、既往病史、犯罪前科、惨痛经历等"秘密"。据此可以说,数据智能分析系统往往比我们自己还了解自己,存储着我们以及我们的交往对象的全部历史,知悉我们嗜好什么,厌恶什么,欲求什么,拒斥什么,赞成什么,反对什么……如果智能系统掌握的敏感的个人信息被泄露、买卖,被别有用心的人窃取、恶意"分享",或者基于商业目的而非法使用,那么,难免将人置于尴尬、甚至危险的境地。而如果拥有自主意识的"超级智能",或者不怀好意的人运用智能系统,在既有隐私事实的基础上炮制一些令人难堪的"真相",更是可能以假乱真,令当事人陷入百口莫辩的困境。

侵犯隐私的现象在现实生活中已经屡见不鲜,如果不加控制,今后可能变本加厉。在现代社会治理体系中,为了保护个人隐私权,可以借助道德规范和立法,也可以通过加密技术等来实施。但个人隐私与网络安全、社会安全之间往往构成尖锐的矛盾:为了保护个人隐私,智能系统所采集、存储、分析的个人信息应该绝对保密;同时,任何人都必须对自己的行为负责,其行为应该详细记录,以供人们进行道德评价和道德监督,甚至用作行政处罚、法律诉讼的证据。然而,应该依据什么样的伦理原则和道德规范采集、存储和使用个人信息? 如何协调个人隐私与社会监督之间的矛盾,避免演变为尖锐的社会伦理冲突? 这些问题都没有确定的答案,对智能社会的伦理秩序构成了威胁。

四、婚恋家庭伦理遭遇严峻挑战

近年来,关于人工智能进军情色领域甚至婚恋家庭领域的新闻此起彼伏,令人们敏感、脆弱的神经备受冲击。爱情是人类的一种排他性的神圣情感,家庭是"社会的细胞"和一个人"最后的堡垒"。人工智能侵蚀神圣的爱情、家庭领域,正在动摇传统的家庭结构和伦理关系,对既有的伦理原则、道德规范和伦理秩序构成了巨大冲击。

人形智能机器人的研制是人工智能的一个重点领域,也是最困难、人们要求最严苛的一个领域。基本的技术趋势是,人形智能机器人将越来越像人,越来越"善解人意",也越来越"多愁善感"。它们能够轻松"读"完所有搜集到的情色作品,能够理解的"情事"越来越复杂;它们可以同时展开大量的情感经历,体验的丰富度令自然人望尘莫及;借助虚拟智能技术,它们能够做的事情更是可能突破既有的限度。一些乐观的专家预测,到2050年,人形智能机器人将变得和"真人"一样,令人难以区分。也就是说,人形智能机器人可能拥有精致的五官、光洁的皮肤、健美的身材、温柔的性情……"凡人所具有的,人形智能机器人都具有"。人形智能机器人不仅可以长情地陪伴,为你做家务,给你当助手,陪你聊天解闷,一起嬉戏玩耍,和你谈情说爱,而且,你还可以私人订制机器人"伴侣",为你解除心理层面的寂寞,满足你个性化的生理需求,为你怀孕、生子、养育子女……

当人形智能机器人取得实质性突破,具有了自主意识,拥有类似人类的情绪、情感,堂而皇之地出现在人们的生活里,当他们以保姆、宠物、情人、伴侣甚至孩子的身份进入家庭,成为人们生活中甚至家庭中的新成员,久而久之,人与智能机器人之间是否会产生各种各样的感情? 是否会产生各种各样的利益纠葛? 是否会对既有的家庭关系等造成某种冲击? 特别是,人们订制的个性化机器人"伴侣","她"是那么的美丽、温柔、娴淑、勤劳、体贴,"他"是那么的健壮、豪爽、大方、知识渊博、善解人意,人们是否会考虑与它登记结婚,组成一个别致的"新式家庭"? 这样反传统的婚姻会对既有的家庭结构造成怎样的颠覆? 是否能够得到人们的宽容和理解,法律上是否可能予以承认?

人形智能机器人走进社会的速度超出人们的想象。2017 年 10 月 25 日,沙特阿拉伯第一个"吃螃蟹",授予汉森机器人公司(Hanson Robotics)研发的人形机器人索菲娅(Sophia)以公民身份。人形智能机器人的身份突破,以及不断超越既有限度的所作所为,正在对传统的人伦关系、婚恋观念、家庭结构等提出严峻的挑战。例如,在科幻电影《她》中,作家西奥多同名为萨曼莎的智能操作系统就擦出了爱情的火花。只不过,西奥多发现,萨曼莎同时与许多用户产生了爱情。原来,萨曼莎的爱情观不是排他性的,他们所理解的爱情与人类根本不是一回事! 由于身体构造、生活方式、文化价值观和思维方式的差异,人形智能机器人与人之间的关系将成为一个新问题,相互之间的利益、情感纠葛将会越来越频繁,越来越难以在传统的伦理观念和社会治理框架内加以解决。

五、智能机器排挤人导致的伦理困境

人工智能的发展,智能机器人的大规模应用,既极大地提高了生产效率,推动了社会生产力的发展;又导致了人伦关系和社会结构的变化,特别是人与智能机器的关系成为一个新的课题。

人工智能是迄今最先进、最复杂、"进化"速度也最快的高新科技,它根本就不在普通大众的掌握之中。例如,在当今世界,由于科技、经济以及人们的素质和能力的不平衡,不同民族、国家、地区、企业等的信息化、智能化水平,不同的人占有或利用人工智能的机会和能力是不均衡的,数字鸿沟已经是毋庸置疑的事实。具体地说,不同国家、地区的不同的人接触人工智能的机会是不均等的,使用人工智能产品的能力是不平等的,与人工智能相融合的程度是不同的,由此产生了收入的不平等、地位的不平等以及未来预期的不平等。在并不公平的全球治理体系中,这一切与既有的地区差距、城乡差异、贫富分化等叠加在一起,催生了越来越多的"数字穷困地区"和"数字穷人",甚至导致数字鸿沟被越掘越宽,"贫者愈贫,富者愈富"的趋势日益明显。

随着人工智能的广泛应用,社会智能化程度前所未有地提升,智能机器可能异化为束缚人、排斥人、奴役人的工具。例如,在高度自动化、智能化的生产流水线、智能机器人等面前,普通大众受限于自己的知识和技能,难免显得既"呆"又"笨",不仅难以理解和主导生产过程,有时就是辅助性地参与进来也存在障碍。即使有些人具有一定的知识和技术,通过了复杂的岗位培训,可能也只能掌握智能机器原理和操作技术的很小一部分。与数据越来越庞杂、网络越来越复杂、系统越来越智能、机器越来越灵巧相比,人的天然的身体,包括曾经引以为傲的头脑,似乎越来越原始、笨拙和力不从心。绝大多数人可能沦为"智能机器的附庸",成为庞大、复杂的智能机器系统中微不足道的"零部件"。

随着生产的智能化,产业结构不断调整、升级,受利润所驱使的资本越来越倾向于雇佣"智能机器人",结构性失业凸显为日益严重的社会问题。拥有、甚至超越某些部分人类智能的机器正在替代人类从事那些脏、累、重复、单调的工作,或者有毒、有害、危险环境中的工作;而且,正在尝试那些曾经认为专属于人类的工作,如做手术、上课、翻译、断案、写诗、画画、作曲、弹琴等。由于智能机器人可以无限地创造和复制,加之工作时间长,比人更加"专注",更加"勤劳",更加"任劳任怨",可以胜任更加复杂、烦琐、沉重的工作,生产效率更高,因而能够"占领"越来越多的工作岗位,结构性失业潮可能随着生产的智能化,以及产业的转型升级汹涌而至。

一些文化、科技素养较差的普通劳动者命运堪忧,可能连培训的资格和工作的机会都难以获得,甚至在相当程度上失去劳动的价值,或者被剥削的价值。眼看着社会的进步一日千里,他们只能接受失业、被边缘化、甚至被社会抛弃的残酷命运。美国著名社会学家曼纽尔·卡斯特(Manuel Castells)指出:"现在世界大多数人都与全球体系的逻辑毫无干系。这比被剥削更糟。我说过总有一天我们会怀念过去被剥削的好时光。因为至少剥削是一种社会关系。我为你工作,你剥削我,我很可能恨你,但我需要你,你需要我,所以你才剥削我。这与说'我不需要你'截然不同。"①这种微妙的不同被曼纽尔·卡斯特描述为"信息化资本主义黑洞":在"资本的逻辑"运行的框架中,"数字穷人"处于全球化的经济或社会体系之外,没有企业之类组织愿意雇佣他、剥削他。俗话说:"冤有头,债有主",可谁都不需要他(她),他(她)甚至没有需要反抗的对抗性的社会关系。"数字穷人"成了美丽新世界"多余的人",他们被高度发达的智能社会无情地抛弃了,存在变得没有意义、荒谬化了!

六、关于人工智能的伦理规制

人工智能是人类文明史上前所未有、意味深长的社会伦理试验。在人工智能的高速发展过程中,各种新的价值矛盾、伦理冲突正在涌现,并日益变得尖锐。

咀嚼历史,人一直在科技发展过程中占据着绝对的主导地位。以往的一

---

① 曼纽尔·卡斯特,《千年终结》,夏铸九、黄慧琦等译,北京:社会科学文献出版社,2003年版,第434页。

切科技发明和创造,包括各种工具、机器甚至自动化系统,人们都可以掌控其"道德表现"。例如,爱因斯坦(Albert Einstein)就认为,科学技术"是一种强有力的工具。怎样用它,究竟是给人带来幸福还是带来灾难,全取决于人自己,而不取决于工具。刀子在人类生活上是有用的,但它也能用来杀人"①。技术中性论的代表人物 E. 梅塞勒(Emmanul G. Mesthene)也指出:"技术为人类的选择与行动创造了新的可能性,但也使得对这些可能性的处置处于一种不确立的状态。技术产生什么影响、服务于什么目的,这些都不是技术本身所固有的,而取决于人用技术来做什么。"②然而,随着现代高新科技的发展,特别是人工智能的狂飙突进,一切正在发生革命性、颠覆性的变化。虽然人工智能的发展几起几落,今天尚处在"可控"阶段,有人甚至觉得它过于稚嫩,但它持续的技术突破、特别是指数发展速度确实令人充满忧虑。人工智能"能够"做的事情正不断突破既有的阈限,我们已经难以清晰地预测技术发展的边界和可能造成的后果;特别是未来可能出现的超越人脑智能的"超级智能",可能对既有的伦理关系和伦理秩序提出严峻的挑战,甚至将人类的前途和命运置于巨大的风险之中③。

在空前严峻的风险和挑战面前,我们必须立足时代和社会的重大变迁,将伦理、价值因素作为人工智能的重要的影响因子加以考量,进而使伦理、价值原则成为制约人工智能发展的内在维度。为此,国际社会需要尽早达成共识,在人工智能领域倡导和贯彻以下基本的伦理原则:① 人本原则。人工智能应该尽可能满足人类的愿望和需要,增进人类的利益和福祉,特别是代替人类做那些人类做不了的事情,为人类自我提升、自我完善服务;不应该让人工智能的可疑风险、负面效应危害人类,智能机器人在任何情况下都不得故意伤害人

---

① 爱因斯坦,《爱因斯坦文集(第 3 卷)》,许良英等译,北京:商务印书馆,1979 年版,第 56 页。

② Emmanul G. Mesthene. *Technological Change: Its Impact on Man and Society*, New York: New American Library, 1970, p. 60.

③ Nick Bostrom, *Superintelligence: Paths, Dangers, Strategies*, Oxford: Oxford University Press, 2013, p. 1.

类,也不得在能够救人于危难时袖手旁观;② 公正原则。人是生而平等的,应该拥有平等的、按意愿使用人工智能产品并与人工智能相融合的机会,从而努力消除数字鸿沟和"信息贫富差距",消除经济不平等和社会贫富分化。尤其是要"以人为中心"完善制度设计,防止"资本的逻辑"或"技术的逻辑"对人造成伤害,并通过建立健全教育培训、社会福利和保障体系,对"数字穷困地区"和"数字穷人"进行扶持、救助,保护他们的合法权益;③ 公开透明原则。鉴于当前的人工智能仍属于一种黑箱工作模式,而发展速度却一日千里,以及可能拥有的超级优势和可能产生的灾难性风险,因而在研发、设计、应用过程中,应该坚持公开、透明原则,置于相关监管机构、伦理委员会,以及社会公众的监控之下,以确保智能机器人拥有的特定超级智能处于可解释、可理解、可预测状态,确保超级智能不被嵌入危害人类的动机,确保超级智能不为别有用心的人所掌控,确保超级智能不能私自联网、升级,结成逃避管控的自主性组织;④ 知情同意原则。人工智能的研发和应用可能实质性地改变人和人的身心完整性,改变人的生活实践状态和具体的人际关系。对于采集、储存、使用哪些个人、企业用户等的数据,对于可能涉及人的身心完整性、人格和尊严,以及人的合法权益的研发和应用,当事人应该具有知情权。只有在当事人理解并同意的情况下,方可付诸实施。在实施过程中,一旦出现危及当事人生命、身心完整性及其他合法权益的未预料后果,应该重新获取授权;⑤ 责任原则。对于防范人工智能已知的或潜在的风险,确定责任性质和责任归属具有重要意义。在人工智能的研究、开发、应用和管理过程中,必须确定不同道德主体的权利、责任和义务,预测并预防产生不良后果,在造成过失之后,必须对相关责任人严肃问责。

总之,迈入智能时代,我们必须对人工智能进行理智的价值评估,对人工智能的设计、研发和应用进行有效的伦理规制。这既是我们的伦理责任,也是我们的道德义务。爱因斯坦曾经告诫说:"如果你们想使你们一生的工作有益于人类,那么,你们只懂得应用科学本身是不够的。关心人的本身,应当始终成为一切技术上奋斗的主要目标;关心怎样组织人的劳动和产品分配这样一些尚未解决的重大问题,用以保证我们科学思想的成果会造福于人类,而不致成为祸害。"①值得庆幸的是,世界各国在争先恐后地运用人工智能造福人类的同时,正在采取未雨绸缪的应对措施。例如,欧洲发布了《机器人伦理学路线图》,韩国政府制定了《机器人伦理章程》;美国 2016 年发布的《国家人工智能研究与发展策略规划》中,"理解并应对人工智能带来的伦理、法律、社会影响"位列 7 个重点战略方向之一;在中国《新一代人工智能发展规划》中,也将"人工智能发展的不确定性带来新挑战"视为必须面对的问题。当然,由于人工智能是异常复杂、深具革命性的高新科学技术,对于人工智能可能导致的伦理后果不宜过早地下结论;人类的既有的伦理原则和道德规范对于人工智能是否适用,需要我们开放性地加以讨论;应该如何对人工智能进行技术监管和道德规范,还需要摸索行之有效的路径和方式;因此,关于人工智能的伦理规制必然是一个漫长的历史过程,需要我们解放思想,付出艰苦的富有智慧的创造性努力。

(原载《教学与研究》,2018 年第 8 期)

---

① 爱因斯坦:《爱因斯坦文集(第 3 卷)》,许良英等译,北京:商务印书馆,1979 年版,第 73 页。

人工智能与人的"新异化"

孙伟平

人工智能是人类自主创造活动的产物,是人的本质力量的强有力呈现,是促进人与社会发展的巨大推动力。但作为智能社会的基本技术支撑,它在为人的解放、自由全面发展提供宝贵契机的同时,也在分裂出自己的对立面,发展成为一种新的外在的异己力量。立足马克思主义哲学的人学立场和异化理论,对人工智能及其应用后果进行深刻的哲学反思和理智的价值评估,全面剖析人工智能所导致的新异化的表现、本质,探索消除异化、促进人的自由全面发展的方式和路径,是我们面临的一个重大的时代课题。

一、智能科技对人的宰制与人的边缘化

关于科技与人的关系,历史上影响最大的是工具论者的"价值中立说"。这种观点认为,技术是人类创造的工具,是达到特定目的、满足特定需要的手段;技术本身是"价值中立"的,并没有善恶之分;只有那些创造和使用技术的人,才使它成为行善或作恶的力量。典型的如梅塞勒(Emmanul G. Mesthene)指出:"技术为人类的选择与行动创造了新的可能性,但也使得对这些可能性的处置处于一种不确立的状态。技术产生什么影响、服务于什么目的,这些都不是技术

本身所固有的,而取决于人用技术来做什么。"①

"价值中立说"虽然忽视了技术是人类"人为的"且"为人的"的一种本质性活动,却得到广泛的认同。这主要是因为以往的科技成果(包括各种工具、机器甚至自动化系统)的功能比较有限,其运行机制和"道德表现"基本都在人类的掌控之中。然而,现代科技的异质性发展、复杂结构和强大功能正在令情势发生革命性变化。海德格尔(M. Heidegger)在《关于技术的追问》一文中认为,"技术不仅仅是手段,技术是一种展现(Entbergen)的方式"②;它已经不再是"中性"的,而作为"座架"(Gestell)支配着现代人理解世界的方式,"限定"着现代人的社会生活,成为现代人无法摆脱的历史命运。马尔库塞(H. Marcuse)揭示,科学技术是现代工业社会中的决定性力量,同时又具有政治意识形态的职能。"技术拜物教"在社会上广泛蔓延,技术的合理性已经转化为政治的合理性,"技术的解放力量——使事物工具化——转而成为解放的桎梏,即使人也工具化了"③。人们在科学技术造就的富裕的"病态社会"中得到物欲的满足和"虚假的快感",但丧失了对现存社会否定、批判和超越的向度,丧失了对解放、自由和美的精神追求,而成了被操纵、被控制的"单向度的人"。哈贝马斯(J. Habermas)进一步指出,技术和科学在现代社会具有双重功能:作为生产力,它们实现了对自然的统治;作为意识形态,它们实现了对人的统治。技术发挥意识形态功能与传统意识形态相比更具操纵性、辩护性,"意识形态性较少",因而也更具欺骗性:"当今的那种占主导地位的,并把科学变成偶像,因而变得更加脆弱的隐形意识形态,比之旧式的意识形态更加难以抗拒,范围更为广泛,因为它在掩盖实践问题的同时,不仅为既定阶级的局部统治利益作辩解,而且站在另一个阶级一边,压制局部的解放的需求,而且损害

---

① Emmanul G. Mesthene, *Technological Change: Its Impact on Man and Society*, New York: New American Library, 1970, p. 60.

② M. Heidegger, *The Question Concerning Technology and Other Essays*, New York: Harper and Row, 1977, p. 12.

③ 马尔库塞:《单向度的人》,刘继译,上海:上海译文出版社,1989年版,第143页。

人类要求解放的利益本身。"①芒福德(L. Mumford)、雅斯贝尔斯(K. T. Jaspers)、弗洛姆(E. Fromm)以及不少国内学者以马克思的批判理论为武器,对现代科技压抑人的本性,污染人的生存环境,物化人的自然生活,甚至使人成为无信仰、无思想、无生气的干枯灵魂,等等,都做过振聋发聩的揭露和批判。

人工智能的先进程度和功能上的巨大威力更甚于以往一切科技,而且它仍然在以指数速度狂飙突进。人工智能是以信息科技为基础,以基于大数据的复杂算法为核心,以对人类智能的模拟和超越为目标的高新科学技术。它内在地包含着信息科技,并与生物科技等现代科技协同发展,其应用前景之广阔超越人们的想象,其对人与社会的改变和塑造前所未有。然而,它却是一种尚未定型、更未成熟的开放性、革命性、颠覆性技术。由于人工智能加工处理的"原料"除了物质,主要是以往由人脑处理的信息和知识,因而它发展的方向、方式与以往"作为工具的技术"都不尽相同,今后可能造成的革命性后果,人们不仅目前难以预测,今后甚至也不确定是否能够理解。咀嚼现实,我们不难发现,集现代科技之大成的人工智能在为人类造福的同时,就像一个正在打开的"潘多拉魔盒",实质性地加剧了人的物化和异化,并赋予异化以新的内涵和形式。

首先,智能科技成为整个社会的基本技术支撑,以其"智能技术范式"构成了对人公开的或隐蔽的宰制。技术是人类自主活动的产物,是人的本质力量的表现,映射着人自身的目的、需要和基本尺度。但技术一旦被人发明并广泛应用,又往往有其自主性的"逻辑",依自己的结构、特性、功能产生直接或间接的影响。"技术的逻辑"有时可能背离人们的初衷,偏离预设的轨道,挣脱人们的控制,导致公开的或隐蔽的反主体性效应。一种技术的应用范围愈是广泛,它本身愈是复杂、善变,其"自主性逻辑"往往愈是强大、"任性",产生的反主体性效应往往愈是深沉、强烈。人工智能本来就不是一般性的纯粹的技术,而是

---

① 哈贝马斯:《作为"意识形态"的技术与科学》,郭官义、李黎译,上海:学林出版社,1999年版,第69页。

一种越来越具有类似人类的智能、日益趋向自主和独立行动的颠覆性技术,它以其特有的智能技术范式和逻辑,一方面眼花缭乱地改变、重塑着人与社会,另一方面有力地颠覆着人们深层的认知和观念。例如,"机器思维"等的快速进展,颠覆了传统的"属人"的意识观、思维观;虚拟实践(包括虚拟交往)丰富了实践的内容和形式,模糊了实践与认识的严格区分;智能系统具有越来越强的自主性,对人类的唯一主体地位提出了挑战;智能系统强大的信息采集、存储、分析与交互能力,令社会大众的隐私越来越透明,也为监视、控制社会大众提供了强有力工具;智能机器承担越来越多的脑力劳动和体力劳动,造成日益严重的"技术性失业"和"社会排斥";智能机器人被引进人们的生活和娱乐空间,乃至走进人们的家庭,人伦关系和人机关系面临巨大冲击;各种智能系统走上"管理""监督"岗位,接管"领导权"和"治理权",铁面无情地要求人们遵守呆板的规则……

与以往"作为工具的技术"不同的是,智能技术范式重筑了社会的基础设施,重塑了社会组织和个人,改变了社会结构的形式和社会治理的方式,使得人被既"合理"又高效的智能社会系统宰制了。不知不觉间,它们不仅已经成为人们学习、工作和生活中不可或缺的技术设备和手段,成为社会结构、规则和秩序的有机组成部分,而且正在成为我们的身体、甚至生命的一部分。现代人用各种信息、智能装备将自己武装起来,开始自己虚实结合的"数字化生存";无形中各种自主运行的智能系统通过对人的公开的或隐蔽的宰制,造成了人们欲罢不能的依赖。各种智能时代的"技术沉溺"——包括智能游戏成瘾、VR 体验成瘾、虚拟交往成瘾,以及基于大数据的智能算法推送而形成的网络购物成瘾、视频浏览上瘾,等等——都令人深刻地感受到这种宰制和依赖。

其次,随着整个社会的智能化,特别是智能生产、智能服务、智慧城市建设突飞猛进,人正在沦为庞大、复杂的智能社会系统的"附庸"和"奴隶"。工业革命主要是通过机器"解放"人的体力,但信息、智能革命"解放"的是人的脑力。在工业革命早期,马克思就曾深刻揭露过机器对人的异化:"劳动用机器代替了手工劳动,但是使一部分工人回到野蛮的劳动,并使另一部分工人变成了机器。劳动生产了智慧,但是给工人生产了愚钝和痴呆。"①迈入智能时代,导致"人变成机器"、日益"愚钝和痴呆"的异化状况明显地呈现出"升级"态势。智能社会的建设目标,是基于日新月异的信息技术、智能技术,实现社会各个领域、各个方面的信息化、智能化,打造一个全面、复杂、高度现代化的智能社会结构系统。但遗憾的是,这种海德格尔所谓的"座架"因其"高""新"性质,从来就不在普通大众(特别是"数字穷人")的掌控之中。面对庞大、复杂、快速更新换代的技术系统和社会系统,普通大众不但不可能主导其运作过程,就是通过教育和培训,理解其机理、辅助性地参与也面临重重困难。普通大众逐渐成为复杂的智能技术系统和社会系统中无足轻重的"附庸"和"奴隶"。

目前,人工智能正冲破人们以前所设想的一个又一个局限,在不少人类傲视机器的领域取得进展:信息(数据)采集能力越来越强,存储的知识越来越丰富,专业化机器越来越灵巧,智能系统越来越"聪明",传输和运作速度越来越快,相互之间的协作越来越顺畅……与没有智能机器辅助、协同工作的人类相比,智能系统的优势开始逐渐显露出来:智能系统不必具有"有机身体",可以生存于虚拟时空之中,不一定需要物理意义上的生存空间,消耗的能源和资源更少;采集、存储、处理大数据的能力越来越强大,传输和共享数据更及时、更充分;评价、决策更加理性、敏捷,可以不受"人性的弱点"、思维和行为定式等的干扰,犯各种人为的低级错误;不太计较生存环境和工作条件,工作态度无可挑剔,工作时间更长、更专注;特别是,它们一旦掌握某种技能,便可以不知疲倦地高速重复,并向其他智能系统快速扩散,这种传承能力令人类相形见绌。面对各种高度发达的智能技术和设备,面对各种复杂奇妙的智能生产和管理系统(如城市应急指挥系统、高铁管理系统、地铁管理系统等),人的身体(包括一直引以为傲的双手和大脑)却显得比工业时代更加原始、简单,更加笨拙、愚钝,更加痴呆、畸形。特别是在信息化、自动化、智能化浪潮中,实用的傻瓜技术、设备如雨后春笋般发明出来,要求使用者必须输入"机器语言",遵守冗长呆板的规则和秩序;智能系统的运作越来越趋向于"无人化",自主完成,

---

① 马克思:《1844年经济学哲学手稿》,北京:人民出版社,2014年版,第49页。

曾经处于主导地位、事必躬亲的人却日益沦为非核心的参与者、可有可无的"旁观者"。沦为智能社会结构中尴尬的"看客",不仅导致人受到历史上从未有过的冷落,"万物之灵"的地位受到嘲讽;而且,这种"旁观"态势难免导致人自身的器官和机能"不用则退",人类自诞生以来第一次面临系统性退化的危险。如托马斯·达文波特(T. H. Davenport)、茉莉娅·柯尔比(J. Kirby)就警示说:"随着计算机开始占据越来越多的知识工作任务,技能退化的速度将会加快。"①

再次,以先进的智能技术和智能设备为基础,人们的社会生活不仅被全方位改变了,而且正在前所未有地"加速",感觉登上了一列高速运行、却停不下来的时代列车。由于现代交通、通信技术和工具的普及,整个世界正在"被压缩"成一个"地球村",正适应各种智能系统的节奏高强度运转,农业时代田园牧歌式的日出而作、日落而息的自然节奏,工业时代工作时间和休息时间截然二分的机器节奏,正在快速淡出人们的视线,拥有一定人生阅历的人们常常油然而生恍如隔世的感觉。

德国社会批判理论家哈特穆特·罗萨(Hartmut Rosa)提出了"加速社会"概念,认为不断强化的增长逻辑造成了科技加速、社会变迁加速和生活步调加速,人们也越来越紧密地被捆绑到不断加速的社会化大生产之中,造成了空间异化、物界异化、行动异化、时间异化、自我异化与社会异化。"社会时间结构批判,社会加速驱动力批判,以及加速异化后果批判,是未来批判理论最值得发掘的可能主题。"②例如,由于技术和设备的更新速度令人目不暇接,人们稍有懈怠就可能成为某种"技术盲"或"设备盲",即使不间断地学习、培训,也难免陷入与一定智能系统格格不入的"本领恐慌";由于信息和知识的"病毒式增长"和即时传播,人们成天被包括短视频在内的各种消费性数据不间断轰炸,再加上"AI换脸"之类"深度伪造"令人真假难辨,人们难免被各种经过智

---

① 托马斯·达文波特、茉莉娅·柯尔比:《人机共生》,李盼译,杭州:浙江人民出版社,2018年版,第10页。

② 哈特穆特·罗萨:《新异化的诞生——社会加速批判理论大纲》,郑作彧译,上海:上海人民出版社,2018年版,第147页。

能算法筛选、推送的信息,甚至广告和谣言所左右;由于智能系统比工业机器的运转更快,要求更细致、更严格,相关员工的工作节奏也越来越快,工作与生活之间的界限日益模糊,曾经的私人空间和闲情逸致被压榨得无迹可寻;由于社会交往加速,"虚拟交往"成为普遍的交往模式,人们更愿意与方便快捷、"贴心"服务的各种智能系统打交道,冷漠的人际关系和紧密的人机关系形成了鲜明的对照;由于经济和社会运转驶上快车道,人财物与信息一样全球高速流动,流行疾病、群体骚乱、生态灾难等的跨地域扩散也前所未有,社会治理体系和能力似乎永远显得太滞后了……以上各种加速叠加在一起,越来越多的人感觉眼花缭乱,整天疲于应付,陷入紧张、焦虑和不安之中,却并不知晓相关变化的意义、方向,无力自己掌控自己的命运。

最后,人工智能的自主性日益增强,可能通过自主升级获得远超人类的智能和力量,将人类的前途和命运置于巨大的不确定性和风险之中。虽然技术怀疑主义者声称,人工智能迄今的发展水平比较低,超越人类智能面临重重困难,根本不可能对人类构成实质性威胁;虽然技术乐观主义者坚持,即使今后出现了超过人类智能的超级智能,它也不会成为人类的敌人,因为"硅基存在者的 AI"和"碳基存在者的人类"的需求迥然不同,不必为资源、生存空间等进行零和式的生死博弈[①]……但是,这既没有解决问题,更没有"消灭"问题。实际上,逐渐进入人们视野的风险已经很多,新的危险和挑战还可能接踵而至。例如,智能无人系统往往是以任务为中心制造的,为了完成任务,其自主性行为是否可能偏离设计者的初衷和预设?尽管超级智能最初的算法可能是友善的,但是否可能通过自主的调适、学习产生"异心",变得面目狰狞?超级智能是否可能突破算法中预设的限制而不断升级,得到人类难以理解的智能和力量,采取人类未曾预料、却极具危险性的行动?超级智能是否会与其他意图相似的超级智能结成超级智能组织,通过脑机接口、人工神经网络之类实现对人脑的监控,反过来统治虚实结合的未来世界?超级智能是否可能依据自己更

[①] 徐英瑾:《"无用阶层论"的谬误——关于人工智能与人类未来的对话》,载《文化纵横》,2017 年第 5 期,第 50—61 页。

高的视野和更充足的背景知识,自创一套"非人类中心"的"智能标准",重估一切价值,特别是判定身体和智能都存在限度的人类"数量太多""浪费资源""扰乱秩序""用处不大",从而为人类的繁衍、发展设限?此外,即使超级智能本身没有问题,但人性往往善恶并存,发生"人祸"的概率比"机祸"可能更大。在数字鸿沟越掘越深的高科技社会,如何阻止占有技术优势的组织或个人滥用人工智能攫取利益和权力,实施"技术控制型集权主义",或者"智能恐怖主义""智能法西斯统治",已经成为国际社会面临的棘手课题。

无论如何,智能系统将层出不穷,我们无时无刻都必须和它们打交道;智能系统的能力正飞速增长,持续突破既有的技术阈限;智能系统"进化"的速度人类难以望其项背,而它们的终极目标难以估测。面对这一切,技术悲观主义者一直忧心如焚,陷入了一种不断强化的心理异化状态,即"智能恐惧":既害怕超级智能的自主发展自行其是,失去控制,更害怕智能系统"进化"得过于强大,反过来蔑视人类,随意处置人类,导致人类成为"濒危物种"。如詹姆斯·巴拉特(J. Barrat)认为:"随着它们获得宇宙间最不可预测、我们自己都无法达到的高级力量,它们会做出意想不到的行为,而且这些行为很可能无法与我们的生存兼容。"[1]尼克·波斯特洛姆(Nick Bostrom)觉得,人类很可能会遭遇"整体存在性风险":"如果有一天我们发明了超越人类大脑一般智能的机器大脑,那么这种超级智能将会非常强大。并且,正如现在大猩猩的命运更多地取决于人类而不是它们自身一样,人类的命运将取决于超级智能机器。"[2]史蒂芬·霍金(Stephen Hawking)生前更是多次告诫人们,警惕智能"新物种"招致人类的灭亡,"终结"人类文明史。

"数字革命在它的深层核心,是与权力相关的。"[3]迈入智能社会这样新

---

① 詹姆斯·巴拉特:《我们最后的发明:人工智能与人类时代的终结》,闫佳译,北京:电子工业出版社,2016年版,第XII页。

② 尼克·波斯特洛姆:《超级智能——路线图、危险性与应对策略》,张体伟、张玉青译,北京:中信出版集团,2015年版,第XXV页。

③ 马克·斯劳卡:《大冲突——赛博空间和高科技对现实的威胁》,黄培坚译,南昌:江西教育出版社,1999年版,第152页。

颖、独特的高科技社会,人与科学技术之间的主从关系遭遇理论和实践的双重挑战,人正在丧失作为创造、掌握和利用科技的主人的地位,自觉或不自觉地沦为适应高科技"座架"要求的"附庸"。与工业社会基本可控的"科技的负效应"相比,当代科技对人的异化不仅仅表现出"量"的差异,而且呈现出"质"的不同:面对智能技术对整个世界的全方位改造与重塑,面对智能技术范式对人的公开的或隐蔽的宰制,面对整个社会近乎"疯狂"却无法停止的高速运转,面对各种未知的不确定性和风险,人们不仅丧失了以往那样从容驾驭的自信和能力,而且只能配合这种技术的范式和逻辑习惯性地"跟随跑"。在庞杂的智能系统和复杂的社会问题面前,人们别无选择,只有信任、依赖越来越聪明、能干的智能系统,"托付"它们采集、存储和分析大数据,提供多样化的产品和全天候的服务,为维护社会正常运转而进行日常治理,甚至作出关键性的评价和决策,在危急关头自主进行处置。"计算机已经成了真正的决策者,而它也确实精于此道,虽然偶尔还是会发生一些小意外"①。人们慢慢地发自内心地觉得,智能系统比人更有知识,更加可靠,更有效率,更加公正,交付给智能系统会导致比人类亲自调查、评价、决策、治理更好的结果,从而要求所有人自觉地"靠边站""别添乱","智能崇拜"情结日甚一日。在向智能系统"转移权力"的历史过程中,人们像是被塞进了飞驰的时代列车,根本没有时间、没有机会选择、设计和享受自己的人生;人们正在失去主宰世界的自信和从容,失去对技术、制度和社会应有的反省和批判,丧失对于世界应有的建构和治理能力。人们被这种日渐外在的技术社会结构和"技术的逻辑"俘获之后,自觉或不自觉地将"技术的逻辑"所展示的理性视为理所当然的客观规律,将被智能化塑造的社会架构、社会治理体系视为理所当然的社会选择。人们努力习惯智能机器的节奏和智能系统所范导的生活,努力习惯生存体验日益丰富多彩、生命经验却日益贫乏干枯的生活方式,并进而在光怪陆离的"娱乐至死"的狂欢中遗忘、"丢失"了自己,甚至连"我是谁""我想要什么""我希望过一种什么

___

① 托马斯·达文波特、茱莉娅·柯尔比:《人机共生》,李盼译,杭州:浙江人民出版社,2018年版,第13页。

样的生活"之类问题,也与自己的主体意识、反思和批判精神一道"悬置"起来了。

二、"社会排斥"与人的存在荒谬化

工业革命以来,资本主义社会通行的是市场经济和"资本的逻辑",通过机械化、规模化、标准化的机器生产大幅提高了生产效率,促进了生产力发展,但工人受剥削的程度相比农业时代反而愈益深重。在资本主义私有制下,"资本的逻辑"无孔不入,机器的广泛使用对人的体力的取代,"机器节奏"和"机器时间"大幅提高劳动强度,不断加剧资本所有者和雇佣工人之间经济、政治、文化等权利的不平等,造成雇佣工人相比农业时代更加悲惨的命运。马克思立足工人阶级的立场,考察了工业时代资本的原始积累过程,创立了劳动价值理论、剩余价值学说和劳动异化理论,深刻批判了资本主义私有制下工人的物化、异化现象。在《1844年经济学哲学手稿》中,马克思将私有制下劳动的异化归纳为一个层层递进的过程:① 工人同自己生产的劳动产品相异化。工人生产的财富越多,他的产品的力量和数量越大,他就越贫穷,越受自己创造的产品的奴役和统治;② 工人同自己的劳动相异化,即劳动作为被迫的、强制性的活动而强加给工人,工人在劳动活动中不是感到幸福,而是感到不幸;③ 人与人的类本质相异化,即作为人类本性即自由自觉活动的劳动变成了工人单纯谋生的手段;④ 人与人相异化,即工人的劳动产品为资本家占有,反过来成为统治工人的异己力量。马克思反复地陈说:"工人生产得越多,他能够消费的越少;他创造的价值越多,他自己越没有价值、越低贱;工人的产品越完美,工人自己越畸形;工人创造的对象越文明,工人自己越野蛮;劳动越有力量,工人越无力;劳动越机巧,工人越愚笨,越成为自然界的奴隶。"①"工人在劳动中耗费的力量越多,他亲手创造出来反对自身的、异己的对象世界的力量就越强

---

① 马克思:《1844年经济学哲学手稿》,北京:人民出版社,2014年版,第49页。

大,他自身、他的内部世界就越贫乏,归他所有的东西就越少"①。卢卡奇(G. Lukács)、列菲弗尔(H. Lefebvre)、马尔库塞、弗洛姆等结合现代资本主义社会科技的发展、机器的使用,对此也进行过深刻的阐释和尖锐的批判。

迈入信息化、智能化时代,伴随新的科技革命和生产方式的信息化、自动化和智能化,社会物质生产力的发展狂飙突进,社会组织结构、人们的生活方式乃至休闲娱乐方式都正在被深刻地改造。新的实践将包括马克思的劳动异化理论在内的一切都置于需要重新反思的境地。

随着智能技术的发展和智能经济的兴起,社会生产力的飙升和总体经济规模的膨胀是大势所趋,但是否所有人都能够从中平等地获益,尚没有任何经济规律和社会规则予以保障。由于生产力结构中科技的占比大幅上升,由于经济增长方式转型升级,信息、知识取代土地、资本成为最重要的经济和社会资源,智能时代的资源、财富和权力正日益集中到资本所有者和技术精英手中,马克思所揭露的工人——智能时代可以更确切地名之以"数字穷人(处于数字鸿沟之弱侧,缺乏知识创新和应用能力的文盲、技术盲等)"——的相对贫困、无力、低贱等异化现象则愈加严重,"在经济方面,最富有的人会变得更加富有、更有影响力,而缺乏技能的人则会变得更穷、更加边缘化"②。在新旧时代交替过程中,如果放任资本与智能技术联姻,"资本的逻辑"与"技术的逻辑"结盟,社会图景将可能发生天翻地覆的变化:精英群体像变魔术一般快速地积聚海量的财富,金钱对他们来说丧失了满足物欲的传统价值,转换成了衡量成功的社会符号、攫取社会地位的通用手段,而他们对超额利润的贪婪和对"成功"的无止境追求,正在成为隐藏在全球经济和社会网络中的霸道的、凌厉的统治;"数字穷人"除了被以隐蔽、残忍的方式盘剥、掠夺,还将面临智能机器取代人工作、抬升失业率,进而不断拓展数字鸿沟、社会阶层分化和社会排斥等新风险,前途和命运相比工业时代更加风雨飘摇。

---

① 马克思:《1844年经济学哲学手稿》,北京:人民出版社,2014年版,第48页。
② 约翰·乔丹:《机器人与人》,刘宇驰译,北京:中国人民大学出版社,2018年版,第157页。

众所周知,在社会信息化背景下,数字鸿沟、贫富差距、社会分化就已经成为令人沮丧的社会难题,而人工智能的发展和应用不仅令此雪上加霜,而且演变出了全新的内容和形式。智能技术与资本的联姻不仅加剧了数字鸿沟、贫富差距和社会分化,加剧了经济、政治、文化等权利的"外在的不平等",而且正在酝酿一种更严重的"内在的不平等",即借助不断进步的现代科技和智能设备,特别是通过智能技术与生物技术相结合,可能造成一种新的生命权的不平等。假如社会治理原则、政策和法规不予限制,精英群体便可以通过基因修复、基因增强,或者通过智能系统植入、人机一体化等方式,使自己及后代的基因更加强大、更少患病、更慢衰老,甚至延长寿命、实现永生,至少可以有效改善身体的机能,使自己更加健康、更加智能、更富有适应性;而"数字穷人"则由于经济、政治、技术等方面的原因,例如资源的稀缺性和难以负担的高昂价格,不仅不可能得到无差别的机会,而且由于生命体相对而言更加"弱智弱能",不仅"输在起跑线上",而且也将大概率地输在竞争的过程中。如果这种内在的差距持续扩大,"数字穷人"难免被"不断进化"的精英群体所歧视,甚至被他们以社会进步和社会整体利益为借口而抛弃。例如,尤瓦尔·赫拉利(Y. N. Harari)认为,人工智能使当今世界正经历从智人到"神智"的巨大飞跃,其革命性比从猿到人的转变还要深刻彻底;但是,只有少数人能够进化成为"神智",多数人将沦为"无用阶层","至少部分精英阶层会认为,无须再浪费资源为大量无用的穷人提升甚至是维持基本的健康水平,而应该集中资源,让极少数人升级到超人类"①。

诚然,社会的市场化、民主化潮流浩浩荡荡,在既有的社会治理模式中,精英群体一般也不敢人为地关闭阶层流动的通道。少数贫寒子弟确实可以利用信息化、智能化的契机,通过发奋学习和锐意创新"扼住命运的咽喉",凭借创新性的知识和行动"向上流动",跨入技术和财富精英的行列;但对于大量的文盲、技术盲等"数字穷人"来说,智能科技越进步,智能经济越发展,社会智能化程度越高,就越是茫然不知所措,越是无法自己主宰自己的命

---

① 尤瓦尔·赫拉利:《未来简史》,林俊宏译,北京:中信出版社,2017年版,第314页。

运。他们所拥有的唯一的核心资源,即自己以体力和时间为表现形式的劳动力,在渔猎时代、农业时代和工业时代都曾经不可或缺,但迈入智能时代,在层出不穷、聪明能干的智能系统面前,正在丧失既有的优势,甚至丧失利用的价值。

社会信息化、智能化与以往的一切科技革命的不同之处,就在于智能系统的自主性日益增强,正在获得多方面的、日益强大的"类人"智慧和能力。虽然工业革命以来机械化并没有导致大规模失业,"因为随着旧职业被淘汰,会有新职业出现……只不过,这一点并非定律,也没人敢保证未来一定会继续如此"①。面向未来,职业乐观主义者与悲观主义者的预测大相径庭,最悲观、最极端的预测是人类最终都会失业。这当然是危言耸听,但无论如何,这一次创造的新职业、新岗位很可能远远少于减少和被替代的旧职业、旧岗位,而且毋庸置疑,这些新职业、新岗位将提出更高的知识和技能方面的要求。相对普通劳工而言,智能系统不仅可以拥有远超人类的体力和耐力,而且正"进化"得越来越"聪明",能够承担越来越多的"脑力劳动";智能系统和产品的制造成本呈现明显的下降趋势,劳动能力和劳动效率却往往成倍地提升。目前来看,智能机器不仅在替代人类从事一些机械性、重复性的工作,或者肮脏、有毒、危险环境中的工作;而且瞄准了法官、医生、教师、作家、画家等曾被认为"专属于人类的工作岗位"。劳动、工作已经不再是人类的"专利"、特有的本质性活动。尚处于摸索过程中、但昭示社会发展趋势的无人驾驶、无人工厂、无人商店、无人银行、无人政府机构……正如雨后春笋般崛起。我们先不必争论它们是否完全做到了"无人化",至少可以肯定的是,生产和服务正在全方位自动化、智能化,大幅度减员增效已是大势所趋。这从近年来银行业的营业额大幅飙升、各大银行却越来越热衷于裁减雇员,就可见一斑。此外,与传统意义上需要养家糊口、对劳动条件和待遇斤斤计较的普通劳动者相比,各种智能系统不仅更加"勤劳"、更有效率,而且往往"不计报酬""不讲条件",堪称"劳动模范"。可以预见,它们将会取代越来越多的人类工作岗位,在促进传统产业升级、智能产

---

① 尤瓦尔·赫拉利:《未来简史》,林俊宏译,北京:中信出版社,2017年版,第286页。

业崛起的同时,造成波澜壮阔的"技术性失业"潮;数字鸿沟将越掘越宽,社会分化将越来越严重,社会矛盾和社会冲突将越来越尖锐。

"数字穷人"是这个时代毋庸置疑的弱者,眼看着信息化、智能化的社会大潮奔涌而至,既缺乏清醒的观念意识和足够的思想准备,更缺乏应有的技术本领和行之有效的应对之策。包括企业在内的社会组织以利润、效率为目标,越来越青睐智能机器,越来越热衷于"无人化",自然不愿意雇佣工资和福利要求越来越高、劳工权利意识越来越强烈的"数字穷人","技术性失业"已经成为不可避免的社会难题。在各种智能系统持续不断地排挤、取代过程中,"数字穷人"甚至正在丧失劳动的价值,而被信息化、智能化、全球化的经济和社会体系排斥在外。他们除了抱怨不断涌现的花样百出的"该死的智能机器",回忆农业时代、工业时代的"美妙时光",甚至陷入了找不到憎恨、反抗对象的迷惘之中。因为他们是历史上第一次被"拟人化"的智能系统所取代、所排斥,在相当程度上丧失了马克思所揭露的农业时代、工业时代那种需要反抗的对抗性的社会关系,例如农民与地主、工人与资本家之间的那种因雇佣而产生的剥削与反剥削、压迫与反压迫的社会关系。曼纽尔·卡斯特(Manuel Castells)将这种现象形象地称之为"社会排斥":"现在世界大多数人都与全球体系的逻辑毫无干系。这比被剥削更糟。我说过总有一天我们会怀念过去被剥削的好时光。因为至少剥削是一种社会关系。我为你工作,你剥削我,我很可能恨你,但我需要你,你需要我,……这与说'我不需要你'截然不同。"①在地主或资本家眼里,农民或工人至少是不可或缺的人力资源,是利润和剩余价值之源,因而劳动者拒绝劳动的罢工都可以成为对抗剥削、压迫的有效武器;但"数字穷人"被贴上了"无用阶层"的可笑标签,成了这个发达世界上"多余的人",只能接受无人关注、无人需要、无人喝彩、彻底被边缘化的残酷命运。他们千百年来承袭、认同的价值观——例如"天生我材必有用""一分耕耘,一分收获""劳动是幸福的源泉"之类——不知不觉间崩塌了,生活失去了基本的遵循和

---

① 曼纽尔·卡斯特:《千年终结》,夏铸九、黄慧琦等译,北京:社会科学文献出版社,2003年版,第434页。

方向。

日益严重的"技术性失业""社会排斥"和生活意义的丧失,被曼纽尔·卡斯特描述为"信息化资本主义黑洞"。这是一个全新的釜底抽薪的异化"黑洞",它比马克思当年揭批的资本主义私有制下的劳动异化、经济剥削和政治压迫更加残忍,更不人道。因为它不仅仅是加强了"数字穷人"的对立面,令"数字穷人"的劳动成为外在的无法掌控的异己力量,而且正在吞噬人作为"劳动者"的根本,破坏相互依存的人际关系,颠覆传统社会存在和运行的基础。众所周知,"劳动创造了人",人也是通过劳动而"成为人"的。劳动是人的存在方式,是人的本质力量的积极的确证;劳动也是人的神圣的权力,是人自我肯定、实现价值、维护尊严的本质性活动。马克思在《哥达纲领批判》中畅想共产主义社会高级阶段时曾经深刻地揭示,劳动"不仅仅是谋生的手段",而且本身就是"生活的第一需要"①。然而,在社会信息化、智能化过程中,人不断被各种各样的智能系统所排挤和取代,丧失劳动的机会和价值,被经济和社会体系所排斥和抛弃,丧失生活的意义,存在变得虚无和荒谬化。即使通过社会民主化完善社会治理、建立健全发达的社会保障体系,可以解决"数字穷人"最基本的民生问题,免除生存之忧,但社会生产方式和人们的生活方式、价值观念仍然被彻底地改变了。特别是生活意义的丧失,存在的虚无与荒谬化,终将导致"数字穷人"的人生理想和生活方式混乱,幸福指数下降,在精神层面萎靡失落,在心理层面悲观绝望。面对这个虚拟与现实交织的高科技世界,"数字穷人"不知道为什么活着,不知道每天要做什么,不知道该往哪里去,更不知道未来等待他们的是什么。有些人觉得苦闷、孤寂,内在精神世界开始失衡、崩溃,使得自杀率上升成为严重的社会问题;有些人在绝望茫然、忍无可忍的状态下,就可能铤而走险、"为反抗而反抗",引爆高科技社会环境中的价值危机和社会危机。

①《马克思恩格斯文集》第3卷,北京:人民出版社,2009年版,第435页。

三、智能机器人对"人的本质"的挑战

人工智能不仅正在深刻地塑造社会,改变人的生存境遇,加剧既有的异化、导致人的新异化,而且它的发展正在改变有机生命的传统的演化规律和演化节奏,令智能机器和人的进化都在发生不可思议、难以预料的变化。这极大地改变了"人"本身,并剧烈地冲击关于"人"的认知,令"人的本质"和人机关系凸显为挑战哲学常识的时代难题。

以生物技术、智能技术等的综合发展为基础,人与智能机器的进化正在"相向而行"。进化的态势可以大致概括为:"人越来越像机器,机器越来越像人。"

一方面,随着生物学、医学、脑科学、机器人学等的飞速发展,人的自然身体正在被改造、"编辑"和"重组",人机互补、人机协同、人机一体化成为时代大趋势。当智能系统作为人的手、腿、大脑等的延长,协助人开展工作,大幅提高人的体力、耐力和认知能力;当人们借助虚拟技术和设备练习驾驶飞机、潜艇、宇宙飞船,进入时空隧道穿越旅行,在生理和心理方面获得新颖的体验;当人造器官替代一些残缺、受损或老化的身体器官,一些特定的智能系统用来照料残疾人和病人,甚至安装在他们身上,帮助他们克服身体的疾患和局限性;当人的基因密码被破译,基因被修复、改造,甚至重新"编码"而不断增强,令人变得更加标致、聪慧、更加健康、长寿;当各种生物智能芯片植入人脑,承担部分记忆、运算、表达等功能,人与各种智能系统相互连接,协同处理大数据、采取行动……人的身体就已经不再是"自然"的,而是与智能机器"共生"或一体化了。韩德尔·琼斯(H. Jones)预言:"人工智能发展的最后阶段,储存在云端的'仿生大脑'与人类的大脑将实现'对接',人工智能将会超越人类,世界将开启一个新的文明时代。"①然而,这类情形的"共生体"仍然是"人"吗?换言之,

---

① 韩德尔·琼斯:《人工智能+:AI与IA如何塑造未来》,张臣雄译,北京:机械工业出版社,2018年版,第232页。

人与机器之间是否存在原则的界限,人被改变到什么程度就不再是"人"了?或许,"今天我们对人和机器这种过于简单的二元区分将不再适用"①?

另一方面,智能机器通过对人类智能的模拟,正获得"像人一样思考、行动"的能力,包括人所特有的思维(包括创造力)、情感、社会性等。智能机器人是一个笼统、模糊的概念。尽管很多人喜欢将其拟人化,但大多数时候,它在外形上不像人,可能仅仅只是一只机械臂,一台功能性设备,或者一套虚拟的数字系统。将所有智能机器人制造得"像人"既不经济,又不合理。当然,如果必要,智能机器人也可以按照人的模样制造,甚至令其外表"比人更像人"。也就是说,借助机电工程、生物工程、人工智能、神经系统科学、生物力学等的发展,人形智能机器人可以设计、制造得比普通人更加"标准",更加符合"黄金比例"。谷歌首席未来学家雷·库兹韦尔(Ray Kurzweil)等乐观的专家大胆预测,到2050年,人形智能机器人将制造得栩栩如生,和真人难以区分。

当然,制造出与人的结构同样复杂、工作原理类似的"身体",仍然是比较遥远的目标。但德雷福斯(Hubert Dreyfus)恰恰认为:"把人同机器(不管机器建造得多么巧妙)区别开来的,不是一个独立的、普遍的、非物质的灵魂,而是一个涉入的、处于情境中的、物质的身体。"②尽管人工智能是走结构模拟还是功能模拟的路径长期存在争议,但是,从目前更有希望的功能模拟路径看,人与智能机器人的发展或许都没有必要简单地"复制"对方的物质体,没有必要遵循对方的"进化"路径,就如同人工智能的先驱弗里德里克·贾里尼克(F. Jelinek)所形容的,根本没有必要让模仿飞鸟的飞机"拍打它们的翅膀"。现代科技的多维度发展为人与智能机器人的进化提供了更大的潜力、更多的可能性,关键看生活实践中存在什么样的合理化需求,哪些发展路径、方式可以有力地回应这些需要。譬如说,以下这样的发展路径往往就广受欢迎:如果政策、法律和道德规范允许,定制一个外形和内在类似的"自己"或者亲人,

---

① 约翰·乔丹:《机器人与人》,刘宇驰译,北京:中国人民大学出版社,2018年版,第158页。

② Hubert Dreyfus, *What Computers Still Can't Do: A Critique of Artificial Reason.* MA: Mit Press,1992,p. 236.

令一个人的躯体"永生"或者"意识永存",缓解失去亲人的遗憾和痛苦;智能机器人根据时势的变化,按照个性化需要变换自己的外形、声音,甚至改变自己的脾气和性格,调整自己的反应和行为模式,不断以焕然一新的面目示人;智能机器人不必拥有物质的身体,不必占据物理空间、消耗资源,而只是以算法为基础的"虚拟人",在虚拟时空承担和完成相应的工作任务……

无论如何,人被包括生物科技、智能科技在内的现代科技所重新塑造,正在研制的智能机器人不断趋近于人,获得人所特有的一些基本特征,人的思维和行为日益与各种智能系统协同或一体化,这不仅模糊了"人"与智能机器之间的原则界限,而且对"人是什么"提出了严峻的挑战。尤瓦尔·赫拉利直言:"这些改变触及的会是人类的本质,就连'人'的定义都有可能从此不同。"[①]虽然关于"人是什么",或者人的本质是什么,哲学家们一直众说纷纭,聚讼不断,但如果我们立足马克思主义哲学的立场清理一下既有的权威说法,那么不难发现,几乎每一种观点都正受到严肃的质疑。

第一,"思维"曾经被认为是人的本质特征,也是人作为"万物之灵"的骄傲。迄今为止,人类智能是已知最高级、最复杂的自然智能,因而人工智能的任务是理解自然智能的工作原理和工作机制,开发具有智能的机器,为人类提供智能服务,进而为人工智能复制人的行为奠定基础。早在20世纪40年代,"人工智能之父"艾伦·图灵(A. M. Turing)就讨论过计算机思维的愿景,1950年提出了测试机器能否像人一样思维的"图灵测试"。虽然有人质疑"图灵测试"的合理性,如认为它仅仅依赖于语言,类似于游戏,忽略了测试结果的单一与人类智慧的多维之间的差异,等等;但瞄准通过"图灵测试"而进行的科技探索,一直是人工智能曲折前行的推动力。近些年来,随着神经网络、遗传算法、深度学习等技术的突破性发展,人工智能正冲破人们以前所设想的一个又一个局限,在不少人类傲视机器的领域取得进展。智能机器不仅能够根据人们编写的算法采集、存储、处理大数据,而且能够比人类更好地完成许多特定的任务;它们的"思维"和行为具有越来越强的自主性、精确性和协同性,日益拥有类似人类的试错能力、大局观、控制力和协同性。根据人工智能的技术特点和"进化"逻辑,越来越多的人相信,人工智能不仅能够通过"图灵测试",而且声称"图灵奇点"正在日益迫近。雷·库兹韦尔预测:"通过软件和硬件彻底地模拟人类智能,计算机将可以在 21 世纪 20 年代末通过图灵机测试,那时机器智能和生物智能将没有任何区别。"①展望未来,人工智能完全可能在想象力、创造力、社会性和情感的丰富度等人类引以为傲的领域取得突破,甚至可能拥有自主意识,通过反馈和学习不断自主升级,从而"大大超越人类的智能",成为人类"进化的继承人"和"思想的继承者"②。若果如此,就对人的思维本质、人作为世界上唯一的智慧生命的观念构成了实质性的挑战。

第二,有目的、有计划的劳动或实践活动曾被马克思刻画为是人与动物界的本质区别。因为"劳动创造了人",劳动实践是人类社会生活和全部世界历史的真正基础;正是通过劳动,"在改造对象世界的过程中,人才真正地证明自己是类存在物"③,表现出自己的类本质。随着智能科技、包括虚拟科技的快速发展和广泛应用,智能系统的活动正在成为一种不可或缺的社会活动方式,扮演着维系社会正常运转、保证人们生产生活顺利进行、提高工作学习效率的重要角色。智能系统的活动是否属于劳动实践活动? 这与马克思主义哲学对于劳动实践的理解有关,无疑是一个有争议的话题。但无论如何,智能系统正在承担越来越多的劳动任务,日益自主、自动地参与到劳动过程中去;我们甚至可以说,各种智能系统就是为"劳动"而生的,可以不间断地、不知疲倦地劳动,而一旦停止劳动,它可能也就没有存在的必要了。当智能系统承担了越来越多的工作,包括过去认为"专属于人类的工作",而人变得越来越悠闲时,劳动实践本身是否专属于人的本质性活动,就值得我们进一步反思和追问。

第三,"制造和使用生产工具"曾经被认为是人的本质特征。各种智能机

① 雷·库兹韦尔:《奇点临近》,李庆诚等译,北京:机械工业出版社,2011 年版,第 12 页。
② 雷·库兹韦尔:《奇点临近》,李庆诚等译,北京:机械工业出版社,2011 年版,第 11 页。
③ 马克思:《1844 年经济学哲学手稿》,北京:人民出版社,2014 年版,第 54 页。

器最初无疑是作为人类的生产工具而创制的,但是,它却是一种特殊的生产工具,因为它不仅可以直接在生产和生活中使用,而且可以根据生产和生活的需要"制造和使用生产工具"。目前智能系统的研发尚处于早期,就不仅可以帮助人们采集和处理大数据,编写程序,"打印"和使用机械工具,而且已经开始尝试制造越来越复杂的机器人了。如果说今天智能系统"制造和使用生产工具"还比较初级,主要还是依据人编写的算法工作、受人所驱使的话,未来它很可能根据生产和生活的需要,自主设计、制造生产工具,并根据生产中的新情况、新需求而不断加以调适、完善。如此一来,制造和使用生产工具就不再是人类的专利了。

第四,人的本质是"一切社会关系的总和"①。包括人形智能机器人的智能系统研究确实处于起步阶段,但进步的速度有目共睹。当它们以工人、服务员、秘书、保姆、朋友之类身份进入人们的社交范围,成为工作的伙伴、生活的助手、游戏的玩伴,甚至像机器人伴侣、孩子之类的家庭成员……人们就越来越难以否认,智能机器人正在扮演一定的社会角色,与人结成特定的社会关系。而且,基于互联网、大数据、物联网、云计算等,各种智能系统、智能机器人之间也需要在生产、生活中相互配合、相互协作,它们正在相互交往中组成更庞大的智能系统,结成更紧密的"社会关系"。就此而言,智能系统建立的社会关系或许会比人类更多样、更复杂,相互之间的互动则肯定会更敏捷、更协调。自从有人声称更喜欢与单纯、忠实、守信的智能系统"打交道",特别是希望订制个性化的机器人"伴侣",与之"结婚"、组成别致的"新式家庭",人们就很难否定其中所蕴含的颠覆性意义了。毕竟"家庭是社会的细胞",家庭成员之间的关系是最基础的社会关系。因此,无论人们是否宽容、理解新颖的人机关系、机机关系,恐怕都不得不承认,"社会关系"正变得日益复杂化,智能机器事实上已经挤进了人类的社会关系网络。

当然,由于目前人工智能更多的是从功能而非结构模拟人脑和人的身体,加之"人""人脑"与人类精神世界无与伦比的丰富性和复杂性,因而人们不难

---

① 《马克思恩格斯文集》第 1 卷,北京:人民出版社,2009 年版,第 501 页。

提出更多的区分人与智能机器人的视角和观点。例如,关于"人"和人的本质,有人可能偏重精神层面,坚持是因为人有"灵魂""自由意志""信仰""德性"和"爱",等等。由于"灵魂""自由意志""信仰""德性"和"爱"比意识、思维更为神秘、模糊和复杂,更难以把握、精确刻画,目前确实难以进行令人信服的分析。不过,如果我们不将"灵魂""自由意志""信仰""德性"和"爱"神秘化,而是对其加以比较确定地刻画的话,那么,智能系统能否拥有"灵魂""自由意志""信仰""德性"和"爱"就可以讨论了。例如,关于机器人是否可以有信仰以及能否"成佛"的问题,在宗教学者中就引发了激烈的争论。

进一步地,如果智能机器人在一定意义上是"人",或者在一定程度上具有"人的本质",那么,一系列顺理成章的革命性问题就必然闯进我们的视野:

首先,"人是什么"这一曾经清晰的问题变得越来越不确定了,人们被迫重新反思和界定人的"类本质"。目前,智能技术正与生物技术加速结合,具有自主意识、创造能力、类人情感、社会交往属性的智能机器人已经渐露端倪,未来很可能变得与自然人难分彼此。玛蒂娜·罗斯布拉特(M. Rothblatt)更是提出通过思维克隆技术,创造不死的"虚拟人",并为此进行了全方位的社会构建:"一旦被创造出的有意识的思维克隆人——即智能的、有情感的、活的虚拟人,成为一个普遍的人类追求,我们将面对很多新的个人问题和社会问题,因为它从根本上扩展了'我'的定义。"①在经过漫长的演化之后,人们蓦然发现必须重新"认识自己",在将"人"与智能机器人加以必要区分的基础上,重新探索界定人的"类属性"或人的本质的视角和方式。与此同时,由于智能系统的智能表现和"进化"速度日新月异,人作为"万物之灵"的优越感受到颠覆性打击,人类的"自我认同"面临前所未有的危机。

其次,自主性是智能系统正在获得的主要特征和功能优势,这对人类享有的"唯一的主体"地位造成了冲击。智能无人系统在运作过程中,环境、条件往往是动态变化的,需要应对各种不确定性,需要权衡多方面因素,因而需要自

---

① 玛蒂娜·罗斯布拉特:《虚拟人——人类新物种》,郭雪译,杭州:浙江人民出版社,2016年版,第3页。

动识别目标、自主选择操作方式,并排除外界干扰完成任务。无论是无人驾驶汽车、船舶、飞机,还是各种自动操作系统、智能管理系统,乃至致命性的自主武器系统,其先进程度往往主要通过自主等级加以刻画。事实上,它们的自主性正日益增强,自主等级正日益提高。而各种智能无人系统越是自主、自由,就越能够自主进行评价、选择和决策,它的主体地位问题以及相应的责任问题就越是突出。人们对于让渡给它们的自主评价、选择、决策权一直惴惴不安;一旦它们"闯祸",之后的责任归属和责任分配也令社会各界争论不休。是否、或者在何种程度上承认智能无人系统的"主体"地位,"如何设计机器人的行为伦理"①,都对人作为世界主宰的地位提出了史无前例的挑战。

再次,以往曾经被人类视为工具的机器,现在可能要求人们重视审视它,甚至赋予其平等的"人格"或"人权"。这种从工具到目的的转换将颠覆传统的人机关系,将智能机器人从工具提升为作为目的的"人"。而一旦完成身份认同,如同沙特 2017 年一样承认索菲亚之类智能机器人的公民身份,那么,就会自然而然地提出相应的人格或人权问题。"如果它们发展到足够聪明,它们将就获取和人类一样的权利的问题和人类展开争论,而且随着时间的推进,我们会发现其实对此我们无可辩驳"②。例如,智能机器人是否应该被过度使用,或者置于可能导致软硬件受损的恶劣环境之中?是否应该享有与自然人同等的人格和尊严,不允许被呵斥、侮辱和虐待?是否应该被确立为道德或法律主体,给予它们公民身份,当造成了一定的经济或社会后果后,自主承担相应的行为责任?是否可以与其他自然人或智能机器人自由交往,包括结社、结婚,进而提出经济、政治和法律上的诉求?等等。

第四,人类语言与计算机语言、人类思维与机器思维、人类的逻辑与"机器的逻辑"等之间难免存在跨界"隔阂",这可能导致一些潜在的难以预测的后果。约瑟夫·巴-科恩(Y. Bar-Cohen)、大卫·汉森(D. Hanson)认为:"制造

---

① P. M. Asaro, "What should we want from a robot ethics?". *International Review of Information Ethics*, Vol. 6, No. 12, 2006, pp. 9 - 16.

② 约瑟夫·巴-科恩、大卫·汉森:《机器人革命——即将到来的机器人时代》,潘俊译,北京:机械工业出版社,2015 年版,第 236 页。

出有自主意识、能采取自主行动的机器人,同时又使它们按照人类的是非标准行事是件极困难的事,甚至是不可能实现的。"①皮埃罗 · 斯加鲁菲(P. Scaruffi)指出:"目前人工智能真正的危险在于,当人类让它做一件事情时,它可能会完全误解这个指令,做出让人类后悔莫及的事情。"②智能机器与人毕竟分属两个不同的"类",存在不同的类属性;它们在生死、自由、公正、幸福等理解方面的歧义,在宗旨、目的、目标与操作方式的关系方面的分歧,等等,都蕴藏着未可尽知、防不胜防的行为风险。譬如说,人在特定语境中可能痛苦地抱怨"生不如死",还有很多理论观点和实践数据陈述人之"恶",或者某些人"该死"。智能系统怎样才能分辨人类的真实意图? 是否可能真的认为死亡是好事,冷漠地"帮助"人死亡?

第五,因为以上之故,必须在重新认识"人"和智能机器人的基础上,重新反思和构建新型的人机关系。在文明史上,人机关系一直是确定的,人一直占据着无可争议的主导、主宰地位。由于人工智能逐渐拥有自主智能,智能机器人大量挤进人们的社会生产和生活,传统的人机关系正变得不合时宜。虽然人们所畅想的多种关系,包括智能系统可能是人类的"看门人""守护神""被奴役的神""善意的独裁者""征服者""后裔"③,已经引起巨大的争议,莫衷一是,但无论如何,如果不破除千百年来根深蒂固的"人类中心主义"意识,不克服狂妄自大的傲慢与自以为是的偏见,人机之间的矛盾和冲突必将难以避免。

总之,如果智能机器人具有类似人类的智能,在一定意义上是"人",那么将是人类有史以来所遭遇的最新颖、最诡异的异化:人类兴致勃勃地创造了人工智能,希望各种智能系统成为类似机械一样的新工具,帮助实现人类的各种目标,却发现打开的是一个神秘的"潘多拉魔盒",释放出空前强大、难以驾

① 约瑟夫·巴-科恩、大卫·汉森:《机器人革命——即将到来的机器人时代》,潘俊译,北京:机械工业出版社,2015 年版,第 235 页。

② 皮埃罗·斯加鲁菲:《人类 2.0——在硅谷探索科技未来》,牛金霞、闫景立译,北京:中信出版社,2017 年版,第 76 页。

③ 迈克斯·泰格马克:《生命 3.0》,汪婕舒译,杭州:浙江教育出版社,2018 年版,第 219—220 页。

驭的异己力量。这不仅可能颠倒传统的人机关系，动摇人类的主体地位，而且还将"人"本身都"弄丢"了！因为关于"人"的本质规定属性受到挑战，人是一种什么样的"类存在物"变得不确定了，从此一切立足人的立场的理论和实践都需要重新反思和建构。

四、消除人工智能所导致的新异化的可能路径

在人工智能快速发展，机器智能逐步逼近并可能超越人类智能的时代背景下，人类显然走到了关键的十字路口。人工智能所强化的既有的异化情形，所导致的新异化现象，具有以往科技异化、劳动异化所不具有的新特点、新趋势。一是这种异化渗透到了更为基础的社会结构层面。例如，智能技术范式重塑了社会基础结构，它对人的宰制以及人对这种高科技"座架"的依赖，导致人益发"愚钝和痴呆"，不得不将相关的管理权、决策权让渡给智能系统，听任自己创造的外在的智能系统为自己做主；二是产生了一些全新的异化内容和形式。例如，智能化的经济和社会体系将"数字穷人"排除在外，这种"社会排斥"将工业时代劳资双方的矛盾和对立撇在一边，导致"数字穷人"沦为丧失劳动价值的"无用阶层"，存在变得虚无和荒谬化；三是出现了对于人自身来说最为根本的异化。以往的异化主体是人，包括一定的个人、群体、阶层、阶级等，但人形智能机器人正在模糊人机界限，令"人是什么"变得不确定了，人的人格、尊严和"万物之灵"的地位也受到挑战，迫使人类必须重新定义"人"，重建新型的"人机关系"；四是新异化问题的解决需要更高层次的新视角、新方法。例如，人工智能对人的本质的挑战，新型人机关系和文明形态的构建，具有超地域性和超阶级性，不可能在马克思所设想的消灭私有制、消灭阶级、实现无产者的解放层面上彻底解决。这里呼唤人类重新"认识自己"，重建"类意识"，实现人类自身的"类解放"。

人的异化现象之所在，往往也就是人类自我警醒、自我拯救之所在。人工智能正逐渐成为智能社会的基本技术支撑，信息化、智能化注定将是人类的宿

命。既然我们不认同历史退步论,像"卢德分子"那样一味地反对现代科技,像阿什米人那样选择拒绝现代科技的简朴生活,那么,就必须直面问题本身,反思与批判不合时宜的观念、认知和思维,尝试采取积极的、系统性的应对方略,切实避免各种新异化现象的产生,促进社会的进步、人的解放和自由全面发展。

首先,立足人的立场和技术发展的"可能性",审慎、具有前瞻性地确立人工智能发展的价值原则。面对人工智能不断突破技术瓶颈的现状和可能突破"图灵奇点"的风险,面对人工智能深刻的变革能力和可能导致的新异化,社会各界开始立足不同视角进行反思,其中最为理性、最富远见的意见,是呼吁基于基本的价值原则创造能够通过"道德图灵测试"的"道德机器"①,确保人类(特别是"数字穷人")永远有资格、有尊严地生活在这个世界上。

这些价值原则立足以往对科技价值、伦理的认识,旨在从人自身自由全面发展和理想社会建构的视角,理顺变化中的人机关系,对人工智能的研发和应用进行理智的价值评估和必要的道德规范,进而使价值、伦理成为制约人工智能研发、应用的内在维度。具体而言,一是坚持人本原则,审慎地开展"人形智能机器人"的制造;在设计、研发超级智能时,在算法中内嵌人类的悲悯情怀和基本价值观,让智能机器敬畏生命,尊重人的人格和尊严,理性、友好、富有德性地为人类服务②;二是坚持公正原则,开展"算法影响评估",严禁算法中写入任何意义上的歧视性内容,防止"资本的逻辑"与"技术的逻辑"联合剥夺、压迫、奴役"数字穷人",让全体民众共享科技和社会进步带来的实惠;三是坚持透明和可控原则,保证人工智能的开发和应用处于可理解、可解释、可预测状态,置于相应机构和伦理委员会的监控之下,保证超级智能不被内嵌危害人类的动机,防止超级智能拥有与人类相悖的目标,特别是逃避监管自主升级、结盟,发展成为不受控制的异己力量;四是坚持责任原则,瞄准各种人工智能安

---

① 温德尔·瓦拉赫、科林·艾伦:《道德机器:如何让机器人明辨是非》,王小红主译,北京:北京大学出版社,2017年版,第60—62页。

② Noel Sharkey, "The Ethical Frontiers of Robotics", *Science*, Vol. 322, No. 5909, 2008, pp. 1800 – 1801.

全风险,建立健全技术、经济、伦理、法律等方面的责任机制,明确相关各方的权利、责任和义务,预测并预防产生灾难性后果,一旦酿成事故,能够对相关责任人追责、问责;五是强化区域或全球协同原则,订立具有约束力的区域或全球契约,共同推动智能经济的发展和世界的智能化进程,同时禁止致命性的杀人武器等的研发、生产、贸易和使用,合作打击智能犯罪和"智能恐怖主义"①。

其次,从"从事实际活动的人"②出发,立足智能技术范式的新特点,完善智能社会的顶层设计,提升社会治理能力和水平,为人的解放、自由全面发展奠定基础。人是一种社会化的"类存在物",人的发展与社会环境、社会建构息息相关。对人的生存和发展具有实质影响的因素,既包括科学技术的发展及其应用所构成的技术环境,也包括社会制度和发展状况对人的塑造。社会环境改造与建构的关键在于,立足人的立场和智能科技的发展,完善技术基础设施,推动智能经济发展,构建符合智能时代特点的政治制度、治理体系和文化价值观,建设一个以人为本、发达便捷、人人获得公正发展机会的新型社会形态——智能社会。

智能社会是超越农业社会、工业社会的先进的技术社会形态,特别值得注意的是,它与追求人的解放、真正消除异化的共产主义社会具有内在的一致性③。以共产主义价值原则建构智能社会,一方面要求铲除生产资料私有制,基于有限的知识产权制度"重新建立个人所有制"④,遏制"资本的逻辑"和"技术的逻辑"不受约束、为所欲为,将权力交还给最广大的人民群众,让广大人民摆脱阶级统治、技术宰制和旧式分工,以一种解放、自主的姿态从事生产劳动和社会管理;另一方面,则要求充分利用科技的力量提升物质生产力水平,造成物质财富极大丰富的局面,同时设立无条件的"全民基本收入",提供充裕的义务教育和培训,全面改善民生,有效缓解直至消除数字鸿沟、贫富分化、社会排斥等新异化状况。

---

① 参见孙伟平:《关于人工智能的价值反思》,载《哲学研究》,2017 年第 10 期。
② 《马克思恩格斯选集》第 1 卷,北京:人民出版社,2012 年版,第 152 页。
③ 参见孙伟平:《智能社会与共产主义社会》,载《华中科技大学学报》,2018 年第 7 期。
④ 《马克思恩格斯选集》第 2 卷,北京:人民出版社,2012 年版,第 300 页。

再次,通过大幅度增加和平等分配自由时间,促进每一个人的潜能开发和自由全面发展。自由时间是必要劳动时间之外可供人随意支配的时间,是个人"积极存在"、自由发展的空间。在以往的私有制社会中,生产资料所有者通过强迫劳动、占有剩余价值,从而侵占了全社会的自由时间;承担全社会劳动重负的劳动者创造了自由时间,却被剥夺了享有的权力,从而丧失了自由发展所必需的空间。虽然智能时代的到来并不意味着直接改变社会制度和"资本的逻辑",改变一部分人占有另一部分人的剩余价值、自由时间的异化状况,但为包括"数字穷人"在内的所有人增加自由时间,进而实现人的解放和自由全面发展创造了前所未有的机遇。它极大地提升了劳动生产率和社会生产力水平,促进了物质财富的极大丰富;生产和服务的自动化、智能机器人取代人工作,使人们可以远离不合理分工所导致的各种"苦役";从而不仅满足了人们自由全面发展所必需的物质需求,而且逐步将人从旧式分工中解放出来,普遍缩短了人们的必要劳动时间,增加了自由时间或自由发展的空间。

值得强调的是,自由时间与必要劳动时间是相辅相成的。一个人如果完全绝缘于劳动,自由时间就不过是失业、被社会排斥在外、丧失劳动权利的代名词。智能社会的人性化与进步实际上体现在普遍增加就业,在大幅减少必要劳动时间的基础上普惠制地增加自由时间。因此,这里的关键在于通过政治解放和体制改革,在处理以下矛盾方面找到平衡点:一方面,逐步缩短每个人的必要劳动时间,将劳动机会公正地分配给适龄劳动者,保障所有人享有平等的劳动权利;另一方面,让每一个人平等地拥有更加充裕的自由时间,尽情发挥自己的天性,开掘自己的潜能,实现自己的价值。这两个方面综合作用的最佳实践,是消除马尔库塞所谓的压抑性的强迫劳动,让劳动成为马克思所谓的"生活的第一需要",自然而然地结出丰硕的劳动果实。

第四,立足人与人工智能的双向建构,加快"人"自身进化的步伐,培育具有智能社会装备和特质的"时代新人"。应该看到,前述各种风险和挑战实际上假定了一个前提,即人类以一如既往的缓慢速度进化,长期"稳定"在既有的智能水平上。而如果人类能够居安思危,一方面,尽可能减少让人必须说"机器语言"、像机器一样行为(即为了"登机"或与机器协同而迎合机器的规则、要求)的"傻瓜"技术,防止人随着社会自动化、智能化而发生系统性退化;另一方面,主动挑战自己的极限,与智能机器一起双向建构,不断"增智""赋能",抓住"窗口期"全方位提升自己,在人机一体化的更高层次上共建新型的"智能文明";那么,前述的那些风险和挑战可能根本就不会转化成致命的威胁。

人类的进化、人的"类本质"的生成虽然目前没有成熟的方案,但既应该包括自然生理意义上的进化,也应该包括精神道德意义上的进化。这正如雷·库兹韦尔所说的:"人类这一物种,将从本质上继续寻求机会拓展其生理和精神上的能力,以求超越当前的限制。"①从自然生理意义上的进化说,可以充分利用生物、智能技术和设备"武装"自己,减少疾病,延缓衰老,增强活力,帮助自己突破体力和脑力方面的极限,同时与各种发达的智能系统紧密合作,协同提升,全方位拓展自己的适应能力和协作能力,从而使自己进化得更加健康、更加智能、更富有适应性。而从精神道德意义上的进化来说,关键在于立足人类的历史实践,彻底反思"人是什么",反思人类真正需要什么、珍视的价值是什么,反思人性的弱点和人的局限性,通过不懈的修炼去恶扬善、不断"成人",从而为智能机器人树立"人之为人"的标准。皮埃罗·斯加鲁菲警醒人们,以往人类的道德表现并不令人满意,相比任何物种都更"热衷于杀戮其他动物和不断破坏环境";在这种情况下,如果人工智能以人类为楷模,还不如"表现得更像大猩猩"②。因此,人类只有首先"成人",树立"人之为人"的标准,遵循"人道"行事,才能以身作则,通过行为示范影响智能机器人,使其珍视、向往"人"这一崇高的身份。

在以上人的全方位进化的基础上,人类还必须用心探索处理人际关系、人机关系的和谐理念和合理方式。因为出现了比肩、甚至可能超过人类智能的机器智能,人类必须接受、并习惯这一"令人难堪"的事实;同时,自私自利的"人类中心主义""万物之灵"的优越感和唯我独尊的"主宰意识"已经没有市

---

① 雷·库兹韦尔:《奇点临近》,李庆诚等译,北京:机械工业出版社,2011年版,第2页。
② 皮埃罗·斯加鲁菲:《人类2.0——在硅谷探索科技未来》,牛金霞、闫景立译,北京:中信出版社,2017年版,第42页。

场。人类必须克制自己的自大心理和利己欲望,不再彼此敌视、尔虞我诈、互相伤害;必须延展哈贝马斯的主体间的交往理性和商谈伦理,重新商讨相应的行为准则;从而重新认识和界定人机关系,实现人与人之间、人与智能系统之间的和平共处、共同提升,构建一种人类以往未曾预想的社会形态,打造人机协同、人机一体、人机和谐的"智能文明"。"今天,我们延伸自我最让人印象深刻的方式就是发展出能够改变生命本身的技术。因此,未来将是有机世界和合成世界的联姻,正如未来一定是人类和机器人的联姻"①。如此"延伸"、进化的结果,期待诞生的将是皮埃罗·斯加鲁菲所设想的"人类 2.0",或者迈克斯·泰格马克(M. Tegmark)所诠释的"生命 3.0"。"生命 3.0""不仅能设计自身软件,还能设计自身硬件……换句话说,生命 3.0 是自己命运的主人,最终能完全脱离进化的束缚"②。

　　总之,面对人工智能加剧或导致的各种异化现象,悲观主义者颠倒技术与人之间的关系、早早地向人类的自主创造物臣服的"技术决定论"或"技术统治论"是片面的,也是不能接受的。迄今为止,无论人工智能的进化多么快速,威力多么强大,是否可能突破"图灵奇点",也无论人工智能多么"无视""敌视"人,对人造成了多么严厉、彻底的异化,人类仍然是今日世界的管理者和责任主体,仍然掌握着解决问题、应对挑战的钥匙。毕竟,人工智能这个"怪异的入侵者",并"不是天然秩序的一部分,而是人类创造力的产物"③。因此,问题真正的关键在于,我们是否能够意识到正在到来的异化风险,从技术、政治、经济、社会和"人"自身等方面采取恰当的行动。只要我们坚持以人为本,理性地确立人工智能发展的价值原则,设计、制造能够通过"道德图灵测试"的"道德机器";坚持公正原则,完善智能社会的顶层设计,合理分配相对有限的劳动机

---

① 皮埃罗·斯加鲁菲:《人类 2.0——在硅谷探索科技未来》,牛金霞、闫景立译,北京:中信出版社,2017 年版,第 375 页。

② 迈克斯·泰格马克:《生命 3.0》,汪婕舒译,杭州:浙江教育出版社,2018 年版,第 36—37 页。

③ 托比·沃尔什:《人工智能会取代人类吗?——智能时代的人类未来》,闾佳译,北京:北京联合出版公司,2018 年版,第 169 页。

会和日益充裕的自由时间；不拘泥于关于"人"的传统认知，加快人类自然生理和精神道德进化的历史进程，打造智能时代的"时代新人"；抛弃"人类中心主义"的信条，重新确立处理人机关系的价值原则和行为准则，重新构造人与智能机器协同演化、共同成长的生态系统；那么，就完全可以展现人类富于智慧的适应性和创造力，将这个机遇与异化并存的风险社会，创建成以人为本、人机协同、人机和谐的新型文明社会。

（原载《中国社会科学》，2020 年第 12 期）

试论人工智能的伦理责任

戴益斌

人工智能正快速进入人类社会,在为我们生活带来越来越多便利的同时,也带来了一系列问题。比如说,人工智能的运作模式超出了我们对一般机器的理解,我们应如何看待人工智能产品的社会地位;如果人工智能产品带来危害性的后果,我们现有的法律、伦理体系能否为这些危害性的后果找到合适的责任主体;人工智能的发展速度超出很多人的想象,是否可能会出现电影中机器控制人类的结局,等等。本文试图探讨人工智能的发展给现有责任体系带来的冲击,以及学者为处理这种冲击提出的三种解决方案,即新工具主义、机器伦理与混合方案,并尝试为混合方案辩护。

一、责任与责任主体

一般来说,当我们讨论责任问题时,一定会预设责任主体,也就是能够承担责任的主体。很多学者认为,对责任主体的经典解释来源于亚里士多德,我们遵循这一理解思路。关于责任问题,亚里士多德在《尼各马可伦理学》第三卷中,至少提出了以下几个论点:① 承担责任的行为必须在我们的能力范围之内;② 该行为必须是出于行为者本身的意愿,而不能是被迫的;③ 承担责任行为的起始因不能是出于无知①。

亚里士多德的第一个论点认为,当我们将行为责任指派给某个责任主体时,必须首先明确,该行为是处于主体的能力范围之内。这个标准排除了那些处于主体控制能力之外的事件,如地震、台风等自然事件。因为这些自然事件的发生并非处于某人的能力之下。因此,由此类事件引起的后果通常不会为其指派任何责任主体。第二个论点强调了主体实施某种行为必须是主体的自愿选择。这实际上包含有两个小论点:① 主体选择实施某种行为时,有众多可能性,并非只有该行为这一种选择;② 主体实施此种行为是主体的自由选择,并非出于外部压力。因此,我们通常认为,某人在受到外部威胁不得不做某事时,不应当承担此事带来的社会责任。亚里士多德主张的第三个论点认为,如果主体是在无知状态下实施某种行为,那么他不应该承担任何责任。这个论点与亚里士多德的第二个论点有关,因为亚里士多德认为,主体出于无知状态之下的选择无论如何都不能被视为出于主体的意愿。当然,我们还需要注意的是,亚里士多德强调免除某人的行为责任,必须是该行为的起始因是出于无知,而非任何无知状态下的行为都可以免除主体的责任。比如说,如果某成年人醉酒驾车酿成车祸,那么即便该人的行为是在无知状态即醉酒状态下做出的,他仍然需要为其行为负责。因为醉酒驾车的起始因并非是出于无知,他已然成年,并且应该知道醉酒驾车违法。因此,醉酒状态下酿成车祸,并不能免除他的责任。这也就是说,在考虑主体的行为责任时,我们必须要考虑他的起始状态。

亚里士多德对责任主体的经典解释从主体个体的角度很好地阐明了能够担负责任的主体应符合的标准。虽然这些标准在现代法律体系之下,可能有不同的体现,甚至可能会因为有其他因素如人道主义因素的加入而出现相互冲突的地方,但从概念阐释的角度来说,亚里士多德的观点仍然有其合理性。可以补充的地方在于,亚里士多德主要是从责任主体的视角解释"责任"概念,并没有充分考虑责任关系方。而仅从语词的角度,我们就可以看出,"责任"一

---

① 参见亚里士多德:《尼各马可伦理学》,廖申白译注,北京:商务印书馆,2009 年版,第71—77 页。

词蕴含有关系成分。这一点在西语体系中体现得更为明显。比如说,英语中表达责任含义的概念"responsibility"来源于它的动词形式"to respond",其含义为"回复",即"向……回复",表达至少两者之间的关系。因此,就像加德纳(J. Gardner)所说的那样,责任必须从关系的角度来理解①。

考虑到关系方是从关系角度思考责任问题不可或缺的内容,我们认为,有必要在责任主体之外,思考其责任关系对象。正常情况下,责任的关系对象被认为是人。比如说,在一个正常家庭中,父母对儿女的成长负有责任,父母是责任主体,儿女是责任对象。但是在有些情况下,对象还可以是非人的存在者,比如动植物,甚至人造文物等。因为在很多时候,我们都有责任保护某些特定的动植物以及人造文物。由于责任主体是基于其与责任对象之间的关系承担相应的责任,因此,在考虑责任关系时,责任主体应能清楚知晓自己与责任对象之间的关系,并且能够预知自己的行为会给他者带来什么样的后果。如果某人无法预知其行为带来的后果,那么即便他的行为给他人带来了伤害,他也无法完全承担其行为责任。我们经常听到的"不知者无罪"表达的即是这层含义。

通过以上讨论,我们可以总结出现有责任体系为责任主体指派责任时的基本预设:责任主体能够控制其自身的行为,知道他的行动,并且原则上能够预知他的行为给他者带来的后果。任何不满足这些条件预设的主体都不能完整地承担其行为责任。

二、人工智能时代的责任鸿沟问题

我们现有的责任体系具有很强的适应性,能够解决现实世界中出现的绝大多数伦理责任问题,直至人工智能的出现。人工智能极大地促进了社会的发展,但同时也对我们的责任体系造成了巨大的冲击。现有的责任体系很有

---

① 参见 John Gardner, "The Mark of Responsibility", *Oxford Journal of Legal Studies*, Vol. 23, No. 2, 2003, p. 164.

可能无法为人工智能的行为后果指派其责任归属。马提亚(A. Matthias)将这种现象称为"责任鸿沟"(responsibility gap)①。在他的论文《责任鸿沟》中，马提亚列举了很多例子来说明这个问题。由于篇幅有限，我们仅讨论火星探测器这个例子。

马提亚让我们设想这样一个火星探测器，它不但可以被地球上的人员控制，也可以根据内置于其中的导航系统自动地控制自身的行动，以避免碰撞到火星上的障碍物。重要的是，该探测器的自动导航控制系统可以自我学习，即根据已走过的火星表面推知下一次如何走过类似的路径。问题在于，如果发生意外，该火星探测器掉入火星坑里，那么应该由谁来担负责任呢？根据马提亚的分析，我们不能将责任指派给地球上的控制人员，因为火星探测器掉入坑中并非是在控制人员的操纵下完成的，而是处于火星探测器自动控制之下的。我们也不能将此责任指派给制作自动导航系统的程序员，因为该程序员制作出的程序是正确的，并且已经合乎规范地将其安置在火星探测器之内。除此之外，没有其他任何人能担此责任②。

必须承认的是，在坚持现有责任体系下，马提亚的分析很具有说服力。首先，火星探测器本身不是一个责任主体，它无法承担自身掉入坑中的责任③。其次，地球上的控制人员无法为探测器掉入坑中负责，因为火星探测器掉入坑中并非是地球上控制人员的行为导致的，地球上的控制人员甚至都不清楚火星探测器的具体行为，他们不满足现有责任体系指派责任主体的预设条件。唯一值得讨论的地方在于程序员。由于火星探测器是在自动导航的情况下掉入坑中的，而火星探测器的自动导航系统是由程序员完成的，因此，有人直观上倾向于认为是程序员的失误导致火星探测器掉入坑中。马提亚反对将责任

---

① Andreas Matthias, "The responsibility gap: ascribing responsibility for the actions of learning automata", *Ethics and Information Technology*, No. 6, 2001, p. 176.

② 参见 Andreas Matthias, "The responsibility gap: ascribing responsibility for the actions of learning automata", *Ethics and Information Technology*, No. 6, 2001, p. 176.

③ 关于人工智能的主体地位问题，参见孙伟平、戴益斌：《关于人工智能主体地位的哲学思考》，载《社会科学战线》，2018 年第 7 期。

归属给程序员。在他看来,程序员的工作是合乎规范的,并没有任何失职的地方。双方争论的焦点可以总结如下:程序员的工作是否合乎规范;内置于火星探测器的自动导航系统是否正确?

如果火星探测器的自动导航系统没有自主学习能力,它所有的行动都可以由程序员根据相关的程序推测出来,那么火星探测器掉入坑中的后果应该由程序员负责。问题在于,火星探测器的自动导航系统具有自主学习能力,它能够根据个体经验判断下一步的选择。在这种意义上,火星探测器的行为已经超出了程序员的控制范围。程序员无法知晓火星上的环境,他无法判断火星探测器的下一步行动。判断程序员的工作是否合乎规范的依据是程序员在地球上的工作状态,判断火星探测器的自动导航系统是否正确依据的是未上火星前火星探测器的原始状态。从这个角度来看,程序员的工作是合乎规范的,他所设计的程序本身也是合理的。因此,要求程序员为火星探测器掉入坑中这一后果负责有失公允。

马提亚认为,当今社会使用的人工智能的所有技术模型,不论是符号系统、联结主义还是基因算法,它们都会导致程序员失去对人工智能产品的控制。这意味着,一旦人工智能产品出现故障,或者对人类造成某种伤害,现有的责任体系都将无法为其找到责任方。我们既不可能要求人工智能产品对其行为负责,也不能要求它的设计者为它的行为负责。

三、新工具主义

针对人工智能导致的责任鸿沟问题,学界有很多讨论。贡克尔(David J. Gunkel)将这些讨论概括为三种不同的观点,它们分别是:新工具主义、机器伦理和混合方案①。贡克尔的这种概括是可行的。因为从智能机器能否承担

---

① 参见 David J. Gunkel, "Mind the Gap: Responsible Robotics and the Problem of Responsibility", *Ethics and Information Technology*, No. 1, 2017, pp. 1 - 14.

责任这一视角来看,新工具主义和机器伦理分别代表两种极端观点,而混合方案则是一种折中方案。这三种方案大体囊括了所有可能的观点。我们首先考虑新工具主义。

新工具主义是相对于工具主义而言的。工具主义方案主张将所有的人造机器视为工具。在这种视角下,传统的机器被当作工具;人工智能技术产品也被视为工具。工具没有任何意义上的主体地位,它并不是独立的,而是依赖于其使用者,归属于其所有者。人类创造工具的目的在于增强其所有者的能力。因此,就像利奥塔(J. Lyotard)指出的那样,工具本身不涉及伦理上的问题,如正义、公平等,而只与效率相关①。在这种视角下,使用者使用工具造成严重后果将会由使用者承担责任。但是经过第二节的分析,我们指出,这种工具主义视角并不适用于人工智能技术。因为人工智能技术的发展有可能使得其使用者无法为人工智能产品负责。新工具主义正是在这种情况下诞生的。

布赖森(J. J. Bryson)是新工具主义的代表人物。布赖森的核心观点是,应该将机器人设计成奴隶,并按市场销售,而不能将其当作人类的同伴②。虽然"奴隶"这个词带有歧视的嫌疑,但布赖森认为,使用这个语词并不影响他的论点。布赖森希望表达的是,机器人应该是人类的仆人,而不是人类的朋友。为了支持这一论点,布赖森给出了两点理由。

首先,从事实上说,机器人是由人类设计、制造、生产并操作的,如果没有人类,将不会有机器人。因此,在思考机器人与人类之间的关系问题时,我们不能忽视机器人本质上是为我们服务的这一事实。布赖森认为,如果我们看到这一点,那么我们完全没有必要将机器人视为人类的同伴,而只需要将其视为人类的服务者即可。布赖森更进一步指出,我们之所以过分关注机器人的伦理问题,而且对它们有不合理的恐惧,主要来源于人类同一性的不确定性,而人类的同情心被滥用则是人类同一性不确定的根源。换句话说,正是因为

①　参见 J. Lyotard, *The Postmodern Condition: A Report on Knowledge*, translated by G. Bennington and B. Massumi, Minneapolis: University of Minnesota Press, 1984, p. 44.

②　参见 J. J. Bryson, "Robots should be slaves", in *Close Engagements with Artificial Companions*, Y. Wilks (ed.), Amsterdam: John Benjamins, 2010, p. 63.

人类滥用自己的同情心,才导致人类对机器人有各式各样伦理思考与担忧。如果不滥用自己的同情心,人类完全可以将机器人视为自己的奴隶。

布赖森否认将机器人视为人类的同伴的第二点理由是,将机器人视为人类的同伴将会浪费很多资源。这个观点非常容易理解。从个人层面上说,机器人是一个与人类完全不同的个体,将其视为人类同伴,势必要求个人重新处理自己与其他个体之间的关系。为此,个人需要花费大量的时间与其他资源,而且很容易忽视其他的可能选择。从社会组织层面上说,将机器人视为人类同伴,不但需要社会组织花费大量的时间成本、人力成本,而且在文化层面上,也面临着很多挑战。

毫无疑问,新工具主义看到了工具主义的一些弊端,将机器人视为奴隶而非完全的工具无疑是一种进步,但它的立场本质上仍然是工具主义。从直观上说,这种立场与我们对一些事实的认识是相符的,比如机器人的确是由人类创造出来的,并且人类创造机器人的目的的确是为人类服务的,但这一事实并不意味着我们必须将机器人视为奴隶。布赖森认为人类应该将机器人视为奴隶,这是从人类整体的意义上考虑的,但是我们无法忽视在个体层面上,有人会将机器人视为朋友,并进而影响社会整体的判断。就像狗的地位一样,最初人类将狗当作捕猎或看家的工具,但是现在,越来越多的人倾向于认为狗是人类的朋友。布赖森认为将机器人视为人类的同伴会浪费很多资源,但这并非一个决定性理由。事实上,每个新事物的诞生初期,都会浪费很多资源,但是随着技术的进步以及社会的发展,这种资源的消耗与我们由之获得的便利相比,往往不值得一提。由马车进化到汽车这一历史过程可以鲜明地证明这一点。因此,布赖森支持将机器人视为奴隶而非朋友的两点理由都不能成立。

从责任视角来看,布赖森的新工具主义还面临着很多问题。根据新工具主义,机器人的责任归属属于它的生产方或操作方,因为机器人只是人类的奴隶,受人类的控制,它自己并不能承担责任。问题在于,如果简单地将责任归属于生产方或操作方,那么就像贡克尔所说的那样,"这将会导致工程师和生产商在发展技术和将技术商业化过程中,变得非常保守。因为他们需要保护自己免于被追责"①。更重要的是，人类善待他者，并不是同情心泛滥的表现，而是人作为感性动物的本质使然。将机器人当作奴隶，很有可能会影响人的价值判断，使得人类习惯于奴役他者，并最终给人类本身带来恶果。

四、机 器 伦 理

机器伦理作为处理责任鸿沟问题的第二种可能方案，主张将伦理规则植入到机器之中。当然，机器伦理所说的机器并不是普通的机器，而是指那些可以不依赖于人类控制、能自主决断的机器。人工智能机器人是其中的典型代表。机器伦理方案得到了很多人的支持，其中的典型代表有瓦拉赫（W. Wallach）、艾伦（C. Allen）、摩尔（James H. Moor）以及麦克尔·安德森（Michael Anderson）和苏珊·安德森（Susan L. Anderson）等人。我们首先以瓦拉赫和艾伦为例来考察机器伦理的核心观点。

瓦拉赫和艾伦认为，人类应该教会机器在正确与错误之间进行选择②。这是他们合著的《道德机器》一书的主题。在瓦拉赫和艾伦看来，将机器行为纳入人类伦理道德领域的考虑范围是不可回避的问题。因为有些机器的自主行为已经带有伦理属性，这些行为所产生的后果让我们不得不从伦理道德的角度思考它的合理性。瓦拉赫和艾伦的这个观点毫无疑问是合理的。随着科技的进步，机器自动化程度和智能化程度越来越高，人类必须要考虑机器行为可能带来的严重后果，它们有可能会给人类带来重大伤害。比如说，武器的人工智能化毫无疑问在战争中会带来大面积的伤亡，从人道主义的角度来看，设计出这种武器不符合人道主义原则；情感机器人的出现在一定程度上可能会满足某些人的需求，但它可能会破坏现有的家庭伦理；大数据的发展会促进社

① David J. Gunkel, "Mind the Gap: Responsible Robotics and the Problem of Responsibility", *Ethics and Information Technology*, No. 1, 2017, p. 8.

② 参见 Wendell Wallach and Colin Allen, *Moral Machines: Teaching Robots Right from Wrong*, Oxford: Oxford University Press, 2009.

会的进步,但它有时会侵犯人的隐私。所有这些机器的自主行为都有可能会涉及伦理道德问题。不论人类是否喜欢,自动化、智能化的机器已经在逐步进入人类社会,从伦理道德的角度思考机器的自主行为是不可避免的。

瓦拉赫和艾伦认为,我们必须从伦理道德角度思考机器自主行为的另一个重要原因在于,人类总是期望智能机器能够预先判断其行为后果可能带来的伤害,并据此调整自己的行为,这与人类对道德主体的要求一致。换句话说,人类已经不满足于机器只是按照固有的程序重复操作,而是要求智能机器能够对其行为后果有所考量。这无疑凸显了智能机器与非智能机器之间的不同。非智能机器也会对人类造成伤害,但它只是机械的重复操作,人类并不会将这类行为纳入伦理道德领域之中,就像人类并不会从伦理道德的视角思考自然灾害对人类的伤害一样。智能机器能够适时地调整自己的行为,这是智能机器的优势。比如说,智能无人驾驶汽车在面对危险时,可以选择保护乘客,也可以选择保护路上的行人,无人驾驶汽车具备自主判断的能力,人类也希望智能机器能够做出合乎道德的判断。从这个视角来看,智能机器与道德主体更为相似。因此,瓦拉赫和艾伦认为,程序员在设计制造智能机器时,应设计出具备伦理道德判断能力的智能机器,以便智能机器的自主行为能够符合人类的道德判断标准。

麦克尔·安德森和苏珊·安德森的思考则更进一步,他们甚至认为,如果我们能够设计出符合道德规范的智能机器,那么我们有理由相信,这种机器在遵守伦理规范时比大多数人类表现得更好①。因为大多数人在他们的道德推理过程中,总是表现得不一致,尤其是涉及复杂的道德问题时,更是如此,但这些对于智能机器而言都不是问题。麦克尔·安德森和苏珊·安德森相信智能机器在处理道德问题时比人类更优秀,因为他们相信在计算与执行力方面,智能机器远远优于人类;他们还相信,一旦智能机器被嵌入伦理原则之后,那么它们在处理伦理问题时,不会遇到任何障碍。

---

① 参见 Michael Anderson and Susan L. Anderson,"The status of machine ethics: a report from the AAAI symposium", *Mind and Machines*, Vol. 17, No. 1, 2007, p. 5.

　　沿着机器伦理的思路,如果智能机器被创造出来,那么一个自然的倾向是,机器伦理学家们将会承认智能机器的道德主体地位。换句话说,机器伦理学家们会倾向于让智能机器本身承担它的行为责任。虽然在一些的人为组织上,我们可以看到同样的理解思路,比如在对待公司问题上,很多国家的法律都已经赋予了公司主体地位,但在考虑智能机器的道德问题时,仍然有很多问题值得我们思考。

　　首先,在伦理学界,哲学家们并没有确定哪些原则是伦理的基本原则。我们并不清楚到底是应该支持功利主义,还是义务伦理,亦或者是德性伦理。即便从技术的角度来看,将伦理原则内置于智能机器之内是一件很容易的事情,我们也无法断定究竟应该选择哪一种原则。这意味着,如果我们选择通过确定道德原则以规范智能机器的自主行为这种方式来构造智能道德机器,那么机器伦理的支持者从一开始就会在实践领域中遇到决策上的困难。

　　其次,智能机器的核心是计算,将一些道德原则内置在智能机器之内,意味着程序员是通过计算的方式将道德原则具体化。问题在于,我们能否以计算的方法完全地将道德原则表达出来。因为在很多场景中,人类都是通过直觉来判断一个行为是否道德,而并非通过一种理性的计算。直觉与计算的判断过程以及判断理由可以完全不同。不同场景下的电车难题鲜明地体现了这一点。这意味着,通过计算获得道德判断能力的智能机器不可能总是获得与人类一致的道德判断结果,因而不可避免地会碰到道德领域之内的冲突。

　　再者,将智能机器设计成能够做出道德判断的样子,并不意味着智能机器真的能够进行道德判断,理解什么是道德行为。因为智能机器是通过遵守内置于其中的道德规则而做出的行为判断。换句话说,智能道德机器的行为是根据规则而形成的,并不是出于它的自由意志。虽然从行为主义的视角来看,我们可以认为智能机器的行为在一定程度上符合人类的道德标准,但这并不意味着该智能机器一定是道德的。基于我们对道德行为的一般理解,一个行为之所以是道德的,往往是因为该道德主体在众多可能性之中,出于爱、同情、担忧等因素自由地选择某种符合伦理道德规范的行为。但智能机器似乎并没有爱,也没有同情或担忧,它的自主行为也不是完全的自主行为,而是在一定限度内符合规则的自主行为。

最后，机器伦理的支持者倾向于将智能道德机器视为道德主体，这意味着如果此智能机器做出的行为不符合社会的道德规范，那么最后承担责任的应该是该智能机器。问题在于，要求机器担负其行为责任没有任何意义。因为机器只能是机器。至少就目前来看，在很长的一段时间内，它们都不会具有任何主体意识，不能成为完全意义上的主体。即便我们将此智能机器肢解破坏，也不能达到道德上的惩戒作用。因此，将智能机器当作道德主体最后的可能结果仍然是由生产者或设计者来承担相应的后果，而根据我们的探讨，这实际上并不符合我们对责任主体的理解。

五、混 合 方 案

我们现在来讨论责任鸿沟问题的第三种解决方案即混合方案。混合方案的核心主张是将责任问题从个体视角跳出来，从整体上思考责任问题。这种方案之所以是一种折中方案，因为它并不主张完全由行为主体担负起人工智能的责任问题，也不主张完全由人工智能产品本身担负起其伦理道德责任问题，而是倾向于将行为主体与人工智能涉及的各相关方综合起来考虑人工智能可能带来的责任归属问题。

一般认为，道德责任的承担者即道德主体应该是人。支持混合方案的人并不同意这一主张。在他们看来，将道德责任限制在人身上，是一种方法论上的个体主义。这种方法论上的个体主义已经无法满足社会发展的需求，他们期望采用整体论的视角来处理道德责任问题。汉森（F. A. Hanson）是混合方案的代表人物之一，以他的思想为例可以清楚地阐明混合方案的核心观点。

汉森试图通过区分三种不同的信息处理模式即口语模式、文本模式和自动模式来修改我们常用的主体概念。在汉森的这种区分中，前两种信息处理模式是人类处理信息的模式，后一种信息处理模式是人工智能的处理模式。在他看来，包含有自动信息处理模式的行动无法用人类的决定和倾向来解释，而必须用一种能够将人工智能考虑在内的行动者概念来分析。汉森称这种概念为"扩展的主体(extended agency)"。"扩展的主体"这一概念的提出,意味着行动的主体不仅包括人类个体,还应包括此行动涉及的他者以及其他非人类的实体①。以学生在图书馆电脑里查找资料这一事件为例,我们可以清楚地发现扩展的主体理论与个体主义理论之间的差别。在个体主义理论看来,当学生在图书馆查找资料时,此任务的行动主体只是该名学生;但是在扩展的主体理论中,此行动不但包含学生,还包括图书馆的数据系统,以及电脑的软硬件等。

与"扩展的主体"这一概念相对应,汉森提出了"联合责任(joint responsibility)"这一概念。利用"联合责任"这一概念,汉森试图向我们表明,当我们承认"扩展的主体"这一概念时,我们至少应该支持这一观点,即责任不仅适用于人类,也适用于非人类的个体。他写道:"如果行为的道德责任取决于从事该行为的主体,并且如果主体既包括人也包括非人,那么道德责任可能也是如此。"②也就是说,责任的承担方不应只是个人或者某个个体,而应该是扩展的主体。因此,当某个伦理事件发生,所有与此伦理事件相关的扩展的主体都应当承担责任。比如说,在一个枪击事件中,受到指责的不但包括杀人犯,还应该包括杀人犯使用的手枪。

通过以上论述,我们可以总结出混合方案的基本观点:① 行为的主体不仅包括人,也包括非人的实体;② 承担行为责任的是扩展的主体,既包括人,也包括非人。从直观上说,混合方案有些地方似乎是反直觉的,比如在枪击事件中,手枪似乎只是一个工具,但混合方案要求手枪也承担责任。汉森非常清楚这一点,他提醒我们,拿手枪的人和不拿手枪的人对于我们来说,是完全不同的。不可否认,汉森的观点是中肯的。面对拿手枪的人和不拿手枪的人,我们无疑会感觉到,前者的威胁更大。混合方案可以帮助我们解释这一点。

---

① 参见 F. A. Hanson, "Beyond the skin bag: on the moral responsibility of extended agencies", *Ethics and Information Technology*, Vol. 11, No. 1, 2009, p. 92.

② F. A. Hanson, "Beyond the skin bag: on the moral responsibility of extended agencies", *Ethics and Information Technology*, Vol. 11, No. 1, 2009, p. 93.

汉森主张利用混合方案解决人工智能领域中出现的责任鸿沟问题,贡克尔对此提出了质疑。在他看来,混合方案至少有以下三个方面的问题①。首先,混合方案仍然需要在扩展的主体中区分出哪些主体应该承担责任,哪些扩展的主体不能承担责任。也就是说,混合方案期望从整体论上考虑责任问题,但最后还是需要落实到具体的责任方之上;其次,在确定扩展主体责任方时,存在不同的分析模式,而不同的分析模式可能会导致不同的责任归属;最后,从混合方案的视角来看,一个事件的发生有可能会导致没有任何人、任何组织能承担其相应的责任,而这恰恰与我们的初衷相违背。

不可否认,贡克尔的质疑有其合理性,但这些质疑对于我们处理人工智能的相关问题而言,不会成为障碍。首先,混合方案要求我们从整体上考虑责任归属问题,只要我们最后能找出相关的责任方,贡克尔的第一个担忧就是没有必要的。其次,在考虑责任问题时,不同的分析方式的确可能会导致最后的责任归属有所不同,但只要我们规定了相应的分析原则,这种分析方式的差别应该不会成为障碍。在贡克尔举的例子中,有些低层官员为了逃避责任而宣称自己只是服从命令,而高层官员为了逃避责任则宣称低层官员的行为是自主的,面对这种冲突,我们只需要根据事实原则,核实低层官员的行为是服从命令还是自主行为便可判断其是否应该承担责任。最后,某种事件的发生的确有可能会导致没有任何人能够为该事件负责,但这并不是混合方案的问题,而是因为这种事件本身的特殊性,比如贡克尔所说的金融危机。在这种特殊的事件中,不但混合方案无法为这种事件指派责任方,其他方案也没有办法为其寻找合适的责任承担者。因此,我们不能因为这种特殊案例而否定混合方案在其他领域中的应用。

在新工具主义和机器伦理无法解决责任鸿沟问题的情况下,混合方案似乎是唯一有希望的解决方案。不过,利用混合方案思考人工智能领域的责任归属问题,需要适当地修改"扩展的主体"和"联合责任"这两个概念。根据汉

---

① 参见 David J. Gunkel,"Mind the Gap: Responsible Robotics and the Problem of Responsibility", *Ethics and Information Technology*, No. 1, 2017, p.12.

森的理解，扩展的主体可以延伸到非人的实体，比如他所说的软硬件、手枪等。理论上，我们可以支持这种理解；但是在实践领域，如果我们不能在这些扩展的主体背后寻找到人的因素，那么这种扩展没有太大的意义。因为在考虑联合责任问题时，我们只能为人指派责任。因此，当我们解决人工智能领域中的责任鸿沟问题时，需要关注的是那些与人相关的扩展的主体。

就目前来看，在人工智能领域之中，人工智能消除的责任主体是个体主义理论中的个体主体，它并没有消除扩展主体理论中的所有主体。而根据混合方案的解释，如果人工智能产品引起了伦理道德问题，那么所有与之相关的扩展的主体都应担负起这件事情的责任。一般来说，一个人工智能产品至少与以下几种扩展的主体相关：设计者、生产方、检测机构、销售方、使用者等。因此，从混合方案来看，当人工智能产品出现某种问题需要有人为它的自主行为所造成的后果承担责任时，那么我们需要追究的是它的设计者、生产方、检测机构、销售方和使用者共同的联合责任。当然，至于他们各自应承担多大的责任，则是一个具体的经验判断问题。我们需要做的是，依据公正原则，根据不同类型的人工智能产品设计出不同的责任指派方案。

（原载《上海大学学报（社会科学版）》，2020 年第 1 期）

智能伦理的原则与造世伦理

论人工智能发展的伦理原则

孙伟平　李　扬

我们正处在一个社会全方位急剧变革的伟大时代。继工业化、信息化之后,智能化已经成为时代强音,成为"现代化"的最新表征,成为一个国家和地区发展水平的标志。智能时代标志性的高新科技——人工智能——究竟会如何发展,可能导致哪些伦理后果,可能推动人与社会走向何方? 这些问题的重要性越来越凸显出来。或许人们观察和思考这些问题的视角不同,认知也不一,短时间内难以取得基本的共识;但人工智能作为一种开放性、革命性、颠覆性的高新科学技术,确实已经引发了大量的伦理问题和伦理冲突。如何立足智能科技的发展和社会的智能化趋势,准确研判其伦理后果,提出合理的、整体性的且具有前瞻性的伦理原则体系,对人工智能的发展予以必要的引导、规制和支持,是不容回避的重大理论和现实课题。

一、事实判断：人工智能之所"是"

显而易见,提出关于人工智能研发、应用的具有前瞻性的伦理原则体系属于价值判断的范畴。正如休谟在《人性论》一书中所揭示"应该"必须以"是"为基础一样,合理的价值判断也必须以事实判断为基础。只有回答了"人工智能是什么""人工智能存在一些什么样的发展可能性""人工智能可能给人与社会带来哪些改变"等问题,才能提出人工智能发展的合理的价值原则(体系)。这正如海德格尔所说的,"揭示发生之处,才有真实的东西"①。

　　人工智能是以基于大数据的复杂算法为核心,以对人类智能的模拟、延伸和超越为目标的高新科学技术。它比人类历史上所发明的任何科学技术都更具革命性和颠覆性。究竟应该如何给人工智能下一个定义? 这是一个令所有人都感到头痛、迄今仍然莫衷一是的问题。囿于当前人工智能的发展现状,特别是远未定型的事实,或许任何匆忙的定义都是不明智的。不过,无论"人工智能是什么",具有怎样的开放性、革命性和颠覆性,我们都应该清醒地意识到,它仍然是人类所创造、并一直服务于人类的一种高新科学技术;或者说,人工智能与其他任何"属人的"科学技术一样,都植根于人类生活实践活动的需要,都服务于人的解放、自由全面发展的价值目标。

　　在人类早期的社会实践活动中,人是具体社会实践的发起者与评价者,是实践工具的制造者和操控者,是社会协作的组织者和参与者,是实践动力的提供者和实践后果的承担者。在原始的渔猎、采集活动,以及农耕、家庭手工业活动中,人不仅需要承担大量的体力劳动,而且几乎包揽了全部的脑力劳动。以蒸汽机为标志性成果的第一次科技革命和以内燃机、发电机为标志性成果的第二次科技革命,通过机器代替人承担社会实践所需的大部分劳动力,承担越来越多的体力劳动,大幅提升了人类活动的能力和效率。机器在发展过程中,还通过"生产流水线"这一新兴的协作方式,将包括教育、文化在内的各项生产活动高效地组织起来。在"生产流水线"上,不仅有机器之间的分工与协作,还包括人与人、人与机器之间的分工与协作。随着大机器生产的应用和普及,个体的人日益成为"生产流水线"的一部分。具体的社会实践不再仅仅由人所发起,机器开始"承担"部分的脑力劳动,"接管"一部分职责和权力。"生产流水线"外化、固化了人的"生产思维过程",每一步生产加工什么? 怎么进行生产加工? 各个生产加工步骤如何衔接? ……这些原本人脑思维过程之中的内容使用"生产流水线"表达固定下来了。当然,生产流水线般对人脑思维

---

① 海德格尔:《海德格尔选集》,孙周兴选编,上海:上海三联书店,1996年版,第926页。

过程的外化、固化不仅是片段的,而且缺乏对思维过程的变动性处理,省略了作为思维过程背景的知识体系,造成了实践过程的"程式化"和"机械化",产生了一系列非人性、异化劳动者自身的后果。对此,以马克思、马尔库塞、海德格尔为代表的思想家们进行过深刻的揭露和批判。

第三次科技革命不同凡响,出现了模拟人的大脑和智能、以"像人一样思考、像人一样行动"为目标的人工智能。这导致人类生活实践的内容和形式正在发生重大变革。人工智能是以互联网、物联网、大数据、云计算等为基础的现代高新科学技术。它基于强大的数据采集能力、处理能力和大数据,弥补了生产流水线所欠缺的作为思维过程背景的知识体系的不足;它以算法为核心,不仅外化了人的思维过程,也可以对思维过程进行变动性处理,实现了机器在"思维""理性"方面的跃升。无论是"弱人工智能"还是"强人工智能",都能够在一定意义上"发起"具体的社会实践活动,实现对实践工具的操控,组织人与机器的社会协作,并对实践过程适时进行评价和调整。作为"人造物"的人工智能甚至日益接近突破"图灵奇点",在人类历史上第一次接近成为像人一样的"主体",从而前所未有地取代人工作,将人从各种繁重、单调的强迫劳动中解放出来。

人工智能技术的突飞猛进以及在生活实践中的广泛应用,特别是日益接近突破"图灵奇点",日益接近成为"主体",不可避免地对人、对社会带来巨大的、全方位的变化。这种变化不仅体现在智能科技日益成为整个社会的基本技术支撑,智能机器人在一定意义上日益成为"人"(如2018年沙特阿拉伯授予汉森机器人技术公司研制的类人机器人索菲亚"公民"身份),而且促使社会的方方面面正在经受无孔不入的"智能化洗礼",导致我们身边的一切快速信息化、智能化,"世界每天都是新的"。

首先,智能科技的发展和应用重塑了社会生产方式,使经济活动日益信息化、自动化和智能化。这不仅极大地提高了劳动能力和劳动生产率,导致物质财富前所未有地丰富,而且令信息和知识成为最重要的经济和社会资源。"在21世纪的数据驱动型社会中,经济活动最重要的'食粮'是优质、最新且丰富的'实际数据'。数据本身拥有极其重要的价值,对数据领域的控制决定着企业的优劣"①。信息、知识具有可共享性、主体依附性、价值增益等与土地、资本、自然资源完全不同的自然禀赋,这种源自资源的自然禀赋的不同正在深刻地改变经济活动,改变人与人之间的经济和社会关系。例如,催生知识经济、智能产业快速崛起,将知识劳动者置于经济活动中的核心位置。

其次,伴随智能产业的崛起和传统产业的智能化,一种前所未有的社会分工体系正在形成。人工智能的发展给以往"机械""呆板"的机器装上了聪明的"大脑"。智能机器不仅能够自己"看"和"听",也能对生产过程进行"思考",从而"自主"地运转起来,开展灵活多样的"订制型生产"。人们所从事的大量重复、单调、繁重的体力劳动,以及越来越多的脑力劳动,正在一批又一批地交给智能机器去做。在信息化、自动化、智能化背景下,人与机器之间正在重新分工,传统的"人机关系"正在轰轰烈烈地解构中重建。在这种新型的社会分工体系中,"知识劳动者"以其自身掌握的信息和知识,特别是科学研究和技术开发,成为社会生产、服务、管理的主体;各种智能系统"渗透"到社会的各行各业,承担越来越多、越来越重要的劳动任务和工作职责;一种人机协作、人机一体化的新型分工体系正在形成。

再次,社会上层建筑正在"重筑",信息化、智能化的组织方式和治理方式渐成主流。与农业时代、工业时代依靠土地、工厂组织社会生产、生活不同,人工智能带来的技术基础设施和经济和社会资源的转向,使得人们的生产、生活日益出现摆脱地域限制的趋向,虚拟银行、虚拟企业、虚拟车间、虚拟商店、虚拟博物馆、虚拟法庭、虚拟学校、虚拟医院、虚拟社区、虚拟家庭等新兴社会组织方式大量出现。新兴社会组织方式以其数字化、虚拟化、智能化特点,呼唤社会治理方式进行相应的调整和变革。在信息科技特别是人工智能的加持下,社会治理和社会服务变得更为敏捷,更加多样化,与此同时,金字塔式的科层组织管理结构日益显现出自身的弊端,组织管理结构出现了扁平化、分权式之类的趋向。

① 日本日立东大试验室:《社会5.0:以人为中心的超级智能社会》,沈丁心译,北京:机械工业出版社,2020年版,第24页。

最后，在生产方式、社会分工、社会组织方式、社会治理方式变迁的基础之上，思想文化领域也必然发生相应的变化。基于智能经济、智能社会所产生的各种新思想、新文化，基于智能算法推送的各种公共信息、文化服务和商业广告，可以越来越及时、越来越精准地传递给受众，思想文化的生产、传播、消费在人工智能的加持下日益信息化、智能化。同时，随着信息、知识转变为最重要的经济和社会资源，随着社会组织方式和组织结构的变迁，农业时代、工业时代产生的意识形态、价值观念、伦理道德正在遭受猛烈的冲击。与全新的社会生活实践相适应，一种新型的具有智能时代特质的思想文化体系正在孕育、生成。

毋庸置疑，目前人工智能的发展仍然处于早期，远未成熟、定型，它对人与社会的变革、塑造仍然是初步的。未来人工智能可能如何发展，并以此为基础如何变革、塑造人与社会，仍然有待冷静地观察。但非常明显的是，正在发生的变革、塑造之快速、广泛与深刻，是以往的一切科技革命所无法比拟的。事实上，人类正处在一场波澜壮阔的生存、活动革命之中。

二、关系判断：人工智能导致的伦理后果

伦理道德作为人与动物之间的一种区分，作为"调节人与人之间社会关系的一种价值体系"①，植根于人们的社会生活实践之中，且随着社会生活实践的发展而发展。人工智能作为一种深刻改变世界、对社会"再结构"的高新科学技术，正在全方位、深刻地影响人们的社会生活实践，影响人与人之间的社会关系和伦理道德关系。

一是，人工智能的自主程度日益增强，在经济和社会领域越来越活跃，对人作为唯一道德主体的地位提出了严峻的挑战。

伦理道德曾被认为是专属于人的哲学范畴。从传统伦理学的视角看，人

---

① 李德顺、孙伟平：《道德价值论》，昆明：云南人民出版社，2005年版，第8页。

因其有理性、会思维,能够根据自主意识开展活动,而被认为是"宇宙之精华,万物之灵长",被设定为唯一的具有自主性的道德主体。而人工智能作为"人造物"日益接近突破"图灵奇点",在人类历史上第一次接近成为"主体",那么,它是否可能成为"道德主体"? 这引发了持不同立场的学者们的激烈争论。

弗洛里迪和桑德斯提出了判断 X 是否是道德主体的标准。只有 X 在能够起作用、例如对世界产生重要的道德影响的前提下,并且具有交互性、自主性和适应性,才是道德主体。即是说,只有 X 能够与其环境发生交互作用;能够在不受外部环境刺激的情况下,具有改变其自身状态的能力;能够在与环境发生交互作用中改变规则,才是道德主体①。显而易见,智能系统能够符合上述各项标准,弗洛里迪和桑德斯由此直接承认了智能系统的道德主体地位。

而与此相对照,不少学者则表示质疑,拒绝承认智能系统的主体地位,最多只给予其"准道德主体"的地位。有些学者引用泰勒 1984 年提出的判断道德主体地位的五条标准:"第一,具有认识善恶的能力;第二,具有在道德选择中做出道德判断的能力;第三,具有依据上述道德判断做出行为决定的能力;第四,具有实现上述决定的能力与意志;第五,为自己那些未能履行义务的行为做出解释的能力。"②据此质疑、否定今天智能系统的道德主体地位。例如,布瑞用道德主体应该具备的三个特征,即"有能力对善恶进行推理、判断和行动的生物;自身的行动应当遵循道德;对自己的行动及其后果负责"③,来否定智能系统的道德主体地位。然而,如果我们深入地进行分析,那么不难发现,上述判定标准存在两个不容忽视的问题:其一,判定标准,特别是其中"意志""生物"等用语,直接显示了标准提出者的"人类中心主义"思路,明显是以人为参照物来衡量人工智能的道德主体地位;其二,根据上述判定标准得出人工智

---

① L. Floridi and J. Sanders, "On the Morality of Artificial Agent", *Minds & Machines*, Vol. 14, 2004, pp. 349-379.

② P. Taylor, *Respect of Nature: A Theory of Environmental Ethics*, Princeton: Princeton University Press, 1984, p. 14.

③ P. Bery, "From Moral Agents to Moral Factors: The Structural Ethics Approach", *The Moral Status of Technical Artefacts*, Dordrecht: Springer Press, 2014, pp. 125-142.

能仅具有"准道德主体"地位的结论,显示其理论视野仅仅局限于弱人工智能,而没有考虑到突破"图灵奇点"之后的强人工智能或超级智能。但无论学术界具体认定的标准是什么,无论不同学者站在不同立场上得出什么样的结论,激烈的争论本身就表明,人工智能的横空出世与快速发展已经对人作为唯一道德主体的地位提出了严峻的挑战。

如果说肯定纯粹由人所制造的智能系统拥有道德主体地位还存在难度,一时难以被学术界和社会公众所认同,那么,说生物智能与人工智能的混合体将拥有道德主体地位,则明显比较容易被认可和接受。因为,否定人工智能具有道德主体地位的关键就在于,人工智能并不拥有真正意义上的"心灵",而"心灵"则是独属于人的。随着生物技术的发展、特别是生物技术与智能技术的综合发展,人的自然躯体一直在被修补、被改造。虽然这种修补和改造目前还是初步的,还停留在物质性的躯干部分(如假肢对手或腿的修补、冠状动脉支架对血管的改造),还没有深入到对人脑及其智能的修补和改造;但是,"生物智能必将与我们正在创造的非生物智能紧密结合"①,人机互补、人机一体显然处于技术发展的逻辑进程之中。人工智能所具有的强大感知能力、记忆能力、计算能力、快速反应能力等,正是人的自然躯体所缺乏或存在严重局限的智能和技能。科幻小说中所描绘的在人脑中植入特定的芯片,辅助人脑承担感知、记忆、判断、表达等功能,创造出打破技术与人的传统界限的新生事物②,都很有可能变成现实。在智能化进程中,无论在何种程度上否定这种生物智能和人工智能"共生体"的道德主体地位,将会直接导致对人的道德主体地位的否定。可见,人作为唯一的道德主体的地位面临着人工智能强有力的挑战。

人工智能在挑战"人的唯一道德主体地位"的同时,还通过所拥有的越来越强大的劳动能力,以及对人所占据的劳动岗位的排挤,令人的生存、生活环

---

① 雷·库兹韦尔:《奇点临近》,李庆诚等译,北京:机械工业出版社,2014 年版,前言第 X 页。
② 成素梅:《智能社会的变革与展望》,载《上海交通大学学报(社会科学版)》,2020 年第 4 期。

境变得恶劣,甚至令人的存在变得荒谬化。人工智能的自主程度正在日益增强,在生产、生活的诸多领域正在展现出相对于自然人的优势。它们不仅能够代替人从事各种危险或者有毒有害环境中的工作,而且开始向曾经"专属于人的工作岗位"发起挑战。例如,在复杂的城乡道路上开车曾经一直是人的"专利",如今无人驾驶汽车正在兴起;写出自己所感、所想,引起他人共鸣,一直是作家引以为傲的资本,现在"薇你写诗"之类智能程序也可以做到;绘画、书法、作曲、弹琴、舞台表演一直是高雅的人类艺术,今天相应的智能系统正在向这些领域快速进军⋯⋯在智能技术指数级进步速度的衬托下,人(特别是"数字穷人"之类普通劳动者)的进步速度显得过于缓慢,远远跟不上智能机器进化的速度;加之现实社会中原本就存在的贫富差距、技术差距和"数字鸿沟","数字穷人"之类普通劳动者在这场智能革命中很可能彻底丧失劳动的价值、工作的权利,从而被经济和社会发展体系排斥在外,沦为可笑荒唐的"无用阶层"或者说"多余的人"。在社会快速信息化、智能化进程中,这种不公正、不人道的"社会排斥"现象可能愈演愈烈,越来越多的人因为丧失劳动价值、丧失工作机会,从而令自己在生活实践中的主体地位遭遇危机,令自己的存在变得可笑和荒谬化①。

二是,人工智能不仅重构了社会基础设施,而且渗透到人类社会生活的各个领域和方面,发挥的作用也越来越大,传统社会的伦理道德关系面临越来越多、越来越大的挑战。

首先,"人—智能系统"的道德关系已经引发忧虑与不解。人工智能既是人类所创造的一种工具,又绝非一般性工具,它具有成为"主体"的潜质。它剧烈地冲击、解构着传统的"人机关系",引发了学术界关于"人—智能系统"的道德关系的热烈讨论。目前学者们的立场和观点越来越分裂,达成普遍共识的难度越来越大。有些科学家和学者甚至充满忧虑地提出,"强人工智能"或者"超级智能"是否会失控、异化,反过来统治、虐待、奴役人类。如阿库达斯(K. Arkoudas)和布林斯约德(S. Bringsjord)在为《剑桥人工智能手册》(*The*

---

① 孙伟平:《关于人工智能的价值反思》,载《哲学研究》,2017 年第 10 期。

Cambridge Handbook of Artificial Intelligence）所供稿件中认为，人工智能不会仅仅满足于模仿智能或是产生一些聪明的假象，成为真正的主体是技术发展的逻辑追求①。库兹韦尔甚至预言："（有意识的）非生物体将首次出现在2029年，并于21世纪30年代成为常态。"②这种超越其设计者的"强人工智能"自我学习、自主创新、彼此联系，是否会超出原先设计者对其职能边界的设定而走向"失控"，成为统治、虐待、奴役人类的"超级智能"？这种"强人工智能"或"超级智能"是否会基于自身的强大，判定人类"没有什么用"并且"浪费资源"，从而怠慢"数字穷人"之类弱势群体，进而漫不经心地灭绝人类？

其次，人工智能对现有的"人—人"之间的道德关系带来了冲击。人工智能作为一种尚未成熟、定型的通用型技术，已经展现出自身强大的威力，开始改变人与人之间的社会关系，已经并正在造成一系列严重的伦理后果。例如，在历史与现实中，人与人之间本来存在一定的自然能力差距、贫富差距、城乡和地区差别、社会分化等现象，这种不平等的现实往往令弱势群体感觉愤愤不平，而在死亡面前的"终极平等"又构成了人类社会最基本甚至是最重要的平等。或许正是因为"死亡面前人人平等"，人与人之间的一切不平等都变成了有限的不平等。而随着人工智能的发展，特别是生物技术与智能技术的综合发展，一些原本处于优势地位的人可能更有条件实现"智能＋"，更好地享用先进的科技成果，人与人之间的分化可能以知识、智慧为突破口而不断拓展，"数字穷人"之类弱势群体可能处于更加无助、无奈的地位。医疗技术、生物技术与智能技术的综合发展，还可能对人的基因重新编辑，通过基因增强大大改善人的健康状况，大幅延长人的寿命；通过"思维上传"实现"精神不死"，甚至成了一些精英群体现在就开始讨论的话题。如果基因增强、"永生技术"等真的能够实现，原本处于优势地位的精英群体自然更有可能受益，更有可能优先获

---

① K. Arkoudas and S. Bringsjord, "Philosophical Foundations", in *The Cambridge Handbook of Artificial Intelligence*, K. Frankish and W. Ramsey（eds.）, Cambridge: Cambridge University Press, 2014, p. 35.

② 库兹韦尔：《如何创造思维》，盛杨燕译，杭州：浙江人民出版社，2014年版，第195页。

得弱势群体望而不得的提升机会。这将直接瓦解"死亡面前人人平等"的自然铁律,令既有的社会不平等得以长期延续,甚至变本加厉。

再次,基于人工智能的研发和应用,可能产生难以计数的道德问题。例如,在具体的道德关系中,如何确定智能系统的道德责任就是当前困扰人们的一个道德难题。正处于测试阶段的智能无人驾驶汽车如果获准上路,马上就颠覆了传统的驾驶员与其他道路交通参与者之间的关系。智能无人驾驶固然可能更便捷、更安全、更高效,可以减少交通事故的发生,但它显然并不能消灭交通事故。而一旦发生交通事故,传统的以驾驶员为中心的责任体系已经土崩瓦解,智能无人驾驶系统的设计者、生产者、拥有者、使用者等之间难以避免相互间的责任推诿。此外,智能无人驾驶系统本身还会加剧原有的一些"道德两难"问题。如义务论和功利论争论不休的"电车难题"并非没有根据的理论设想,完全可能出现在发达的智能时代:一辆载有大量乘客的智能无人驾驶汽车突遇横穿马路的行人,在刹车不足以避免相撞的情况下,紧急转向可能导致车辆侧翻,造成乘客伤亡,而不转向、仅刹车则可能造成行人伤亡。面临两难情形,如果驾驶员是自然人,凭借自身的道德直觉所做的决定往往能够得到人们的理解;而如果是算法主导的智能无人驾驶,则很难逃脱义务论者或者功利论者的苛责,以及没完没了、聚讼不断的追责。

人工智能的研发和应用可能导致的伦理道德挑战还有很多,比如近年来人们热衷于讨论的虚拟对真实的挑战、大数据与隐私权问题、算法可能内嵌的歧视问题、智能推送加剧人的单向发展问题、人形智能机器人对人际关系(特别是婚恋家庭关系)的挑战、杀人机器人的研制和应用问题,等等。我们可以肯定,更多的新问题、新挑战还将随着时间的推移不断地显现出来。所有这些新问题、新挑战对智能时代的伦理建构和道德治理提出了新的要求,呼唤我们基于新的伦理原则体系重建新的伦理秩序,建设更加合乎人性、人们的幸福指数更高、社会也更加公正的新型智能文明。

三、价值判断：人工智能发展的伦理原则体系

直面人工智能的快速发展和对世界的变革，以及所产生的新的伦理问题和挑战，社会各界都极其关注。不少组织机构提出了人工智能发展的伦理原则和道德规范。例如，微软将"公平、包容、透明、负责、可靠与安全、隐私与保密"作为人工智能的 6 个基本道德准则；腾讯研究院从"技术信任""个体幸福""社会可持续"三个层面提出若干道德原则；欧盟将"人的能动性和监督能力、安全性、隐私数据管理、透明度、包容性、社会福祉、问责机制"作为"可信赖人工智能"的 7 个关键性条件。乔宾（Anna Jobin）等人从美英等国的 84 份关于人工智能伦理指南的资料中，按出现频率的高低，将人工智能的伦理原则归纳列举如下："透明、公正和公平、不伤害、责任、隐私、有益、自由和自主、信任、尊严、持续性、团结。"①还有不少国内外学者从不同的理论视阈提出和论证了"透明"②"责任"③"问责"④等人工智能的伦理原则，要求智能系统具有一颗"良芯"的呼声此起彼伏。

然而，咀嚼既有的各种伦理主张，以及所提出的各种伦理原则，我们不难发现，其中或隐或显地存在着两个严重的缺陷：其一，诚如有些科学家们所说，面对人工智能对世界的全方位改造和对社会生活的整体性参与，这些伦理原则彼此之间缺乏有机联系，并没有针对新的问题和挑战提供整体性的解决方案⑤；其

---

① A. Jobin, M. Ienca, E. Vayena, "The Global Landscape of AI Ethics Guidelines", *Nature Machine Intelligence*, Vol. 1, 2019, pp. 389 - 399.

② E. Bertino, A. Kundu, Z. Sura, "Data Transparency with Blockchain and AI Ethics", *Journal of Data and Information Quality*, Vol. 11, 2019, pp. 1 - 8.

③ K. Martin, "Ethical Implications and Accountability of Algorithms", *Journal of Business Ethics*, Vol. 160, 2019, pp. 835 - 850.

④ L. Felländer-Tsai, "AI ethics, accountability, and sustainability: revisiting the Hippocratic oath", *Acta Orthopaedica*, Vol. 91, 2020, pp. 1 - 2.

⑤ 陈小平：《人工智能伦理体系：基础架构与关键问题》，载《智能系统学报》，2019 年第 4 期。

二,这些彼此之间缺乏有机联系的伦理原则更多的是对人工智能发展的消极的预防或限制,而很少顾及对于人工智能发展的积极的伦理支持。无论是从智能科技的良性发展而言,还是从智能社会的伦理建构来说,这两个严重的缺陷都是不容回避的,应该得到关注和解决。

基于人工智能的快速发展和广泛应用,建构能够整体性回应人工智能对现实社会的众多问题和挑战,并包含对人工智能的发展给予必要规制和积极支持的伦理原则体系,必须寻找一个类似"阿基米德支点"的"基点"。这个"基点",也就是人工智能研发、应用的最高伦理原则。

这样的"基点"或最高伦理原则只能从"从事实际活动的人"①出发,立足人自身的立场去寻找。众所周知,无论是伦理道德,还是人工智能等高新科学技术,都是"属人的"创造物,都是为人类的根本目的和利益服务的。任何科技活动(包括技术的应用)本质上都属于人类实践活动的范畴,是"人为的"且"为人的"价值创造活动。这类活动必须遵循"人是目的",以人作为"万物的尺度"②的原则。因此,无论人工智能体多么接近突破"图灵奇点",多么接近成为具有自主意识的"主体",都不可能、也不应该改变其"属人性"。"人"是这里我们看待一切问题的出发点,"人本原则"是人工智能研发、应用的伦理原则体系的"基点"和最高原则。

当然,"人本原则"是既抽象、又含混的,学者们对其内涵与外延的争议颇多,聚讼不断。但删繁就简,它至少应该包含以下三重含义:首先,在技术的伦理价值取向方面,人工智能的研发、应用必须"以人为中心",始终坚持"人是目的",尊重人的人格和尊严,维护人在世界上的主导性地位。其次,积极推进人工智能的发展和应用,为人类提供更好的产品和服务,更好地满足人类的需要③,同时在技术研发、应用的方向上,防止它朝着蔑视人类、甚至危害人类的

① 《马克思恩格斯选集》第 1 卷,北京:人民出版社,2012 年版,第 152 页。
② 北京大学哲学系外国哲学史教研室编译:《西方哲学原著选读》上卷,北京:商务印书馆,1988 年版,第 54 页。
③ 陈小平:《人工智能伦理建设的目标、任务与路径:六个议题及其依据》,载《哲学研究》,2020 年第 9 期。

方向发展。再次，就具体的风险防控而言，不能放任人工智能"随心所欲"地发展，不能对任何可疑的技术风险和负面社会效应听之任之；相反，正如稍后的责任原则将要论及的，必须强化相关人员的责任意识，对一切不负责任的行为问责、追责。迈入智能时代，面对越来越智能、越来越强大的人工智能，人类自身的不完满、局限性和缺陷正在被不断放大。但是，不完满、有局限性和缺陷的人依然是一切社会实践活动的主体，依然是伦理道德或"人机（智能系统）道德关系"的主体，依然是一切科技、人文活动的目的和宗旨之所在。各种智能系统虽然可能在体力、甚至脑力活动方面超过人，却始终只是人的工具、助手和伙伴。任何算法都不能忽视人类的生存和发展、人格和尊严，任何不直接受人控制的智能系统，例如"智能杀人武器"，都不应该被研发和应用，任何智能系统都不能在能够救人于危难时袖手旁观。

作为人工智能发展的最高伦理原则，"人本原则"是所有的、各个层级的伦理原则的"基点"和"统领"。即是说，其他各项伦理原则都可以从"人本原则"中推导出来，并基于"人本原则"得到合理的解释。

公正是先哲亚里士多德所谓的"德性之首"①，是"人本原则"在现实社会最为基本的价值诉求。公正作为人们被平等相待、得所当得的道德直觉和期待，是社会共同体得以长久维系的重要保障；公正作为一种对当事人的利益互相认可、并予以保障的理性约定，更是社会共同体制度安排、"人—人"的道德关系、确定主体和"类主体"道德责任最为基本的伦理原则。当然，公正是什么，公正怎样阐释才是合理的，自古以来人们一直争论不休；如何在现实社会实现公正，特别是解决一直存在的不公正现象，并没有万能的一劳永逸的方法。或许应该说，公正的理解和实现都是历史的，永远只能在社会发展过程中踉跄前行。在促进人工智能快速发展和广泛应用，并对人与社会带来革命性、颠覆性的改变时，我们需要"以人为中心"进行"公正的制度设计"，既遏制"资本的逻辑"贪婪成性、为所欲为，也防止"技术的逻辑"漠视人性、横冲直撞，从而让每一个人都拥有平等的接触、应用人工智能的机会，都可以按意愿使用人

---

① 亚里士多德：《尼各马可伦理学》，廖申白译，北京：商务印书馆，2003年版，第130页。

工智能产品并与人工智能相融合,都能够从这一场前所未有的科技革命中受益;不断完善相应的劳动时间、社会财富的公正分配体制,采取有效措施消除数字鸿沟和"信息贫富差距",消除经济不平等、社会贫富分化和"社会排斥"现象,维护"数字穷人"等弱势群体的人格、尊严和合法权益。

责任是人工智能研发、应用过程中最基本的伦理原则,也是"人本原则"的逻辑延伸。如果说公正原则更多关注的是社会整体,那么责任原则更多指向的则是个体。人工智能的研发毕竟是由科研人员进行的,他们往往是处在人类知识边缘的直接评价者和具体决策者,他们的所思所想、所作所为往往决定着人工智能及相关产品、服务的社会影响,因而肩负着神圣的、不容推卸的道义责任。人工智能的研发人员不仅要关心技术的进步、技术的应用可能给人类带来的福祉,也要关注技术本身的伦理后果、技术应用的负面社会效应。这正如科学巨擘爱因斯坦对科学工作者的谆谆告诫:"如果你们想使你们一生的工作有益于人类,那么,你们只懂得应用科学本身是不够的。关心人的本身,应当始终成为一切技术上奋斗的主要目标;关心怎样组织人的劳动和产品分配这样一些尚未解决的重大问题,用以保证我们科学思想的成果会造福于人类,而不致成为祸害。"① 责任原则绝不仅仅局限在人工智能的研发领域,它同样也是对生产者、所有者、使用者的道德要求。它不仅是确定智能系统的道德责任的伦理原则,而且在受人工智能影响的"人—人"道德关系中,是确定相应主体的道德责任的伦理原则。在人工智能的研发、应用过程中,研究者、生产者、所有者与使用者都应该对人工智能的技术边界有着清晰的界定,应该让人工智能"可靠"地为人类服务;一旦出现问题,则可以及时、有效地追责;从而确保信息化、智能化发展的正确方向,实现为人类谋福利,促进人类自由、全面发展的伟大目标。

总而言之,以"人本原则"为"基点"和"统领",以公正原则和责任原则为主干,构成了人工智能发展的整体性的伦理原则体系。这一原则体系在逻辑上

---

① 爱因斯坦:《爱因斯坦文集》(第 3 卷),许良英等编译,北京:商务印书馆,2010 年版,第89 页。

是提纲挈领、一以贯之的，是一个有主有次、层次分明的有机整体。它既涵盖了对人工智能可能导致的负面后果的必要的伦理规制的内容，也能够对人工智能的研发、应用提供积极的伦理支持。同时，人们经常讨论的诸如公开、透明、可控、可靠等次级伦理原则，或者更为具体、更为细致的伦理实施细则，完全可以结合相应的生活实践领域，以上述三个基本原则为基础加以解释，从而纳入人工智能发展的伦理原则体系之中，实现对由人工智能引发的诸多问题和挑战的整体性回应。当然，在时代和社会急剧变迁过程中，以上人工智能研发、应用的整体性的伦理原则体系是否合理，是否有效，必须坚持辩证的、历史的观点和方法，将它们具体地应用于解决问题、应对挑战，从而在智能时代的社会生活实践中不断得到检验、丰富、完善和发展。

（原载《哲学分析》，2022 年第 1 期）

大数据、人工智能和造世伦理

王天恩

由于信息可以创生,不像物能那样守恒,大数据基础上的人类创构活动在比特意义上达到了"造物"的层次;而当其创构物涉及人工智能,就有了造世的点睛之笔。从上帝之眼到上帝之手,以人工智能为典型的创构物反过来将对人产生越来越大的影响,从而引出越来越具整体性的伦理问题。这些伦理问题不仅涉及面越来越广,而且上升到了造世伦理的层次。

一、从"适世伦理"到"造世伦理"

大数据和人工智能的发展,使人类活动的地位发生了从上帝之眼到上帝之手的根本转变。人类地位的这种根本性转变,相应使人类的伦理地位发生了根本的变化。人类与造物主分界线的模糊化,正是伦理问题从传统文明时代转向信息文明时代的开始;而之后的发展速度,则远远超乎之前人们的想象。今天,在媒体上甚至可以看到这样的口号:"我为造物狂!"但是,在理论上人们不得不思考,人不是上帝,怎么能够知道我们应当如何创构? 怎样创构才不背离人类的长远利益? 创构之后会有什么样的伦理后果? 越是具有整体性的创构,这些问题就越是尖锐和基本。

在大数据基础上创构,人类无疑是在扮演上帝的角色。无论这个世界是进化造就还是上帝创造的,以前在其中生存,我们只能去适应环境。我们试图认识、改造甚至战胜大自然,结果人类把自己的家园破坏得触目惊心。而现在我们是在创生一个自己设计的人工世界,在人工世界的创构中,虚拟技术已经能够达到这样的程度,甚至可以人为设定与物理学完全不同的规律,这意味着一系列以前从未出现过的重大伦理问题。而设定这种规律的权利是谁赋予的? 谁有这个权利去创构一个具有不同规律的世界? 如果我们把适应这个世界所必须遵循的伦理称之为"适世伦理",那么,创构世界所涉及的伦理问题,则可以称之为"造世伦理"。事实上,由于虚拟技术的发展,翟振明教授早就提出了"造世伦理学"的研究领域,而大数据则使造世伦理学这一研究领域具有更广泛的基础。

翟振明教授根据自己的虚拟实在问题的哲学研究,几年前就提出了"造世伦理学"的概念,并首次作了明确阐述:"因为虚拟世界的'物理'规律是人为设定的,这就要求有一个'造世伦理学'的学术领域,在这个领域我们以理性的方式探讨和制定'最佳'的一套相互协调的'物理'规律。譬如,虚拟世界中的造物是否可以变旧? 人体是否可以在与自然和他人的互动中被损坏? 虚拟世界中是否允许'自然灾害'的发生? 等等。要回答这一类的问题,有赖于一种前所未有的'造世伦理学'的诞生。如果我们不想把创建和开发虚拟世界这个将对人类文明产生巨大影响的事业建立在毫无理性根据的基础上,我们必须以高度的责任心创建这个学术领域并在这里进行系统深入的研究探讨。"①由于具有更为广泛的基础,大数据所涉及的一系列重大且具整体性的伦理问题,急待进行系统研究。

世界的自然进化不存在伦理问题,而世界的人为创构则不仅涉及伦理问题,而且使伦理问题日益具有整体性,从而将伦理研究提升到造世伦理的层次。关于自然进化而来的世界,我们没有办法也没有必要为这个世界的造成而追责,即使世界是上帝创造的也是如此。无论是自然进化而来还是上帝所创,我们都没有办法去讨论创世的伦理问题。而人类创构的世界则完全不同,

---

① 参见计海庆:《关于虚拟世界扩展的伦理问题——翟振明教授访谈》,载《哲学分析》,2010 年第 3 期。

明显存在造世的伦理问题；在创构世界的过程中，人的自我卷入意味着伦理问题深层次整体性涉及。关于大数据和人工智能的伦理问题，最需要深入系统考察的，就是信息文明时代的造世伦理。

由于与人类需要的满足、开发和发展密切相关，大数据相关关系为创构满足人的需要的创造物奠定了基础，但当人基于大数据的创构物对人类自身构成威胁时，就和人的需要相悖了，典型的例子就是发展越过"图灵奇点"之后的人工智能。由于大数据相关关系与人的需要密切相关，它是一种量的相关关系（相关量）与人的需要的关联，因而是多层次相关关系——这是大数据相关关系区别于其他相关关系的关键之点。这一性质使大数据相关关系具有与人（类）的需要及其发展的内在关联。当在大数据发展的基础上，不断进化的智能创造物对人本身构成复杂的伦理关系，甚至构成挑战时，所引发的伦理问题就是根本性的，由此带来的伦理风险也便具有颠覆性。这是人工智能发展所可能导致的特有问题——"人性伦理"问题，即涉及活动违背人性的伦理问题，不管是对他人还是自己所在群体，忤逆人的需要发展方向的行为是违背人性的伦理问题。

在创构物开发人的需要引导人的需要的发展时代，创构活动本身的伦理与以往完全不同，创构活动甚至涉及将人的需要的发展引向什么方向的问题。适世伦理主要是当下社会秩序的维护，而创构伦理却越来越涉及人类的未来发展。大数据基础上人工智能的发展，将这一问题推到了极致。

"造世"的最高层次是造人，"造人"是"造世"的点睛之笔，由此可见人工智能发展的造世伦理意义。人工智能意义上的"造人"意味着人伦关系的改变和扩展。人工智能的发展将改变人伦关系，使人类面临伦理关系的革命性变革。人工智能的造世伦理意蕴，集中表现为人工智能创构的伦理问题。

大数据不仅带来了新一代人工智能的发展，而且将是人工智能发展越来越重要的基础。正是大数据作为人工智能的基础，引发了人工智能创构的伦理问题。因此造世伦理问题的关键基础，正是大数据。

二、造世伦理的大数据基础

为其性质所决定,大数据伦理在根本上是造世伦理。作为新一代人工智能的基础和人类新的存在基础,大数据具有规模整全性、实时流动性、结构开放性和价值生产性等特质,这些特质决定了大数据应用的重要伦理意义。但大数据作为现实存在的量化反映,其统计性质又决定了其可能包含巨大伦理风险。

大数据最基本的伦理意义,就是提供了一个全新的伦理基础。

由于大数据规模越来越大,来源越来越多样,大数据趋向于全数据。在技术层面,大数据一般被定义为不能由传统数据库软件工具获取、存贮、加工和处理的数据集合,这是关于大数据的典型技术定义。作为更广泛意义上的哲学定义,大数据与小数据的原则区别是从标本性的样本数据发展到实时流动的数据,并趋向全数据。当然,在严格的逻辑意义上,任何数据都不可能是全数据,正像任何事物都不可能是真正十全十美的,但相对于样本数据,大数据具有最少的预先规定,而预先规定作为前提,决定了数据的整全程度,这正是大数据可以作为全数据看待的重要根据。也正是趋向于全数据性质,使得大数据具有非常重要的独特伦理意蕴,并具有造世伦理基础的性质。

大数据的发展,不仅为人类提供了新的手段,更重要的是提供了一个前所未有的重要基础。大数据日趋全数据的性质,使其运用具有重要伦理意义。由于大数据的优势在于基于相关关系预见和创构未来,可以根据对人的需要及其发展的了解进行预测,大数据为未来决策创造了前所未有的条件。一方面,由于其预测功能,大数据为人类提供了更多选择参考,使人类有了更多选择机会。现在运用人工神经网络多层感知机建立多因素预测模型,对于大面积的脑梗患者的预测已经进行得非常成功。其中,就有运用因素分析方法进行数据挖掘的启示。① 另一方面,由于趋向于全数据,大数据为最大限度的社

---

① 王天恩:《大数据中的因果关系及其哲学内涵》,载《中国社会科学》,2016 年第 5 期。

会公正提供了条件。在大数据基础上，社会公正问题可以更好地实现。

大数据时代的伦理问题，更根本地是涉及社会的创构。大数据不仅涉及社会治理，而且为更公正透明的政治和法律实践提供了更可靠的保证。大数据可以避免小数据的人为偏见，因为小数据的统计手段会造成不少问题，这常常和我们的在先预设有关。在小数据时代，我们想达到什么样的统计目的，就可能怎样取样，由此自觉不自觉地影响统计方案的设计。这样做有时是无意的，有时还可能是有意的。而这种主观预设，却常常会歪曲事实。一些因统计数据而被严重歪曲的事实，有时造成的问题非常严重。大数据为在基础层次解决这些问题奠定了存在论基础。最简单常见的例子是拍照，普通拍照取的是一个角度，由此得到的信息就是由这个角度选定的。从一个选定的角度所拍摄的画面，不可能得到从不同角度获得的其他方面的信息。而大数据相当于是全息性的，根据不同需要可以通过数据挖掘从中获得不同的意义。这正是大数据应用具有重要伦理意义的关键所在，关涉社会的公平公正等重要问题。比如有关废除死刑的问题，只是为了避免证据不全造成冤案而废除死刑，与杀人偿命的观念相矛盾。但由于案件的复杂性，有时的确存在数据不全等问题。由于不是取样，大数据能尽可能保留所有"证据"。样本数据是"干枯的标本"，而大数据是活生生的实时数据，保留了尽可能多的信息，因而为使法治更公正提供了新的条件。

全数据不仅可以最大程度避免样本数据因取样前的预设造成的不公正问题，而且也将使治理更为客观和简单，从而使法律的执行更有事实依据，更为可靠。大数据给我们提供了从不同的视角审视同一问题的可能，从而能进一步看清事实，免除样本数据给人们带来的局限导致偏见，避免在先预设造成歪曲事实的可能性，最大限度地保证社会的公平公正。同时也给道德的法律化提供了依据，从而有利于法律因人的内在需要而道德化，并与道德的法律化构成社会法治进步的双向循环过程。

作为全新的伦理基础，大数据为社会公平公正等提供了新的条件，但同时由于大数据的特定性质，在其应用中也可能带来风险。

作为现实的量化反映，作为把握现实的根据，大数据既有特定的优势，同时又有特定的劣势。一方面,由于具有基于相关关系预见和创构未来的优势,大数据为未来决策提供了前所未有的条件;另一方面,由于大数据不是源自具体的因果关联,而是以统计方式呈现的相关关系,在精确地面对过去已凝固的因果关系方面居于劣势,大数据不仅不可能在深层次上有效运用于关于过去认知——典型的比如考古,而且大数据应用可能具有较大伦理风险,而且这是一种整体性风险。研究对象的个体性越强,大数据运用的风险就越大。精准医学大数据应用的伦理风险就比较典型。

精准医学涉及更个体化的医疗,个体性的医疗方案毫无疑问可以从大数据获得大量重要参考,但具体到个体医疗运用就可能存在巨大伦理甚至医疗风险。典型的例子如 2013 年美国影星安吉丽娜·朱莉切除双乳乳腺,实施乳房再造手术。由于家族有遗传性乳腺癌病史,而且自己携带 BRCA－1 突变基因,朱莉为降低患癌风险而采取这种措施,但她只是有可能患乳腺癌。朱莉的决策涉及的因素太多太复杂,如果主要考虑一个因素,比如遗传基因,可能就会狠下决心动手术,但是如果考虑到其他因素,考虑到因素的发展,那么是不是应当采取这种措施就真的值得再考虑。当因素体系涉及 agent 特别是人类 agent 时,情况就会变得非常复杂,复杂程度甚至可能呈几何级数增加。在朱莉的案例中,基因突变是一个重要因素,如果考虑到这个因素本身的复杂性,那还会涉及一个复杂的因素体系;而环境条件本身又是另一个大的因素体系,其中饮食、起居和工作等习惯又是一个个更具体的复杂因素体系;agent 本身的因素可能更复杂,比如朱莉自己的心态等心理因素,还有医学的发展等。对于这么复杂的因素体系,如果只考虑其中一个做出决策,就有可能得到丧失身体重要器官,遭受异乎寻常经历而同时又没有获得预想的安全结果。如果放到更复杂的因素体系分析中,也许能更好地帮助人们做出更科学合理的选择。

朱莉的案例所涉及的,还不是典型的大数据情景,但却是说明大数据应用风险的很好例子。一些基于大数据做出的抉择,其可能带来的风险具有同样的机制。而且,这一案例所涉及的,事实上还只是因素和结果的相关关系,在更复杂的情况下,大数据运用所引发的伦理问题比这还要突出,比如根据间接因素之间或间接因素和间接结果之间的相关关系①,可能就会在根本不存在因果关联的情况下,做出具有确定因果关系才有充分根据的决策。这种风险内在涉及(智能)创构物与人类需要的满足、开发和悖逆问题。

当然,大数据的伦理问题只是大数据给人类造成的一方面影响,而更根本的方面是大数据为人类提供了一个前所未有的生存和发展基础。由于大数据的存在特质,只要人类把握好,它给人类造成的问题,完全可以通过其合理利用予以消除和避免。大数据为我们开辟的是一个人类更好生存、生活得更有意义的平台,而不是相反。由此引发的伦理问题不仅可以最大限度地避免,而且与大数据之于人类的意义相比,这些问题只能是通向更高发展层次的伴生现象。只是由于大数据所涉及的复杂而且具有整体性的伦理问题,意味着全新的伦理关系②,这种伦理关系会从代际一直延伸到更广泛的群体,直到整个人类,而这就会更深层次涉及造世的在先预设伦理问题。

三、造世的在先预设伦理

造世的一个最基本的问题,就是造世之前的在先预设。对人类来说,不管是自然进化还是上帝创造而来,自然世界已经存在在那儿;而对于人类自己创构的人工世界,却存在一个在先预设的问题。创构世界涉及设计的预先规定,人类自己创构的人工世界正是在这种基本规定的基础上创构而成的。

在大自然条件下,人类在既定的世界中生活,主要挑战是适应;在大数据基础上,人类主要在自己创构的世界层次生活,主要挑战是选择。这种选择甚至涉及根本的前提性预设,从而典型地涉及造世伦理的更深层次内容。

在以往的研究中,人类生活在既存自然世界,在先预设主要是行为规定和思维规定,而在大数据基础上的创构过程中,规定本身都得到进一步扩展。造

---

① 王天恩:《大数据相关关系的因果派生类型》,载《求实》,2017 年第 7 期。
② 王天恩:《人工智能发展的伦理支持》,载《思想理论教育》,2019 年第 4 期。

世活动所带来的,还有创构的在先规定。这是不同于行为规定和思维规定的存在性规定,不仅涉及新的规定内容,而且出现新的关联机制。一方面,造世必须有在先的存在性规定,没有在先的存在性规定作为基础,就不可能进行造世活动;另一方面,造世或创构的结果又影响甚至决定了人类的发展方向。由此可以看到一个新的重要伦理问题,那就是由谁来进行这种在先的存在性预设。我们选择了一种可能性,就如同亚里士多德所说的,同时就抹去了成千上万其他可能性的蓓蕾。谁又有权利抹除这么多的可能性,而只选择其中的某一种? 这是一个非同寻常而且带有根本性的伦理问题,它与其他众多相关问题联系在一起。如果在造世的意义上,这种存在性预先规定的重要性,特别是对人类整个发展方向的影响,便意味着具有整体性的重大伦理问题。这些预先的规定是怎么做出的? 做出这些规定的依据是什么? 这样的影响甚至决定了人类怎么发展,涉及人类发展的方向,谁能承担作出这些规定的责任? 以前我们是在适应环境中进化,现在是我们自己在选择进化的方向,而进化方向的选择肯定不会像在适应环境中进化那样盲目。选择必须有自我意识,而有自我意识的选择结果必定会发生很多伦理问题。

正是由于人工世界的在先预设与人类生存的基础关系重大,它决定了人类未来的发展前景。与此相关的一系列问题,都将越来越凸显。即使在局部设计中,由于存在路径依赖,信息工具的设计对人的影响早已表现出来。视窗设计的预先规定还不具有造世意义,但即使是 Windows 在先制定了一套规则,后面的行为都有路径依赖。计算机键盘上键的不合理排列①表明,甚至纯属偶然的因素也可能范导着人类的发展。电脑键盘和铁路轨距②是硬件在先预设决定后续发展的典型例子,而软件的在先预设影响只可能更大,罗马数字

---

① 电脑键盘字母的排列顺序来自英文打字机,而英文打字机键盘字母的排列则源自纯粹偶然的现象:由于当时机械工艺限制了字键击打后的弹回速度,打字员击键速度太快字键容易绞在一起,因此工程师想出将字母作不合理排列的办法,以降低打字员的打字速度。键盘用习惯之后,以后即使人们设计更合理的字母排列键盘,也推行不开。

② 美国铁路标准轨距决定了美国航天飞机的火箭推进器大小,而铁路轨距的路径依赖,则可以回溯到英国的电车铁轨标准、英国马车的轮宽,直至罗马人两匹拉战车的马的屁股宽度。

和阿拉伯数字甚至涉及文化"基因"的选择和设置。用罗马数字计算百万数的除法，一个人要学一辈子，而用阿拉伯数字，一个小学生就可以在很短时间内轻而易举地完成。由此可见文化基因对于一种文化发展的决定性影响。也正是在这个意义上，涉及人类进化方向选择、设计的，主要是造世的预先规定的选择和设置。

我们所设计的信息产品，可能对人类自身有根本性的影响。信息工具设计对人的影响虽潜移默化，但长期积累起来的后果可能触目惊心。游戏世界的创构因秩序设置失衡导致崩溃不是大问题，人类生存的人工世界就不是游戏了。越是基本的预设，对未来的影响越是深远。这些都表明，在造世活动中，人类进化方向的选择和设计，必须有尽可能高的在先预设层次。即便某种选择在目前看似合理，如果没有对于更高层次的整体把握，就不可能清楚地看到眼前的选择对于未来意味着什么。这里的伦理责任无疑不仅是整体性的，而且涉及根本的造世伦理问题：预先规定和相应的规则应当通过怎样的程序来制定？谁来确定预先规定的合理性？谁是责任主体？当人工智能发展超越"图灵奇点"之后，则会出现新的伦理问题：作为规范的基础，由人做出基本规定，无疑可以避免人类担心机器人的可能风险，但规定的合理性越来越是一个需要长远眼光来确定的事情，有可能到一定发展阶段，会发现更多新的伦理问题。比如当机器智能发展到更高水平，当智能机器发展到比人类更具理性的程度，从而在这一领域更具优势，还会出现更多的问题：应当由智能机器还是由人做出基本规定？如果人工智能做出的预先规定造成严重后果，伦理责任应当由谁承担？在这个意义上，柏拉图的"哲学王"也并非哲学家的"意淫"。只是"哲学王"更可能是具有哲学思维优势的实践者，而不是专业哲学家。由于决定于整体把握，整体把握的层次决定了眼光的远近，因此哲学与科学、社会、文化和生活发展一体化，将使柏拉图理论上的"哲学王"落地为现实中的"哲学庶民"。

造世伦理的在先预设伦理问题不仅涉及眼光，而且更广泛地涉及复杂的预设利害关系考虑。这些利害关系考虑造成的伦理问题，常常体现在信息对称上。

在信息文明时代,信息对称是一个最基本的问题。信息对称程度越来越在基本层面涉及社会公平公正,而数字鸿沟和大数据篡改等问题最为重要。"数字鸿沟是一种技术鸿沟(technological divide),即先进技术的成果不能为人公平分享,于是造成'富者越富,穷者越穷'的情况"①。数字鸿沟造成的信息不对称,会越来越成为基本的社会问题。而大数据垄断甚至数据篡改,则会人为造成严重信息不对称。由于具有整体性,即使大数据相关关系的微小改变,也可能引起重大变化,从而导致严重伦理问题。歪曲甚至篡改大数据,从而利用甚至制造信息不对称,就是大数据时代特有的重大伦理问题。因此,在数据研究领域,技术和伦理越来越不可分割。"21世纪的数据基础必须不仅包括技术问题,而且包括公平和更广泛的道德问题"②。大数据本来就是要尽可能保持原生态,而为了一己之私歪曲篡改大数据,比如有条件介入数据修改,会造成非常严重的整体性伦理问题。数据篡改性质非常恶劣,修改数据就修改了相关关系,而相关关系不仅相互关联,而且被人们认为具有客观意义。把主观的利益放到客观的证据中,就会造成严重的伦理问题。在人工世界的创构中,大数据垄断和撰改等会牵动整体。如果改变了大数据相关关系,就可能涉及人工世界的整体结构;而在生态伦理的信息层面,信息生态伦理就不仅仅是像我们以前所说的自然生态和社会生态,而是以一个更高层次整体的构成涵盖自然生态和社会生态,因此相关的伦理问题都将上升到造世伦理层次。

四、造世伦理的性质和特点

适世伦理只涉及人的行为准则,而造世伦理则涉及人本身存在的基础。因此造世伦理具有不同于适世伦理的性质和特点。

---

① 邱仁宗:《大数据技术的伦理问题》,载《科学与社会》,2014年第1期。
② Chaitanya Baru, "Data in the 21st Century", *Predictive Econometrics and Big Data*, Vladik Kreinovich, Songsak Sriboonchitta, Nopasit Chakpitak eds., Springer International Publishing AG, 2018, p. 9.

（一）造世伦理的整体性

造世伦理的整体性，根源于造世的整体性。它不仅反映了创构活动的整体性伦理意味，而且体现为伦理规则和造世规律的一体化。

在主要以物能为对象的认识中，由于物能守恒、不可创生，对既存对象的描述一直占主导地位。尽管在描述中，从局部到整体和从整体到局部也构成了实际上的循环，但主要彰显的是从局部到整体的过程，从整体到局部的过程相对隐而不彰。而在主要以信息为对象的认识中，由于信息不守恒、可创生，人类在认识世界和改变世界的基础上，进入到创生意义上的创造世界，信息文明时代的创构空前凸显了从整体到局部的一面。创构的特点突出了从整体到部分，或者说先有整体后有部分或局部，因此创构伦理最重要的意味，就是整体性。正是创构的整体性伦理意味，使造世伦理具有不同于适世伦理的整体性基本特征：涉及面的整体性。造世作为整体创构过程，意味着造世伦理的整体性。

造世伦理的整体性，在内容上体现于伦理规则和造世规律的一体化。正是造世的整体性使伦理问题一体化，从而使造世伦理具有整体的性质。

造世伦理的基本问题都具有整体性，而且这种整体性不仅是空间性、规模上的，更是时间性、过程上的。与此相应，造世伦理问题的解决从而也是整体先行。

造世伦理标志着大数据和人工智能伦理问题的更高层次整体性。在基于大数据的信息文明时代，所有的伦理问题都可以归结为造世伦理，或者都可以提升到造世伦理的层次思考，无论是人和人工智能机器的情感类关系，还是由此所带来的人和人关系的重构问题，都具有造世伦理的性质。从深层次看，在信息文明时代，作为局部性的人和人关系问题，以及单纯的自由和隐私问题等伦理关系，将全面融合为整体性的人与人、人与其所创构世界的整体关系问题。信息文明时代哲学、科学、社会、经济、文化乃至日常生活等发展的一体化，使伦理问题呈现出不同的层次和形态，但总体而言，信息文明时代特别是大数据和人工智能的伦理问题，都具有更高层次整体性的特点，这正是造世伦理最基本的特征。造世伦理的整体性,具有全新的伦理内涵。

（二）造世伦理的类特性

造世伦理的整体性意味着类伦理的凸显。造世伦理的整体性质,使其超越了适世伦理的局部甚至个人特点,具有涉及整个类群的性质。在这个意义上,造世伦理是一种类伦理。因此,造世伦理具有不同于适世伦理的另一基本特征:类特性。造世伦理的类特性具有深刻伦理后果,其中最重要的就是个体伦理和集体伦理的和解。

造世伦理的整体性意味着个体伦理和集体伦理的和解。造世伦理的整体性一方面意味着从个人伦理到群体伦理的转向,类的伦理越来越优先于个体伦理,但另一方面又不是传统意义上的个人伦理服从类群伦理,而是类群伦理与个体伦理已经实现了整体性融合。也就是说,在个体伦理和集体伦理的和解中,集体伦理越来越优先于个体伦理,但集体伦理的优先性并不与个体伦理相冲突。由此我们可以看到整个造世伦理的最基本特质:造世伦理不仅具有整体性,而且具有分明的层次性,低层次的伦理服从高层次伦理。这不仅与个人服从集体完全不同,而且通过层次提升,克服了个人服从集体的局限,解决了适世伦理中个人服从集体所带来的一系列问题。在造世伦理中,伦理层次的提升不仅不会造成个体间的不公平,而且更有利于个体间公平的实现。因为伦理层次的提升,可以使处于不同伦理需要的个体都得到公平待遇,从而有利于不同伦理需要层次个人需要的共同满足和发展。

（三）造世伦理的共同性

造世伦理的类特性,不仅使其相应具有类伦理的自我性,而且使信息的相互性(reciprocity)发挥到极致。信息的相互性意味着作用对称;信息需要的相互性则意味着互利互损。由此在大数据和人工智能发展的基础上,构成造世伦理的相互性;大数据不仅为人工智能体提供整体语境,而且为人工智能体建立类的关联和相互性。而人工智能的发展,则使造世发展到最高层次。造世的最高层次是造人,而人作为一个类,随着与机器智能的融合进化,随着人越来越以信息方式存在①，具有越来越强的相互性。作为人类学基本特性，相互性所体现的就是信息的基本特性。人作为信息方式的存在，其本性最终体现在信息需要上。而信息需要的性质，则表现为造世伦理需要的共同性。

造世伦理的共同性，不仅意味着伦理需要满足的共同性，而且意味着伦理需要产生和发展的共同性。伦理需要满足、产生和发展的共同性，意味着共同维系，共同损益；一利俱利，一损俱损。造世伦理意味着人类在两个相反方向之间选择，一个方向是类伦理的自我忤逆；另一个方向则是类特性的共同发展。

由于伦理主体为整个人类，造世伦理的类特性意味着类伦理的自我性。造世伦理不仅仅是人伦关系，而且是事关人的整个类的存在，因此具有根本的存在论地位。造世意味着整个人类在为自己设定存在前提，这本身就不仅意味着完全不同的伦理内涵，而且意味着类伦理的自我性。既定世界的在先存在不存在伦理问题，而造世的前提性规定则意味着设定存在基因。这种基因设定的伦理后果，不是仅仅涉及人类的某些个体，而是涉及整个人类。正是涉及整个人类的类伦理，决定了造世伦理的自我性。也就是说，伦理规则归根结底不是指他的，而是在根本上具有就整个人类而言的自我性。

在适世伦理中，道德行为主要涉及人群中和一些个体，相应的伦理问题也主要影响个体或有限个人；而在造世伦理中，道德行为主要涉及人这个类，相应的伦理问题也主要影响整个人类。造世伦理这一性质的极端表现之一，就是造世伦理中的自我忤逆。作为信息文明的基础，大数据将人类活动与人的需要及其发展直接联系在一起，使得造世不仅意味着人类生存环境的不断创设，而且意味着被自己的创造物超越的可能性，那是就整个人类来说最根本的自我忤逆伦理问题。

造世伦理的共同性所导向的类特性的共同发展，则不仅可以与在自由人的联合体中人的自由发展相联系，而且可以导向一个新的伦理境界。由于造

---

① 王天恩：《信息文明时代人的信息存在方式及其哲学意蕴》，载《哲学分析》，2017 年第 4 期。

人是造世的最高层次,人工智能在更高层次涉及人的自我伦理。造世伦理具有自我伦理的性质,而自我伦理则真正揭示了伦理的本性——伦理归根结底是自我需要,人类个体和整个人类的需要。作为自我需要,道德的自律性质就有了最根本的依据。由此,造世的自我伦理性质,使适世伦理中一些难以解决甚至陷于困境的伦理问题,不仅获得解决的可能性,而且把问题解决变成了新的发展契机。

(原载《哲学分析》,2019 年第 5 期)

人工智能应用"责任鸿沟"的
造世伦理跨越

王天恩

人工智能应用日益丰富,将给人类带来目前所能想象到的最大红利,但这一巨大红利的兑现,同时伴随着巨大挑战。在这些挑战中,最迫近也是最困扰人类的,就是人工智能应用造成的"责任鸿沟"。由此带来的归责困境不解决,人工智能的应用就会遇到难以突破的瓶颈,由人工智能应用带来的巨大红利也难以顺利兑现。

一、人工智能应用中的"责任鸿沟"

随着智能算法(smart algorithm)的不断发展,人工智能应用所涉及的问责困境越来越可能成为其难以跨越的障碍。人工智能应用中的算法追责困难,不仅有透明度方面的挑战,还由于"处于自动决策循环中的人类可能不具备识别问题和采取正确行动的能力"[1]。这主要与发展到机器学习之后的人工智能算法有关,机器学习开启的智能算法自主性发展进程,在人工智能应用

---

① Brent Daniel Mittelstadt, Patrick Allo, Mariarosaria Taddeo, Sandra Wachter and Luciano Floridi, "The Ethics of Algorithms: Mapping the Debate", *Big Data & Society*, Vol. 3, No. 2, 2016, pp. 1 - 21.

造成的相关问责上带来了日益严峻的挑战。

算法透明性问题发展到一定层次,就涉及智能算法的发展和人类的关系。21世纪初,安德烈亚斯·马提亚(Andreas Matthias)就注意到与此相关的归责问题。"传统上,机器的制造商/经营者对其操作的后果负有(道义和法律上的)责任。基于神经网络、遗传算法和主动体(agent)体系结构的自主学习机器开创了一种新的局面,即机器的制造商/操作者在原则上不再能够预测未来的机器行为,因此不能在道德上承担责任或对其负责。社会必须决定是不再使用这种机器(这不是一种现实的选择),还是面临'责任鸿沟'(responsibility gap),这是传统的责任归属观念无法弥补的。"①可想而知,随着人工智能越来越普遍地被应用,问题就会越来越大,越来越严重。"我们面临不断扩大的责任鸿沟,如果处理不当,对社会道德框架的一致性和法律责任概念的基础都会构成威胁"②。在初步系统研究的基础上,马提亚做了以下总结:目前正在发展或已在使用的机器,能够决定一个行动过程并在不受人类干预的情况下采取行动。它们的行为规则不是在生产过程中固定,而是在机器运行期间由机器自己改变的。这就是我们所说的机器学习。传统上,我们要么要求机器的操作者/制造商对其操作的后果负责,要么认为"无人"(在无法识别个人失误的情况下)负责。现在可以看出,机器行为的种类越来越多,传统的归责方式与我们的正义感和社会的道德框架不再相容,因为没有人能够对机器行为有足够的控制,能够为它们承担责任。这些情况构成了我们所说的"责任鸿沟"③。随着智能算法的发展,这一"责任鸿沟"正不断凸显和扩展。

如今,智能算法的发展已经进入自主编程阶段。在自主编程的遗传算法

① Andreas Matthias, "The Responsibility Gap: Ascribing Responsibility for the Actions of Learning Automata", *Ethics and Information Technology*, Vol. 6, No. 3, 2004, p. 175.

② Andreas Matthias, "The Responsibility Gap: Ascribing Responsibility for the Actions of Learning Automata", *Ethics and Information Technology*, Vol. 6, No. 3, 2004, p. 176.

③ Andreas Matthias, "The Responsibility Gap: Ascribing Responsibility for the Actions of Learning Automata", *Ethics and Information Technology*, Vol. 6, No. 3, 2004, pp. 175-183.

中,"遗传算法本身扮演着程序员的角色"①。因此,"具有学习能力的算法提出了特殊挑战,它挑战了设计者责任这一传统观念。该模型要求系统定义明确、易于理解和可预测;复杂和流变系统(即一个有无数决策规则和代码运行的系统)抑制整体决策途径和监督依赖关系。机器学习算法在这方面尤其具有挑战性"②。"这一挑战的核心是与机器学习中使用的特定技术相关的不透明性。机器学习算法的不透明性在更基础层面提出挑战。……基于训练数据的机器优化并不自然地符合人类的语义解释。手写识别和垃圾邮件过滤的例子,有助于说明机器学习算法的工作原理是如何逃脱人类的完全理解和解释的,即使对于那些受过专门训练的人甚至计算机科学家也是如此"③。在人工智能发展过程中,"责任鸿沟"是机器智能和人类智能融合进化过渡阶段特有的重要课题。在自动驾驶汽车越来越普遍的应用中,这一课题研究的突破显得尤其迫切。

人工智能应用所造成的"责任鸿沟",在自动驾驶汽车发展中表现得最为典型和突出,影响也最为广泛。"新发展的自动驾驶车辆领域最近出现了一个现实世界的电车困境,由于在实际遇到这种情况之前,车辆的编程必须用到一个决策程序,这是一个在发生之前迫切需要解决的问题。当一辆自动驾驶汽车驶向另一辆车或一群行人,却没有足够时间停车时,就会出现这种两难局面。在这种情况下,车辆可以快速转弯,使自己的乘客面临受伤的危险,或者在继续危险路线的同时尽可能放慢速度"④。但由此发生的事故责任由谁承担? 由于自动驾驶汽车具有一定的自主性,很多情况下事故不能由算法设计

---

① Andreas Matthias, The Responsibility Gap: Ascribing Responsibility for the Actions of Learning Automata, *Ethics and Information Technology*, Vol. 6, No. 3, 2004, pp. 175 - 183.

② Brent Daniel Mittelstadt, Patrick Allo, Mariarosaria Taddeo, Sandra Wachter and Luciano Floridi, "The Ethics of Algorithms: Mapping the Debate", *Big Data & Society*, Vol. 3, No. 2, 2016, pp. 1 - 21.

③ Jenna Burrell, "How the Machine 'Thinks': Understanding Opacity in Machine Learning Algorithms", *Big Data & Society*, Vol. 3, No. 1, 2016, pp. 1 - 12.

④ Derek Leben, "A Rawlsian Algorithm for Autonomous Vehicles", *Ethics and Information Technology*, Vol. 19, No. 2, 2017, pp. 107 - 115.

者或使用者负责;当智能算法还不是道德主体时,责任也不可能由算法承担。自动驾驶汽车应用凸显的这一责任鸿沟,将随着自动驾驶汽车的推广很快构成发展瓶颈。深化对于责任鸿沟的理解,对于这一发展瓶颈的突破具有前提性意义。

在人类设计的人工智能自主性不断增强的过程中,人工智能的应用必定经历一个责任主体的过渡衔接过程:由智能算法的人类设计和使用者到完全自主进化的机器智能体①。在讨论"机器伦理"的必要性时,这一点得到认同:"程序员将其对产品的部分控制转移到操作环境。对于在最终操作环境中继续学习和适应的机器来说,尤其如此。"②在这样的情况下,"设计师的控制和算法的行为之间创生了一条责任鸿沟,其中归责可能会被同时指向几个道德主体"③。这是智能算法向自主进化过程中,在从人类设计到机器智能体自主进化过渡阶段必定出现的问题。关于算法伦理的系统研究表明,算法可以用于将数据转化为给定结果的证据,从而得出结论;然后将这一结果用于触发和激励一种在伦理上可能不是中性的行动。"这项以复杂和(半)自主方式进行的工作使算法驱动的行为效果的归责复杂化"④。从一般算法发展到智能算法,从智能算法到机器算法自主进化,都属于这样一个过渡衔接阶段。

正是在这一过渡衔接阶段,必定出现非单一责任主体的现象,而多个道德主体势必导致复杂的责任关系。随着责任关系的复杂化,在智能算法发展过程中,责任鸿沟是一个必定要出现的重要问题。正是在智能算法的这样一个发展阶段,会存在一个人工智能自身还不具有完全自主性,而人类又不可能通

① 王天恩:《人工智能算法的伦理维度》,载《武汉科技大学学报》(哲学社会科学版),2020年第5期。

② I. Smit, C. Allen, W. Wallach. "Why Machine Ethics?", *Intelligent Systems IEEE*, Vol. 21, No. 4, 2006, pp. 12-17.

③ Brent Daniel Mittelstadt, Patrick Allo, Mariarosaria Taddeo, Sandra Wachter and Luciano Floridi, "The Ethics of Algorithms: Mapping the Debate", *Big Data & Society*, Vol. 3, No. 2, 2016, pp. 1-21.

④ Brent Daniel Mittelstadt, Patrick Allo, Mariarosaria Taddeo, Sandra Wachter and Luciano Floridi, "The Ethics of Algorithms: Mapping the Debate", *Big Data & Society*, Vol. 3, No. 2, 2016, pp. 1-21.

过把控智能算法具备完全责任人角色的环节。温德尔·瓦拉赫（Wendell Wallach）和科林·艾伦（Colin Allen）从机制层次谈到，"计算机系统的模块化设计可能意味着，没有一个人或小组能够完全掌握系统与复杂的新输入流相互作用或对其作出响应的方式"①。在机制基础上，关于人工智能算法应用所涉及的责任鸿沟问题，随着智能算法本身的发展越来越清晰。所谓责任鸿沟，实质上是一种机器智能体在自主性不断增强但又尚未获得责任主体地位阶段的责任无着落现象。

人工智能应用所带来的"责任鸿沟"，与随着人工智能的发展呈现一个渐进的过渡密切相关：从主要是算法设计者和使用者的责任向自主进化的机器智能体负责逐渐过渡。因此在智能算法还没有发展到自主进化之前，智能算法的设计者、生产者和使用者的责任是清晰的。在这一发展阶段，智能算法的可问责性原则至为重要。关于可问责问题，在微软就人工智能开发应用提出的六项伦理原则中有一个具体阐述。"如果是机器代替人来进行决策、采取行动出现了不好的结果，到底是谁来负责？我们的原则是要采取问责制，当出现了不好的结果，不能让机器或者人工智能系统当替罪羊，人必须承担责任"②。责任人必须承担责任，这是基本原则，但随着智能算法的复杂化，传统意义上的追责甚至存在技术上都难以克服的困难。"在由线性编程转向自编程算法的当下，这种趋势变得越来越明显。由于可追溯的伦理评价总是要对伤害找出原因和确定责任，因此责任很可能会被分摊到多个参与者或主体，这使得归责问题变得更加复杂"③。计算量太大在一定发展阶段是一个难以逾越的障碍，而算法评价则更是越来越复杂的环节。

随着人工智能的发展，特别是当智能算法进入自主进化，算法评价必须根据其执行的效果；而效果又必须是尽可能高的整体层次评价，是涉及关于目的

---

① Wendell Wallach, Colin Allen, *Moral Machines Teaching Robots Right from Wrong*, Oxford New York: Oxford University Press, 2009, p. 39.

② Microsoft, *The Future Computed: Artificial Intelligence and Its Role in Society*, https://news. microsoft. com/uploads/2018/01/The-Future-Computed. pdf.

③ 孙保学：《人工智能算法伦理及其风险》，载《哲学动态》，2019 年第 10 期。

和效果甚至动机和效果之间关系理解的深化。对黑箱不可能也似乎没有必要进行动机分析,只有最后输出的结果才具有实际意义。而最后输出结果则随着智能算法的发展而不断改变,这就使问题变得越来越复杂。即使随着技术的发展,一些问题可以得到解决,也仍然存在这样的发展形势:在智能算法发展的特殊阶段,随着智能算法的发展,由以产生的伦理问题不仅由于人类偏见而更为复杂,而且在传统范式中越来越难以应对,而这就涉及人工智能社会应用的可行性。

智能算法的可问责性是其社会应用的先决条件,而智能算法的问责将是一个其性质随着人工智能的发展而不断变化的过程。"最终,我们需要决策算法中的可问责性,这样才能明确谁来承担由其所做决策的责任或算法支持。透明度通常被认为是促进问责制的关键因素。然而,透明度和审计不一定足以承担责任。事实上,……即便隐藏了一些信息,但采用了能够提供可问责的计算方法"①。为此,人们提出了类似会计制度等问责方式,同时也认识到,"可问责并不仅仅是一个会计问题……可问责是可解释的质量或状态。相应地,可解释的又被定义为:一方面有责任(就像给某人的行为)给出解释,即是可回答的,另一方面定义可以解释,即是可解释的。在第一种情况下,可问责将是一个行为主体的属性,或者至少是一个有自主意见的行动主体。在第二种情况下,可问责将是一种对象的质量或状态,因此必须有外部意见才能进行实际说明"②。但是在智能算法发展过程中,可责性的问题将变得越来越复杂,其中就包括没有自主意见的行动主体,正是这种行动主体,不仅可能造成严重责任事故,而且造成明显的责任鸿沟,使"'责任伦理'因此声名狼藉"③。

---

① B. Lepri, N. Oliver, Emmanuel Letouzé, et al. "Fair, Transparent, and Accountable Algorithmic Decision-making Processes: The Premise, the Proposed Solutions, and the Open Challenges", *Philosophy & Technology*, Vol. 31, No. 3, 2017, pp. 1 - 17.

② Sara Eriksén, Designing for Accountability, *Proceedings of the Second Nordic Conference on Human-computer Interaction*, New York: ACM, 2002, pp. 177 - 186.

③ B. Cardona, "'Healthy Ageing' Policies and Anti-ageing Ideologies and Practices: On the Exercise of Responsibility", *Medicine, Health Care and Philosophy*, Vol. 11, No. 4, 2008, pp. 475 - 483.

而且在当前发展阶段，一方面要确保智能算法设计和使用的可问责性，另一方面必须首先明确责任鸿沟的应对困境及其形成的深层根源。

二、智能算法"责任鸿沟"的应对困境

在享用和期待人工智能带来的巨大红利的同时，迎接与其伴生的归责困境的挑战，已是当务之急。由于在人工智能自主性发展的特定阶段，智能算法可以给人类带来严重威胁，相应责任问题的解决就越来越迫切。安德鲁·图特（Andrew Tutt）认为，"至少在某些情况下，算法能够造成异常严重的伤害。当机器学习算法负责维持电网运行、协助手术或驾驶汽车时，它会对人类健康和福利构成直接而严重的威胁，这是许多其他产品所没有的"①。应对这种威胁，必须对智能算法的设计和使用进行有效规制。由于智能算法的发展，这种规制涉及分层次的整体应对。

在适用通常法规的范围内，相关人工智能应用的法规治理不成问题，比如使用范围的限制，"算法可以有条件地获得批准，但必须受使用限制——例如，一种用于巡航控制的自动驾驶汽车算法，只有在公路运行的条件下才可以获得批准。一种算法超出范围地使用，或者营销一种未经批准的算法，可能会受到法律制裁。"无论就伦理还是风险应对来说，智能算法使用范围的限制都是必不可少的。由于具有具体条件限制，使用的具体条件对于专用人工智能威胁的应对是重要考量，但相关智能算法的法律治理还存在以前没有遇到的新问题，比如，"即使算法编程特别注意明确的法律规范，也很难知道算法在任何给定的情况下是否根据法律规定行动"②。对于算法设计和使用的规制，最根本的是责任追溯，而正是在这个根本环节，存在现有理论和实践难以解决的算

---

① Andrew Tutt, "An FDA for Algorithms", *Administrative Law Review*, Vol. 69, No. 1, 2017, pp. 83 - 123.

② Andrew Tutt, "An FDA for Algorithms", *Administrative Law Review*, Vol. 69, No. 1, 2017, pp. 83 - 123.

法归责难题,构成责任鸿沟应对困境。

关于算法责任,图特在系统研究的基础上概括出了前所未有的挑战。"机器学习算法的复杂性不断提高,用途也越来越广泛,当这些算法伤害到人们时,将带来许多挑战。"这些挑战与追责主要有三个相关方面:"① 算法责任难以度量;② 算法责任难以跟踪;③ 人的责任难以归属。"[1]人工智能发展所带来的这些追责困难,完全是新发展带来的新问题。

智能算法的应用极大地增加了衡量算法责任的难度,"这个问题是多方面的。算法很可能会在各种不同的情况下做出没有人曾经做过的决定,有些情况没有人遇到过甚至也不可能遇到。这种决定可能是'漏洞'或'特点'。一辆自动驾驶汽车也许会故意导致意外事故,以防止更具灾难性的车祸。股票交易算法可能会根据诚意信念(无论这对算法意味着什么)下一个坏赌注,认为某一特定的有价证券应该被购买或抛出。而问题在于,对于一个人的疏忽行为,或者相反——以在法律上应受惩罚的方式行事,会有一个普遍可行的看法;但对于算法这样做意味着什么,我们却并没有同样明确的概念"[2]。由于机器智能不同于人类智能的基本特性(最基本的比如速度),智能算法可以进入人类不可能进入的情境。在这种情境中,行动者的归责就可能不像人类所经历或可能经历的情境那样有成规可依。

智能算法的应用也极大地增加了跟踪算法危害的难度,这多多少少与智能算法的人为操控观念有关。如果根据行为结果去跟踪算法危害,问题就要简单得多,只是由于主动体(agent)的情况更复杂,必须还有一个更高层次的处理。如果智能算法处于专用人工智能水平,就按工具对待;如果达到通用人工智能水平,那就跟对待人一样,以其行为为根据;但如果介于二者之间,则由于从算法设计到具体使用情境的复杂关联,就会出现隐性的责任鸿沟及其应对困境;而这又主要与确定人类责任的困难紧密联系在一起。

---

① Andrew Tutt, "An FDA for Algorithms", *Administrative Law Review*, Vol. 69, No. 1, 2017, pp. 83-123.

② Andrew Tutt, "An FDA for Algorithms", *Administrative Law Review*, Vol. 69, No. 1, 2017, pp. 83-123.

　　智能算法应用中的人类责任问题,源于智能算法特定发展阶段的性质,即人机结合具有非常复杂而且越来越复杂的联系。这种性质在复杂的使用情境中甚至可以使归责成为一个似乎无解的问题。"算法可以用许多其他产品都不具备的几种方式被分割和切割。一家公司只能出售一个算法的代码,甚至可以赠送它。然后,该算法可以被复制、修改、定制、重新使用或在当初作者从未想象过的各种应用程序中使用。对于在未来一系列使用中造成的任何伤害,要确定最初的开发者应当承担多少责任将是一个难题"①。这是关于智能算法归责最具挑战性的核心问题,实际上,正是这一问题构成了人工智能应用中"责任鸿沟"的应对困境。

　　责任鸿沟应对困境的构成,不仅涉及智能算法本身以及与人类关系的复杂因素,而且涉及更复杂的人为因素。这方面的研究表明,人们已经给予算法很大信任,在某些情况下,这会影响到人类行为者的去责任化,或者'躲在计算机后面'的倾向,并默认自动化过程是正确的。将决策委托给算法可以将责任从人类决策者身上转移开,正如已经在关于官僚机构的研究中所表明的那样。在人与信息系统的混合网络中也可以观察到类似的效应,其特征是个人责任感的降低和不合理行为的执行。例如,涉及多学科利益相关者的算法可能会导致一方假定其他人将为算法的行为承担道德责任②。诚然,与此类似的情况以前在人类中也一直在发生,但在智能算法应用条件下,情境有很大不同。"赋予人工智能体以道德主体地位可以允许人类利益相关者将责任转嫁给算法"③。在一种本来就非常复杂的关系中,再增加一个关键因素,问题的复杂性就会呈几何级数增加,以致我们不再能在原有的伦理范式内解决问题。随

---

① Andrew Tutt, "An FDA for Algorithms", *Administrative Law Review*, Vol. 69, No. 1, 2017, pp. 83 - 123.

② Brent Daniel Mittelstadt, Patrick Allo, Mariarosaria Taddeo, Sandra Wachter and Luciano Floridi, "The Ethics of Algorithms: Mapping the Debate", *Big Data & Society*, Vol. 3, No. 2, 2016, pp. 1 - 21.

③ Brent Daniel Mittelstadt, Patrick Allo, Mariarosaria Taddeo, Sandra Wachter and Luciano Floridi, "The Ethics of Algorithms: Mapping the Debate", *Big Data & Society*, Vol. 3, No. 2, 2016, pp. 1 - 21.

着人工智能算法的发展,人工智能应用中的归责困境会越来越严重。

正是"归责"困境,毫无疑问处于人类和人工智能关系中伦理问题的核心。而对于这样一个处于核心地位问题的研究,现在还没有取得真正的进展。一方面,对于如何实际地重新定位被自动化取代的社会和伦理责任,还没有取得共识;另一方面,"人们经常在既定的程序中寻求庇护,这些程序将责任分配得如此广泛,以至于没有一个人可以被认定为造成灾难的罪魁祸首"①。目前,这方面的研究主要还处于有重要探索的发展阶段。人们认为,不论选择何种设计哲学,开发者有责任在不同道德框架支配下的不同语境中进行设计。一些研究甚至涉及智能算法伦理问题研究的话语重建,认为"可以在纯粹认知和伦理基础上,用来原则性地组织当前描述对算法伦理关注的学术话语"②。无论语境还是话语,都可能关系到范式转换,这就可能不仅涉及人工智能发展过程中人类在更高整体层次的掌控,更涉及人工智能发展的人类理解问题。

正是由于智能算法的介入,使得责任归属问题空前复杂化,一种自然而然的想法就应运而生:人工智能算法发展所带来的责任归属难题,必须借助人工智能算法本身的发展来解决。最近有研究试图从可预测性入手解决问题,以可验证性走向可验证的伦理机器人行为。由于认识到"确保自主系统合乎伦理地运作既复杂又困难,研究形成了由'后果引擎'(consequence engine)组成的调控器,该引擎评估行动的可能未来结果,然后应用安全/伦理逻辑来选择行动"。关于这一尝试,有进一步的研究认为,"拥有一个外加的'管理者'来评估系统所拥有的选项,并对其进行调整以选择最符合道德的选项这一想法,既很好理解,也很吸引人,但不可能确定最合乎道德的选择是否真的被采纳。"鉴于这种批评的合理性,可预测性研究进路又"将一种著名的代理验证方法推

① S. J. Shackelford and A. H. Raymond, "Building the Virtual Courthouse: Ethical Considerations for Design, Implementation, and Regulation in the World of ODR", *Wisconsin Law Review*, 2014, pp. 615 - 657.

② Brent Daniel Mittelstadt, Patrick Allo, Mariarosaria Taddeo, Sandra Wachter and Luciano Floridi, "The Ethics of Algorithms: Mapping the Debate", *Big Data & Society*, Vol. 3, No. 2, 2016, pp. 1 - 21.

广到其结果引擎,使之能验证其伦理决策的正确性"①。设置后果引擎的设想表明,即使由以人工智能的发展解决"责任鸿沟"问题,也具有明显的局限性,比如外加"管理者"的做法在专用人工智能发展阶段应当是管用的,但随着人工智能的通用化发展,"管理者"会渐失其作用和意义——也就是迟早会失效。

随着人工智能的发展和应用的普及,因人工智能介入导致责任主体模糊而引出越来越多责任和义务难题。这类难题目前最突出的表现,就是自动驾驶汽车的事故责任,这一领域的归责问题越来越广的社会渗透,使人工智能应用中归责困境的解决越来越迫切。在智能算法所引起的关于人工智能应用的责任鸿沟应对困境问题,自动驾驶汽车不仅最为典型,而且由于应用越来越普遍的发展形势,解决方案的获取也最为迫切。这个在人类语境中都颇显棘手的问题,在涉及自动驾驶汽车的复杂道德抉择中就更让人一筹莫展。"涉及自动驾驶车辆(AVs)的事故不仅凸显了难以解决的伦理困境和法律问题,而且带来了新的伦理冲击。有人认为,自动驾驶汽车应该编程杀人,也就是说,当损失不可避免时,它们应该配备预先规划好的方法来选择要牺牲的生命"②。正因为涉及这类前所未有而富有挑战性的问题,在人工智能的应用中,涉及归责问题最突出也是最普遍的,就是自动驾驶汽车领域。

由于人工智能应用发展的急迫需要,关于"责任鸿沟"问题,人们做出了很多解决尝试,特别是在最急需得到突破的自动驾驶汽车领域,集中了最多走出算法应用"责任鸿沟"的研究。面对人工智能应用中的责任鸿沟,以自动驾驶汽车为典型领域,人们展开了一系列研究。由于自动驾驶汽车面临的责任困境更典型地凸显了"电车困境",关于自动驾驶汽车归责问题的"电车困境"研

① Louise A. Dennis, Michael Fisher, Alan F. T. Winfield, "Towards Verifiably Ethical Robot Behaviour", *Processing AAAI Workshop Artificial Intelligence and Ethics*, https://aaai.org/ocs/index.php/WS/AAAIW15/paper/view/10119.

② Giuseppe Contissa, Francesca Lagioia & Giovanni Sartor, "The Ethical Knob: Ethically-customisable Automated Vehicles and the Law", *Artificial Intelligence and Law*, Vol. 25, No. 3, 2017, pp. 365–378.

究成了最理想的场所之一。

关于自动驾驶汽车面临的"电车困境",德里克·莱本(Derek Leben)提出了一个叫作"罗尔斯算法"的解决策略,作为功利主义解决方案的替代选择。这一策略在罗尔斯理论的基础上得到一个假设,即"获益最多程序是在原初立场的自利代理人所使用的"。"罗尔斯算法的基本思想是收集车辆在每一动作中每个涉事者的生存概率估计,然后计算出如果一个自利人处于公平的初始约定地位,他或她会同意采取哪种行动"。几乎无一例外,这一过程将产生一个独特的决定,除非对于两个或更多玩家有一个完全对称的概率生存的可能性。"罗尔斯算法"基本上是传统伦理范式在自动驾驶汽车责任鸿沟问题上的应用,既有其局限也有其特殊意义。"罗尔斯算法的主要优点是平等地尊重人,不愿意为了他人的利益牺牲某一个体的利益。当然,这可能会产生令人惊讶的结果,但那是任何罗尔斯论者都相信道德基础必定不可避免导致的那些结果"①。罗尔斯算法所着重关注的,主要是所有参与者意愿的统计平均,结果可能是所有涉及者都满意,也可能都不满意,更多是有满意也有不满意的,因此不可能顾及所有人的利益甚至权利,更不可能考虑太多人的责任和义务。

在自动驾驶汽车归责困境研究中,人们考虑更多的是车外的事故受害者,车内的参与者较少考虑在内。而当涉及车内的参与者时,就会直接触及与智能算法设计者的责任关系问题。为了避免必要时自动驾驶汽车必须编程杀人的结论,朱塞佩·孔蒂萨(Giuseppe Contissa)等试图探索"一种不同的方法,赋予用户/乘客一个任务,决定自动驾驶车辆在不可避免的事故场景中应该采取何种合乎道德的方式"。因此,他们设想给自动驾驶车辆配备一种"伦理旋钮","一种使乘客能够在道德上定制他们自动驾驶车辆的装置,即在与不同道德方法或原则相对应的不同环境中进行选择。因此,自动驾驶车辆将负责实现用户的道德选择,而制造商/程序员的任务则是使用户能够选择,并确保自

---

① Derek Leben, "A Rawlsian Algorithm for Autonomous Vehicles", *Ethics and Information Technology*, Vol. 19, No. 2, 2017, pp. 107-115.

动驾驶车辆实施"①。关于自动驾驶汽车的道德选择,到底应当在智能算法中预先编程决定,还是仅仅让智能算法提供乘客选择的机会,让乘客来决定,所构成的都还是传统伦理层次的问题,而且由此致思也都不能更合理地解决自动驾驶汽车的道德选择问题。由于相对于车外的可能受害者来说,车内人的选择会面临相同的问题,甚至还会有其他新的问题。在自动驾驶汽车智能算法设计中,到底是首先考虑用户的安全还是行人的安全? 智能算法决策怎样协调车外人和车内人的关系? 无主事故责任由谁承担? 诸如此类问题的解决都已经超出了已有理论的考虑范围。自动驾驶汽车应用中的"责任鸿沟"应对困境表明,在传统伦理范式中,不可能真正解决人工智能应用中的"责任鸿沟"问题。问题得不到合理解决,人工智能的社会应用就会给人类带来越来越严峻的挑战,其结果必定是人工智能难以充分发展,由人工智能带来的巨大红利也就成了画饼。

人工智能应用中责任鸿沟问题的应对,必须有更高理论层次的整体把握,为"责任鸿沟"的跨越提供理论基础,并寻获可行的解决方式。

三、自动驾驶汽车"责任鸿沟"的跨越

作为越来越普遍地出现在日常生活中的具体问题,人工智能应用中的责任鸿沟不仅涉及人工智能所引出同类问题的实践解决,涉及现实事故的实际处理,而且涉及哲学等相关理论问题研究的深化;不仅越来越广泛地涉及实际归责迫切需要研究的大量现实问题,而且涉及机器智能主体地位等哲学理论问题。总之,不仅既涉及理论又涉及实践,而且在根本上是一个理论和实践一体化的问题,深入涉及哲学基础理论。这方面,自动驾驶汽车的责任鸿沟问题

---

① Giuseppe Contissa, Francesca Lagioia & Giovanni Sartor, "The Ethical Knob: Ethically-customisable Automated Vehicles and the Law", *Artificial Intelligence and Law*, Vol. 25, No. 3, 2017, pp. 365 – 378.

也最为典型。一方面,自动驾驶汽车事故的伦理甚至法律责任问题,在传统伦理和法律框架中不可能得到合理解决,典型地表明责任鸿沟应对的理论困境;另一方面,关于以自动驾驶汽车为典型领域的跨越人工智能应用“责任鸿沟”研究,目前为止还没有取得令人满意的成果,也在实践领域表明这一问题不可能用传统方式处理。就当前范式而言,“罗尔斯算法”和“伦理旋钮”解决方案基本上考虑到了所有基本方面,但仍然存在根本缺陷,由此可见这类问题必须在更高层次处理。

作为目前这一领域讨论最多,但还没有可行办法妥善处理的最典型案例,自动驾驶汽车的事故归责困境表明,智能算法带来的归责挑战,意味着新的问题要在一个更高层次理解和应对。

在传统伦理学的视野中,只有工程师和机修工有必要知道汽车发动机如何运作,但每位司机都必须明白转动方向盘会改变汽车的方向、踩刹车会让车停下①。而在更高层次看,关于人工智能所带来的归责问题,智能算法的设计者和司机以及相关的更多要素都必须考虑在内。在自动驾驶汽车情境中,困扰人的“电车困境”伦理问题,一方面因为更复杂而表现得更为棘手,另一方面又由于涉及人类创构而可能带来新的解决进路。从创构活动到造世活动②,从工程伦理到造世伦理③,伦理领域的相应发展为自动驾驶汽车“责任鸿沟”问题的解决提供了新的理论基础。

由于在目前发展阶段,自动驾驶汽车还不具有真正意义上的自主性,赋予目前发展阶段的自动驾驶汽车以道德能动性,显然为时过早,沿着这一方向,不能解决目前自动驾驶汽车应用中的“责任鸿沟”问题。就目前情况而言,汽车没有道德能动性,通常用于这些机器的“自主”一词具有误导性,并导致关于这些机器如何保持伦理的无效结论。……人类几千年来做出的道德选择,可

---

① 佩德罗·多明戈斯:《终极算法:机器学习和人工智能如何重塑世界》,黄芳萍译,北京:中信出版集团,第 xix 页。

② 王天恩:《信息文明时代的造世哲学》,载《河海大学学报》(哲学社会科学版),2020 年第 4 期。

③ 王天恩:《大数据、人工智能和造世伦理》,载《哲学分析》,2019 年第 5 期。

以解决人工智能装备带来的很大一部分挑战。因此,即使从一开始就可以做到这一点,也没有必要给机器教授伦理。……将极端离奇的场景——如电车困境——作为概念化当前道德问题的基础,是一个严重的错误①。在目前自动驾驶汽车发展条件下,道德能动性仍然只有人类才可能具有,只是当智能算法的自主进化发展到一定阶段,机器智能体的道德能动性问题就将提上议事日程。由于智能算法意味着规则和规律一体化,机器智能体的道德能动性问题与人类道德能动性问题将有重要不同。对于机器智能体来说,伦理的确不是教会的,而是和一件建立关系从而获得语境有关的事情;但无条件地认为汽车没有道德能动性,显然没有意识到自动驾驶汽车智能算法的自主发展,那会是一个从被动工具到充分自主这样一个发展过程的展开。

当自动驾驶汽车具有完全的自主性,其伦理地位与人相似,机器智能行为遵循人类伦理规范;而当自动驾驶汽车还不具有完全的自主性时,人类既不可能完全通过外在规制,也不可能通过内在规范防范和处理自动驾驶汽车的事故归责问题。这时候,人类的责任主要集中于人工智能发展的前提性规定。

随着自主进化的发展,智能算法对人类来说越来越是黑箱,人们只能从其输出结果对智能算法进行评价,而最后输出结果的可信性,则必须建立在规则和规律一体化的基础之上。这样一来,人类责任的权重越来越向智能算法的前提性预设倾斜。正是在这个意义上说,关于智能算法的责任问题,最深的根源在于创构过程中作为前提性预设的规定层次。在人工智能的人类创构中,越是涉及前提性规定,伦理后果越关涉长远而越难以预测,因为在相关因素体系中,前提性规定的地位和作用随着算法所在智能体的自主性而强化。关于算法伦理的一项综合性研究表明,"由于种种原因,确定算法的潜在和实际伦理影响非常困难。识别人类主观性在算法设计和配置中的影响,常常需要对长期、多用户的开发过程进行研究。即使有足够的资源,在成问题的使用案例

---

① Amitai Etzioni, Oren Etzioni, "Incorporating Ethics into Artificial Intelligence", *Journal of Ethics*, Vol. 21, No. 4, 2017, pp. 403 - 418.

出现之前,问题和潜在价值通常也不会很明显"①。由此所凸显的伦理风险越来越是存在性层次的,智能算法的存在性伦理风险可想而知,而因此越来越重要的则是人类对未来的把控能力。在人工智能的当下发展中,由于智能算法仍然处于工具层次,人们从算法看到的更多是人工智能的工具性应用风险,特别是缺乏信任的人类应用。只有从机器智能的自主进化,才能看到通用人工智能可能给人类带来的存在性风险②。正是在存在性层面,集中了人工智能给人类带来的最基本也是最核心的问题,可问责问题正必须在这些最基本的核心问题基础上理解和解决。由此可见,正是前提性规定的根本性和更深层次、更广范围扩展,一方面前所未有地凸显了目前人工智能发展的人类责任,另一方面启示我们必须在更高层次理解"责任鸿沟",只有在更高的整体层次,才能实现对"责任鸿沟"的跨越。而凸显规则和规律一体化的造世伦理,就提供了这样一个更高整体层次。在造世伦理层次,人们才可以更深刻地认识到目前发展人工智能的责任,并在造世伦理层次应对人工智能应用中的责任鸿沟等新问题。

从造世伦理的更高整体层次,我们可以看到一个完全不同的更广景观。由于在越来越大范围内解放了人的体力和脑力,人工智能的发展,将给人类带来虽然机会和风险深度交织,但也是可能拥有的最大红利。自动驾驶汽车就是最典型的例子,这方面的研究也最多。"人工智能所带来的进步将比以往任何时候都更加突出汽车未来的本质。即使是自动驾驶,机器学习过程也是可能的——这是汽车工业的最大机遇"。自动驾驶汽车首先凸显了一个真正的危机和机遇深度交织的发展阶段。"人工智能正预示着下一波巨大的发展浪潮,……但对许多人来说也是危险的。……这种发展的后果可能非常严重:

① Brent Daniel Mittelstadt, Patrick Allo, Mariarosaria Taddeo, Sandra Wachter and Luciano Floridi, "The Ethics of Algorithms: Mapping the Debate", *Big Data & Society*, Vol. 3, No. 2, 2016, pp. 1 - 21.
② 王天恩:《人工智能存在性风险的伦理应对》,载《湖北大学学报》,2020 年第 1 期。

大约十年后,世界上最大的汽车制造商中有三到五家将不复存在"①。自动驾驶汽车的发展动力,源自人类流动和物流的全自动化需要,其中最为重要的内容,就是人类流动的自动化。在奥斯陆能源会议上,马斯克曾不无根据地表示,特斯拉的自动巡航功能至少可降低 50% 交通事故发生率。有的估计甚至认为,无人驾驶汽车的发展将能使交通事故率的降幅达到 90%。在这方面,目前的任何具体估计可能都具有局限性,而随着自动驾驶汽车应用普及程度的提高,在事故率不断降低的同时红利不断涌现,则是有充分根据期待必定出现的效应。这意味着自动驾驶汽车的普遍应用,人类受益程度非同寻常。虽然关于交通事故率的降幅存在不同结论,但自动驾驶汽车的普遍使用将带来巨大红利则显而易见。这就富有启示地意味着,必须在更高整体层次,才能看清人工智能应用问题的性质,只有从大象的整体,才能到位地看清楚大象的腿不是柱子,明白不能像对待柱子那样处理。也就是说,从整个人类或整个社会层次看,必须在更高整体层次,才可能进一步厘清由人工智能应用引发的责任和义务,更合理到位地处理相关问题。

正是在智能算法的归责困境中,可以更清楚地看到造世伦理层次处理的必要性。如果说人工智能发展中的有些伦理问题还具有传统伦理和造世伦理之间的过渡性质,那么智能算法的责任鸿沟则纯粹是一个造世伦理问题。机器智能体的责任涉及新的伦理和法律问题,其基础涉及创构过程中规则和规律的一体化②,应当在造世伦理的层次理解和处理。在造世伦理的理论构架中,可以在更高整体层次看到这类问题妥善解决的可能性。在现有研究成果的基础上,问题变得越来越清楚:在造世伦理层次,可以真正解决由人工智能算法带来的自主性发展相关责任问题。由责任鸿沟造成的人工智能应用归责困境,甚至必须在造世伦理层次理解;智能算法责任鸿沟的跨越,必须有建立在造世伦理基础上的更高层次方案。人工智能应用中的"责任鸿沟",可以在

---

① A. Burkert, "Ethics and the Dangers of Artificial Intelligence", *ATZ Worldw*, No. 11, 2017, pp. 8 - 13.

② 王天恩:《智能算法规则规律一体化的伦理意蕴》,载《学术界》,2020 年第 7 期。

造世伦理层次真正跨越。

人工智能应用中"责任鸿沟"的跨越,涉及两个基本方面:一是规则和规律一体化条件下的道德责任衡量标准;二是人工智能应用条件下伦理观念本身的发展。两方面都与造世伦理密切相关,前者涉及功利主义道德理论的造世伦理重新审视;后者涉及从适世伦理到造世伦理的范式转换。

"造世"是相对于"适世"①,"造世伦理"是相对于"适世伦理"而言的,造世伦理具有不同于适世伦理的重要性质和特点。其中最基本的,就是造世伦理的整体性、类特性和共同性②。造世伦理的整体性,意味着责任和义务的一体化。在人工智能应用中,相关责任和义务主要涉及两类:一是智能设备的设计和使用责任;二是类群受益伦理义务。

智能设备的设计和使用责任,仍属人工智能应用中的传统伦理责任。在自动驾驶汽车的具体案例中,相关智能设备包括自动驾驶汽车及其所有配套设施,设计责任则包括自动驾驶汽车制造和保养所有环节的合理性或缺陷。这方面,波音 737 Max 系列的两起事故,就是具有借鉴意义的例子。使用责任包括自动驾驶汽车使用过程中,使用人和汽车拥有者所涉及的所有导致事故的人为因素。如果事故主要由于设计缺陷或使用不当,那么责任主要由设计制造者或使用责任人承担,这与普通交通事故责任归属没有原则不同。但是,在自动驾驶汽车的具体应用中,"责任鸿沟"不仅意味着可以出现不仅仅是责任归属困难,而且确实是无责任主体的情境。这种情境可以从完全无责任主体,到部分非主体责任呈可量化分布。因而在人工智能发展过程中,由于自主性要素的复杂化,其应用会造成非主体责任到完全无主体责任问题。这种无责任主体的问题是适世伦理情境中不存在的,因为这种问题源于造世过程,属于造世活动产生的特有问题。

正是从非主体责任到无责任主体的系列问题,决定了不可能完全按照有

---

① 王天恩:《信息文明时代的造世哲学》,载《河海大学学报》(哲学社会科学版),2020 年第 4 期。

② 王天恩:《大数据、人工智能和造世伦理》,载《哲学分析》,2019 年第 5 期。

责任主体条件下的归责处理方式,而是必须在造世伦理的更高整体层次处理相关伦理问题。必须在更高层次的造世伦理理解中,这种全新的道德选择问题才能有一个更合理的解决。

类群受益伦理义务则属于新的责任和义务,涉及人工智能应用中的造世伦理内容。从造世伦理的层次看,由于不仅自动驾驶汽车的拥有人和使用者,相关类群甚至整个社会都是人工智能巨大红利的享有方,自动驾驶汽车的事故风险,既与责任人,又与相关义务方有关。因此,造世伦理遵循类群伦理原则,目的是实现类群利益最大化。这种类群伦理原则基础上的利益最大化,与功利主义伦理观念具有表观上的相似性,但二者有根本区别。虽然都以实现利益群体最大化为目的,但类群伦理原则与功利主义伦理原则的根本不同,在于在造世伦理维度达到了个体伦理和类群伦理的统一,不像功利主义伦理原则那样,由于个体伦理和群体伦理的分离甚至对立,应用于个体会存在个体和群体之间的伦理冲突,因群体伦理考虑而造成对于个体的伦理不合理性。因此,即使在传统伦理范式看来最棘手的问题,在造世伦理层次也可以得到合理解决。

在造世伦理层次,也可以合理解决由自动驾驶汽车应用"责任鸿沟"涉及复杂的人与人关系出现的更复杂问题。在遇到刹车失灵等造成自动驾驶汽车是冲向人群还是司机冒风险避免人群更大范围伤害的选择时,按照最大利益原则,智能算法应当有选择自动驾驶汽车损毁以避免更多人受伤害的设计,但如果智能算法这样设计,这种自动驾驶汽车的销售就可能遇到问题。在传统伦理范式中,这个问题也是没有办法解决的。而在造世伦理层次,由于规则和规律的一体化,自动驾驶汽车算法按照群体最大利益这一更高层次原则设计,就不是具体个人可以选择的,而必须有更高层次的整体性原则。因为在造世伦理层次,任何人都可能既是自动驾驶汽车的使用者,同样也是其可能的伤害者,在一个具体局部事件中存在利益不对称,而在更高整体层次,最大利益原则却符合每个人的利益。

现有自动驾驶汽车的决策设计已经采用功利主义伦理观念,所反映的正是造世伦理的整体性观照。"在某些情况下,自动驾驶汽车需要被编程来有意杀死人(行人或他们的乘员),以尽量减少整体伤害,从而实现功利主义道德。事故调查人员解构未来的事故,可能想知道事故是道德功能的结果,还是一个严重的算法错误。自动驾驶汽车算法的可解释性将是这一调查的关键"[1]。而自动驾驶汽车算法设计要在"功效论"和"义务论"伦理价值观间进行选择,正是造世伦理的一个低层次写照,在人工智能算法设计中,这种造世伦理层次更为典型。由于达到了个体伦理和类群伦理统一的层次,造世伦理视域中的自动驾驶汽车事故责任问题,就能得到更合理的解决。

如果自动驾驶汽车所发生的事故不是设计和使用责任,由于没有人事行为责任主体,不存在事故责任,只存在受益者义务问题,相关损失应由自动驾驶汽车受益类群承担。其法理根据是:自动驾驶汽车不仅使交通事故率从而损失大大下降,而且使相关效益极大提升,从而给社会带来巨大红利,但自动驾驶汽车的应用本身具有无责任主体风险,由于自动驾驶汽车应用所带来的巨大社会红利,无责任主体事故意味着受益方有承担相关风险的义务。因此非设计和使用导致的事故,责任应由受益类群以义务的方式承担,这不仅是合理的,也是完全可能的,因为采用自动驾驶使类群交通安全和效率大大提升生成的红利,只需拿出很小一部分用于承担无责风险义务。至于具体应当怎样实现,这只是一个技术操作问题。在解决自动驾驶汽车应用责任问题的研究中,有人提出增设保险的方式解决自动驾驶汽车事故责任问题,这类方案虽然不可能在现有保险意义上实行。由于关系完全不同,保险关系不明确,只是在原来范式中采用保险方式解决自动驾驶汽车带来的责任鸿沟问题,没有可行性。因为非自动驾驶汽车用户不可能买这一险种,而由于自动驾驶汽车算法设计的类群受益原则,用户也具有与非用户同样的地位,也没有理由买这种保险。退一步说,即使用户购买保险可以推行,结果也会在自动驾驶汽车发展的很长一段时间内,积累不起提供这种保险的足够资金。但在自动驾驶汽车事故责任的造世伦理层次解决基础上,就可以看到跨越人工智能"责任鸿沟"的

---

① Andrew Tutt, "An FDA for Algorithms", *Administrative Law Review*, Vol. 69, No. 1, 2017, pp. 83 - 123.

具体现实路径。这样不仅使自动驾驶汽车自身风险有了保障，能够解决事故责任等相关具体问题，而且可以确保人工智能本身的顺利发展，从而为人类带来更大的红利，使人工智能的社会应用进入良性循环。这正是从造世伦理而不是适世伦理层次才能看到的更高层次问题及其解决方案，在造世层次看到的更高层次伦理关系。

在具有更高层次整体性的造世伦理中，自动驾驶汽车发生涉人伤害的交通事故，伦理和法律责任就不仅仅是自动驾驶汽车与事故受害者之间的关系了，而是涉及社会更高层次甚至最高层次的整体关联。一方面，在造世伦理中，伦理和法律的一体化发展趋势越来越明显，在理论研究中，伦理义务和法律责任越来越不能分割；另一方面，在自动驾驶汽车事故处理中，个体责任和社会义务的一体化也越来越明显，二者相应越来越必须同时考虑。这正是人工智能应用所涉及的伦理甚至法律责任问题，必须在造世伦理层次处理的基本根据，也是造世伦理为处理人工智能应用所引发伦理问题所打开的新视域，为相应"责任鸿沟"提供的跨越途径。

（原文载《哲学分析》，2022 年第 1 期）

人工智能的工作伦理与劳动价值论

人工智能时代"工作"含义的哲学探析

肖　峰

人工智能的快速发展及其在社会各领域的应用,正在把我们带入一个新的"人工智能时代"。作为信息时代的高级阶段,它主要是人工智能技术对社会造成深刻影响的时代。而在关于人工智能对社会造成何种影响的探讨中,最普遍的担忧之一就是人的工作将被智能机器所取代,人则变成无事可做也无事能做的"无用阶级"。这一担忧一点也不亚于对人工智能将会统治人、使人沦为机器奴隶的担忧。在这一"席卷全球"的"人类命运问题"面前,我们需要从哲学的高度来把握其中蕴含的工作含义与工作方式的演变,看到"软工作"在人工智能时代必然兴起的趋向,进而形成一种"工作哲学"的大视野。

一、软工作:人工智能时代人类工作的新方式

所谓"工作",传统的意义上就是基于特定职业或岗位从事体力或脑力劳动,并获得一定的报酬或收入。工作通常需要一定的技能或"有用性",只有满足一定的技能需要、具备一定的"用处"才能从事相应的工作。在还不能实现按需分配的社会里,工作通常也是人谋生的手段,或至少是使生活变得更好的重要条件,所以工作对人的重要性是不言而喻的,由此当人工智能技术被认为有可能取代更多人的工作时,会引起普遍的关注是理所应当的。

目前,从"工作岗位"的意义上,关于人工智能是否会造成更多的失业问

题,还存在相左的意见。有人主张 AI 会加重失业,其中以赫拉利(Y. N. Harari)的说法最为著名,他认为人工智能技术会导致 99％的人沦为"无用阶级",这些人所做的工作可以完全被机器所取代,从而变得对社会的繁荣不会有任何贡献①,这类主张引起了一场世界性的"机器替代人"、绝大多数人将失去工作的恐慌;另一种主张认为 AI 不会加重失业,因为它会造就新的工作岗位,正如历史上发生的技术革命和产业革命一样,AI 技术消灭了一些职业,但也会创造出新的职业,甚至带来更多的工作机会,从而不会加重失业。

　　客观地说,由人工智能引发的技术革命对于人类工作或就业的冲击和影响,不同于先前的任何一次技术革命,它同以往的产业转型所造成的工作的转移在性质上是不同的。随着 AI 在人类工作和生活领域中的应用从"导入期"到"全盛期"的过渡,随着新一轮人工智能浪潮的不断涌来,许多既有的工作岗位必然普遍被 AI 所取代,从体力类型的程序性工作到认知类型的程序性工作,再到体力类型和认知类型的非程序性工作,将逐渐受到 AI 的介入和替代,"人工智能目前在基于规则和经验的场合效果较好,应用前景非常广阔,那些低效率、重复性的重体力工种首当其冲。比如制造业中一些机械的、固定套路的工种或工序,会大量使用工业机器人代替人力。同时,某些看似复杂的工种,如证券分析师、理财师、律师等,由于机器针对大数据的搜索、分析和挖掘能力很强,也会逐渐取代人力"②。这个名单在不久的将来还会包括翻译、编辑、医生、记者、检察官、法官、教师、程序员、建筑师等"高智力"的工作或职业,这些领域的工作都会由智能机器和 AI 软件以更高效率和更低成本的方式去完成,甚至科学家和诗人及其他文创人员也不例外。也就是说,即使在 AI 替代人的过程中形成了新的工作岗位,只要其中所包含的认知任务和操作过程是可算法化的(而可算法化也是随着 AI 的发展而不断扩展的),那么原则上都可以被不断发展的 AI 技术所取代,因此它对人的工作的取代是"根本性"的。所以从理论上,凡能被人工智能延展的人类活动(无论认知活动还是实践活

---

① 尤瓦尔·赫拉利:《未来简史》,林俊宏译,北京:中信出版社,2017 年版,第 295 页。
② 程子彦:《失业 or 转型?》,载《中国经济周刊》,2017 年第 36 期。

动),都是可能被替代的活动,在这些领域中的从业人员都可能失去工作,沦为"无用阶级"。

通常来说,"无用"可以包含两层含义:一是无能力,二是无工作。在人工智能语境下,这两者具有一致性:无能力指的是某些人不具有人工智能所不能替代的能力,不掌握人工智能所不能替代的本领,从而也就找不到用人工智能所不能取代的工作,由此形成失业状态下的"无用"。可见,人的有用性很大程度上是从"工作"中体现出来的。

但是,以上所说的"工作",在很大程度上仅仅是从传统的意义上去加以理解的,用它来观察人工智能时代的人类工作前景,必然出现旧有的概念框架难以解释新现象的龃龉,因此需要我们调整概念工具,赋予工作以新的含义,从而看到人工智能时代工作性质的新变化。

可以说,自人类进入信息时代以来,工作的含义就较先前的时代有了很大的变化。例如,工业时代的工作需要工作者到固定的场所(如生产现场)去进行劳作性的活动,而今人们即使不在生产现场从事劳作而是休闲上网,其中也可能蕴含着工作,这就是所谓的"数字化劳动"或"信息性工作"。这种劳动或工作使得数字平台得以维系并成为价值形成的空间;这种劳动还产生数据,成为可以加工为"用户信息"这种特殊商品的原材料,具有可用于交换的实实在在的价值。西方传播政治经济学揭示了这一机制,其代表人物福克斯(C. Fuchs)指出:农业和采掘业工作将自然作为对象,工业工作将被改造过的自然作为对象,信息工作则将思想和人类主体性作为对象。他认为信息是一个工作过程,认知在这个过程中创造思想,交流创造意义,交流创造意义,合作创造信息产品。数字工作中人们凭借以数字技术为终端的社交媒介和大脑等工作工具,组织自身及他人的经历,从而生成出符号表征、社会关系、人工制品和共同体等新的使用价值[1]。传播政治经济学对于这种数字化劳动能够创造价值的分析,可提供一定的借鉴来理解许多休闲活动所具有的创造价值的工作属性。至于"收入",在人工智能发展的高级阶段也有可能与工作相分离,

---

[1] Christian Fuchs, *Digital Labour and Karl Marx*, New York: Routledge, 2014, p. 254.

由社会管理的专门系统来统筹发放。只要人工智能在生产中或人类工作中的替代是增效的,那么从总量来说人类的工作报酬就是提高的;或者说采用了合理的社会分配体制后,就可以使总量提高的财富作为报酬所进行的分配所导向的是帕累托改进,即实现普惠性的收入保障和递增。于是从"工作"的本质上讲,所有能获得改进性报酬的人都是从效果上"有工作的",从而也是有用阶级而非无用阶级。

这样的休闲也被理解为"消费"。即使在传统的经济学视野中,消费也不仅和工作具有相异性,而且也和工作具有同一性,尤其是在智能时代(作为信息时代的较高阶段),我们享受人工智能创造的财富从某种意义上说也是一种"工作",此即"消费就是工作"。因为机器所创造的财富需要有人去消费,才能维持机器系统的进一步运作。包括机器在内的整个人类生产-消费循环系统中,如果人的劳作被全面取代或转移到智能设备上,当造物、造信息(写论文、编故事、编程序)等工作都由智能体或智能系统替人类"代劳"时,那么人的主职就是消费即"享受"这些成果,这也是整个生产系统中不可缺少的一个要素,是维持该系统运作的重要一环。没有人的这种消费,机器的"劳作"就毫无价值和意义。这也可视为人和智能机器之间的一种新关系。此时,如同消费就是生产,人则从总体上从事消费使用价值的"工作",以维持人-机社会系统的正常运行。

这种与休闲一体化的工作可称之为"软工作"。软工作不同于传统的"硬工作",它可以不计经济效益只计社会效益,主要是使人有事可做,体现出人对社会的"用处"并具有成就感、获得感,从而使社会稳定化和有序化,由此产生无法估量的社会价值。软工作不同于传统硬工作之处还在于,它主要不是出于人的谋生需要,而是基于人的兴趣爱好,因此不具有对人的强迫性。随着兴趣爱好的变化,人们可以不断地变换自己的软工作,于是从"就业"的意义上,软工作也意味着可以从事"灵活多变的职业"。所谓 AI 将越来越多地取代人的工作,实际上是对人所从事的"硬工作"的取代,而当有了不断兴起的软工作后,被替代下来的人就可以转向其中形成新的"就业"。这种软工作可以是从传统的休闲娱乐活动中转化而来,例如传统的"书法俱乐部""摄影俱乐部""钓鱼俱乐部"等非工作性娱乐群体转变为具有工作性质社会正式组织或从业单位;这种软工作还可以是新设立的具有更多学术旨趣的新组群,如将有哲学批判兴趣的人组成"批判者联合会"……随着这类机构具有了新的工作性质,加入其中的"会员"随之变为"职员",而且兴趣广泛者还可以在这些领域中不断切换,也就是马克思所描绘的未来社会的情形:人们"随自己的兴趣今天干这事,明天干那事,上午打猎,下午捕鱼,傍晚从事畜牧,晚饭后从事批判"①。当软工作达到这一境界后,"工作"的性质可以说发生了根本的转型,此时人的工作与休闲娱乐完全融为一体,或者说娱乐休闲就是工作,人由基于劳作型工作去直接创造使用价值,转变为基于娱乐自由型工作来间接创造使用价值,工作由此也真正变成快乐的事,成为人的"第一需要"。因此休闲或娱乐式工作才是更人道的工作,这样的软工作既是"劳动的转型",也是"人的用处"的"革命":人的本质——无论是类本质还是社会关系本质——可以在更高的平台上实现或形成。所以,如果人工智能可以取代人的劳作动性工作从而使人全体性地转入这样的软工作,那么这正是它的人性功绩。而且,从只有人才能"制造"价值和意义的维度上,人的"有用性"即使在人的硬工作被 AI 取代后也并未磨灭,只是人的"有用性"的内在结构发生了变化。此时消费就是人的工作,就是人的有用性,而智能机器或机器人的有用性则是生产②;或者说机器生产使用价值,人则消费使用价值(通俗地说:AI 赚钱,人花钱);这也正是"有用性"的新分工:人行使的是作为目的的有用性,智能机器行使的则是作为手段的有用性,其中人的手段有用性降低或消退,而"目的性有用"不断提升,甚至成为唯一。从另一个角度看,在 AI 可以替人做事后,本就不会有多少"硬性"任务要由人去完成并以此谋生了,人自己只要能够不断开发"软性"的事情去做,就总会使自己处于"工作者"从而"有用阶级"的位置。

---

① 《马克思恩格斯文集》,第 1 卷,北京:人民出版社,2009 年版,第 537 页。
② 源于捷克语单词"Robota"的"Robot"即"机器人"的本来意义就是"努力工作"或"奴役",所以智能机器的这种有用性也是回归其本来含义的有用性。

虽然"经济学地"看待工作时,软工作可能与传统意义上的工作在含义上不相吻合,但"哲学地"看待工作时,软工作也是工作,而且是更人性化、更高端的工作,因为在 AI 对人的替代中,人从总体上将不再去从事被动的以谋生为目的的劳动,但仍然从事具有人生意义和价值的活动,这样的活动,我们完全可以赋予其"工作"的地位。从哲学的视角看待软工作,它还是适应 AI 造成社会新变化的一种"分工调整";软工作的较高阶段,就是创造价值和享受价值的一体化,就是"上班"和休闲娱乐的彼此交织,软工作的未来,则是彻底地"去劳作化",是人实现真正的自由而全面发展的坚实平台。

二、技术发展与工作方式的演变

一部人类工作演变史,可以说是"工作"的含义和形式不断变化的历史,尤其是越来越多的硬工作被软工作取代的历史,其中体现了人在工作的选择性和自由度越来越大的进化过程。

关于技术进步的就业效应,即新技术的使用是增加还是减少失业,或是"破坏"与"创造"并存,从经济学层面上见仁见智,并无共识。但从哲学层面上,无疑可以肯定技术进步是人类工作方式演变的根源,其总体效应是软工作含量的不断增长,发展到人工智能时代的高级阶段后,软工作还将占据人类工作的主导地位。所以人工智能时代软工作的兴起,无非是延续了早已存在的技术发展,会影响人类劳动与工作方式的历史性关系。

工作是一个历史的范畴,工作的领域和范围是随着技术的发展而不断变化的,新技术导致新的分工,新分工中不断创造出新的工作,其中一个重要的表现就是生产力的发展使得生产社会财富的社会必要劳动时间减少,从生产领域可以转移出更多的劳动力,开辟新的工作领域,尤其是精神生产、文化创造等方面的工作领域,使得先前这些"非工作"现象变成"名正言顺"的工作类型,这也是技术进步的基本逻辑。拿竞技体育来说,它就是从先前的工作之外种种休闲玩乐的游戏中,逐渐发展成为"职业运动员"所专门从事的工作。人类所有非生产领域的工作或职业,都是基于技术的发展、生产力水平的提高而被"创造"和"开发"出来的,迄今这个领域还在不断扩展,而"软工作"就是这种扩展达到一定阶段的产物。

作为一个历史范畴,工作和职业的关系也是历史地演变的,它作为"谋生手段"的功能是随时代的不同而变化的,它与"劳作"之间也经历了从形影不离到渐行渐远的过程。当生产力低下时,工作就是以劳作(包括劳累)的方式谋取生活资料,以职业的方式获得社会分配的经济份额即报酬,并以其作为谋生的手段为自己和家人提供生存的保障……随着生产力水平的提高,尤其技术的进步和发展,劳动过程的机械化、自动化、智能化使得人类工作的"主战场"从物质生产领域转移到信息生产领域,人类工作的方式和性质由此不断发生变化。其中一个主要的变化就是体力劳动程度不断降低,"劳作"的成分或体力劳累的程度呈递减趋势;一些传统的工作环节(如由人推动工具运动起来的"动力行动"和由人控制劳动工具准确有序地运动的"操作行动")逐步进而整体地交由机器去承担,人则转移到其他环节(如在控制系统的终端进行操作指令输入的"信息行动")或其他领域(如服务行业、精神生产领域)去工作或就业,后者呈现出某种意义上的"工作软化"的特点,成为人工智能时代整体性转入"软工作"过渡或桥梁。

如前所述,技术水平和生产力的提高早就不断地扩展着"工作"的边界。在低技术和低生产力时代,脑力劳动曾经并不被认为是"工作"而被视为"游手好闲";但物质生产率有了一定提高后,它必然地成为人类的重要工作。人工智能技术使生产和其他过程智能化后,无疑是人类生产和劳动效率的又一次重大提升甚至质的飞跃,由此形成了更高阶段的新分工,使先前不被视为工作的休闲娱乐也成为新的理所当然的工作,因为其中包含着价值创造,而且是方式多样的价值创造,如在网络浏览的娱乐中就可能蕴含创意的形成、作品的构思、发明和发现的涌动。另外,"以消费娱乐为工作"甚至在信息时代到来之前就业已存在,如影视评论家、文物鉴赏家、美食美酒品尝师,他们所进行的对物品或信息品的鉴赏品评活动,无疑也是与消费娱乐难以分清的,其中就包含着创造价值、生成意义的"高端工作"性质。

进一步来看,如果将"劳动"和"工作"的含义区分开来①,那么就存在两种含义的工作:劳动性的工作和娱乐性的工作,前者具有工具性甚至异化等性质,后者则具目的性和自由性等特点,人道的技术就是要帮助人实现从前一种工作到后一种工作的提升。技术和生产力高度发达的社会如果再和必要的社会保障制度相结合,那么人的工作作为"谋生手段"的职能也会发生部分的变化,即是否工作在这样的社会中基本不是能否生存的必要条件,而是生活得更好的充分条件。工作内涵的这类量的变化,到了人工智能时代来临后,可以说行将面临质的变化:工作与劳作脱钩、工作同固定的职业关联从而作为谋生手段的功能消退,工作与在固定场所的"上班"也不再等同,反之工作与休闲之间的界限越来越模糊。互联网和移动通信使得工作的场所可以灵活多变,虚拟交往使得工作的时间可以随兴而定,其综合表现就是从硬工作到软工作的转型。软工作在人工智能时代的大量出现,将是社会进步的标志,是人通向自由而全面发展的过渡阶段。

由此可见,对工作含义的重新理解而形成的"工作观"的变革对于我们正确认识人工智能时代人的生存方式的演变具有迫切的需要,因为工作方式是人的生存方式的最重要方面。基于时代性的变迁,我们不能再固守于工作和就业的传统含义,而需要将"工作"和"职业"等纳入技术发展必然造就其新含义新形式的关系中去把握,以新的工作观来分析人工智能的就业效应和人类

---

① 劳动(labour)和工作(work)两者在马克思那里是有区别的,恩格斯在马克思《资本论》的脚注中就指明了这一点:"创造使用价值的并且在质上得到规定的劳动叫做 work,以与 labour 相对;创造价值的并且只在量上被计算的劳动叫做 labour,以与 work 相对"(见马克思:《资本论》第 1 卷,北京:人民出版社,2004 年版,第 61 页)。据《数字劳动与资本主义》一书的作者福斯克的考察,在英语最初(1300 年)从法语中引入劳动(labour)一词时,其使用语境与艰苦的工作、痛苦、烦恼等紧紧相连,而工作(work)则是"创造"和"影响某物"的融合体,其语义泛指凭借已创造的某物改变社会。由于劳动与苦役甚至异化的含义相关联,劳动者并不能控制劳动的手段与获得劳动的成果,所以福克斯甚至认为可以从马克思的思想中读出这样的意思:工作是人类社会生成与发展的普遍本质,而劳动是工作在人类社会某一历史发展阶段的特殊描述。当人类社会发展到共产主义阶段,劳动将得到扬弃,工作自然而然成为人类自由自觉的活动。参见 Christian Fuchs, *Digital Labour and Karl Marx*, New York: Routledge, 2014, pp. 25 - 27。

工作的新属性。新的工作观是和新的技术观联系在一起的,是和人的新的生存方式联系在一起的,由此我们需要建立一种可以揭示这些新内涵和新关系的"工作哲学"。

这种工作哲学的视角也是历史唯物主义的视角,在这一视角看来,技术和生产力的发展,必然不断重组人类的生产活动,重组职业、工作场所、工作类型等等,从而带来新的社会分工;分工的领域是人借助技术不断更替和创新的,技术的发展在这里起了关键的作用。在新分工形成的过程中,一些工作被技术手段所部分或全部替代,而另一些工作则被创造出来,形成新的就业,软工作就是 AI 技术充分发展背景下形成的新分工和新就业。在这一视角中,人工智能对人的传统工作的取代是基于生产力发展的一种生产方式的调整,这里具体化为工作方式的转型,即人由主要从事硬工作转变为主要从事软工作,这样的转型无疑是有利于人的发展的。从技术和生产力发展的趋势来说,人类终将要过渡到软工作成为主导工作形态的时代,人工智能无非是助推了这一进程的展开,基于历史唯物主义的工作哲学所要揭示的也正是人类工作方式演化的这一总方向。把握了这一总方向,我们就会积极地去迎接它的到来,而不是以"受害者"的心理抗拒它的到来。

三、软工作的哲学意义

软工作在人工智能时代的出现甚至大量涌现,具有多方面的社会意义。从前面的叙述中可以看到,它有助于人类向消灭分工奴役的理想境界过渡,它构成人的全面发展的一个阶段,可视为人类过渡到更高社会发展形态的基础。

除此以外,它还具有多方面的哲学意义:

第一,从哲学的高度看待软工作的价值,有助于我们看到它所引起的工作含义的新变化,从而促进我们走向哲学高度的工作观,进而形成具有当代性的工作哲学。这种新的工作观的核心,就是人的"有事可做",进而对无聊、无用感的消除。当然,这里的"事"是被社会评价为有意义的事情,是被公众及主流

169

价值观认可的事情;而软工作正是在这个方向上实现了工作的新含义。从传统的硬工作标准来看,进入软工作就是"失业";而随着"就业"或"工作"含义的这种新变化,我们不再将进入软工作领域的人视为"失业者"或"无用阶级",而是视其为工作内容的结构性改变;而且从"新工作观"来看,软工作将是更有意义的工作,是更人性化、更有利于人的自由与全面发展的工作。

技术的进步、劳动生产率的提高,使得更多的劳动者会被机器所取代;而且技术本身的"使命"就是对人的职能的取代;人发明技术,就是为了让技术替代自己,使自己摆脱劳役和劳累;当这一目标实现时,又会造成人的失落,包括"失业"的失落,由此形成了一个难解的悖论。而软工作的出现,可以使我们走出这一悖论:它既能使人摆脱劳役,又能使人获得工作,其理论支撑就是一种基于新工作观的当代工作哲学的形成。

以当代工作哲学来看待"人的用处",人工智能就不是使人变成无用阶级,而是更加有用的阶级:因为他们此时可以驾驭有用、使用有用、超越传统有用性之上形成更高端的有用性;以此来观照人工智能的有用性,无非就是使人的有用性"升级换代",使"人有人的用处"在人工智能时代得到更高层次的展现。

第二,破除工作与非工作的"非此即彼"的僵硬划界,消解基于形而上学"凝固的方法论"所造成的两者之间的传统界限。当代工作哲学无疑采用的是辩证的方法来看待工作和休闲娱乐之间的关系,洞悉到两者之间的界限从确定性到不确定性、从清晰到模糊、从非此即彼到亦此亦彼的转变,其最高形态就是彼此界限的消除。技术进步的本质是节约劳动时间,给人提供更多的自由时间,如同马克思所说,"真正的经济——节约——是劳动时间的节约……而这种节约就等于发展生产力"[1]。所以,"节约劳动时间等于增加自由时间,即增加使个人得到充分发展的时间"[2],自由时间"不被直接生产劳动所吸收,而是用于娱乐和休息,从而为自由活动和发展开辟广阔天地。时间是发展才

---

[1]《马克思恩格斯文集》,第 8 卷,北京:人民出版社,2009 年版,第 203 页。
[2]《马克思恩格斯文集》,第 8 卷,北京:人民出版社,2009 年版,第 203 页。

能等等的广阔天地"①。或者说,生产力的发展为"不直接劳动的人口创造出一定的自由时间,也就能够发展智力等等;精神上掌握自然"②。可见,大量自由时间的获得,可以消除传统的工作将人硬性地束缚在劳动场所中的不自由状况,而软工作正是在自由时间十分充裕背景下的新工作方式。人在此时不再像过去那样,只有当直接从事创造使用价值的活动才算是工作,而是当创造作为生活意义的目的性活动时也在从事着工作,且人类工作的主场随之转移到这上面来。为此需要改变传统的工作与娱乐休闲二元分割的观念。基于软工作的性质,我们甚至可以把人所从事的发展自己的一切活动,无论是属于传统的工作还是休闲的范畴,都可以视为新型的工作,使得要严格地区分什么是工作什么是休闲不再有意义。

第三,建构人机之间的和谐关系,这也是工作哲学与技术哲学的共同论题。

第四,从技术与社会相互建构的哲学关系中去把握和理解软工作之普惠性的实现。如果将软工作作为解决人工智能时代就业问题的方案,那么它所惠及的就是千百万普罗大众,这种普惠性既要基于一定的技术和生产力水平,但又不单纯是由技术和生产力所决定的,而必须是"社会建构"参与其中的结果。从"技术的社会建构论"视角来看,人工智能的技术性后果是在社会使用中形成的,不是它自己"自主"地展开的,所以人工智能时代软工作是否能在社会中实际地兴起和产生普惠效应,不是取决于 AI 本身,还要取决于社会的建构,尤其是社会分配制度是否合理。犹如私有制背景下机器对人的替代被作为少数人获取更大利益的工具而非劳动者谋幸福的手段,这就是马克思所批判的"机器的资本主义使用"的结果。今天也存在着"AI 的资本主义使用"和"AI 的社会主义使用"的差别,前者造就出赫拉利所说的占人口总数 99% 的人成为无用阶级的可能性是存在的,而后者从原则上则可以避免这种情况的发生,反而可以使人获得更彻底的解放,并通过软工作来使人得到更全面的发

---

① 《马克思恩格斯全集》,第 26 卷(下),北京:人民出版社,1974 年版,第 281 页。
② 《马克思恩格斯全集》,第 46 卷下册,北京:人民出版社,1980 年版,第 298 页。

展。这也表明，AI技术对人造成的影响及其带来的"命运"，离不开社会的建构，离不开有利于软工作实施的制度性安排；离开社会制度的背景来谈论 AI 的就业效应常常是抽象而空洞的。

四、结　语

"工作"是人（无论个体还是群体）存在的基本需要和普遍方式，也通常是社会中的人之生存条件和发展平台，所以成为人人重视的对象，也受到诸多学科的关注，这种关注无疑还需要进一步上升到哲学的层面，形成将"工作"纳入哲学视野的"工作哲学"，它吸收但又不等同于诸如经济学和社会学等具体学科对工作的研判和看法，从而形成一种来自具体科学但又高于具体科学的"工作观"。当前在人工智能形成对人类工作岗位空前规模"冲击"的背景下，基于工作哲学的视野提出软工作的概念具有特殊的意义。软工作与传统的硬工作不同，它不以直接创造经济效益而以产生社会效益为主，它不是出于强制性的谋生需求，而从个体的兴趣爱好出发来施展人的才华，它还使人的工作与休闲融为一体，使工作成为真正的享受，并且逐渐成为发自内心的"第一需要"。可以说，当代工作哲学为我们提供新的工作观来分析和看待人工智能时代最重要的社会课题，更全面地把握工作的本质内涵、形态变迁及人文意义；而软工作的概念则进一步帮助我们在当下用一种具有预见性的哲学眼光来理解人工智能所具有的就业效应，启示我们从战略高度上重视软工作的设计和开发，从而主动积极地应对 AI 对传统工作的冲击，为和谐有序地走向未来社会提供有效的智力支持。

（原载《中国人民大学学报》，2018 年第 5 期）

智能系统的"劳动"及其社会后果

孙伟平

　　人类正在经历农业革命、工业革命之后的又一次重大的经济和社会变革——信息或智能革命。社会信息化、智能化与以往革命的一个重要的不同之处,就在于人工智能是对人类智能的模拟、延伸和超越,是前所未有的具有革命性、颠覆性的高新科学技术;智能系统的"类人智能"和自主性日益增强,正在获得日益多样化、日益强大的"劳动能力",正在取代人类承担越来越多的劳动任务和劳动职责。这一切诚然有力地推动了经济和社会的发展,对人的劳动解放和自由全面发展具有积极意义,但其导致的一系列既新颖又严峻的经济和社会后果,正在深刻地影响广大劳动者的生存境遇、就业前景、劳动权利和幸福指数,对此,我们有必要立足马克思主义唯物史观进行全面、深入地分析。

一、智能系统的"劳动"与"劳动优势"

　　基于信息科技、特别是人工智能的快速发展和广泛应用,人类正在建设农业社会、工业社会之后的新型高科技社会——智能社会。以智能机器人为代表的智能系统的"认知"水平日益提高,自主性和自主等级日益增强,正在尝试开展越来越复杂、越来越多样化的活动。虽然人工智能是否具有"意识"或"思维"、人工智能是否可能通过"图灵测试"、智能系统的活动是否可以称为"劳动"、智能系统能否成为"劳动主体"、智能系统能否担负"劳动责任"、智能系统是否应该享有"劳动权利"等问题十分敏感,社会各界存在广泛且巨大的争议,从理论上给出令人信服的判断为时尚早;但毋庸置疑的是,智能系统确实与农业时代、工业时代那种仅仅增强或扩展人类能力、纯粹作为工具的机器存在实质性的差别。智能系统至少是一种特殊的、经过了实质性"升级"的复杂机器,它正"进化"得越来越"聪明",越来越具有"类人智能"和自主性,正在获得越来越强大的"劳动能力",大规模走进经济和社会各领域,替代人类承担越来越多的劳动任务和劳动职责。一方面,智能系统可以拥有远超人类的体力和耐力,各种专用机器系统正在接替"蓝领工人"承担大量的体力劳动,特别是那些人类不情愿承担的脏、累、苦的工作,机械、重复、乏味的工作,以及有毒、有害、危险环境中的工作。另一方面,有些专业化的智能系统在一定程度上已经超越了人类智能,正在向一些曾被认为"专属于人类"的脑力劳动领域进军。例如,基于深度学习等算法技术的智能系统正在尝试咨询服务、"授业解惑"、新闻报道、诊疗手术、审案断案、文艺创作、舞台表演……甚至以智能基础设施和"智能技术范式"为基础,接管原本属于人类的管理、监督、评价、决策等权力,逐渐表现出令人叹服的生产、服务和"管理"技能。

无论人们是否欢迎和喜欢,"我们必须承认、接受并坚信这样一个事实:随时随地,机器都在不断改善,可以胜任越来越多的工作"①。我们不妨搁置智能机器人是否是"人"、智能系统的活动是否可以称为"劳动"之类的哲学难题,而对智能系统与人承担劳动任务进行一番事实层面的比较。或许我们不难发现,随着经济和社会的快速信息化、智能化,智能系统的"劳动能力"正在与日俱增,已经初步表现出相对于普通劳动者的"劳动优势"。

首先,与不断创新的智能系统相比,普通劳动者的劳动技能日益处于劣势。工业革命时期,机器就在体力、速度、耐力等方面超过了普通劳动者,在现代工业中甚至成为生产的主要承担者。恩格斯曾经揭示:"现代工业,产品是

① 马尔科姆·弗兰克、保罗·罗里格、本·普林:《AI+人:新机器时代我们如何生存》,张瀚文译,北京:人民邮电出版社,2018年版,前言第3页。

用动力推动的机器生产的,工人的工作只限于监督和调整机器的运转。"①在"智能技术范式"所建构的智能经济和社会体系中,智能系统的复杂程度、劳动技能更是机械化的机器所无法比拟的。它们不仅具有以往机器的全部功能,而且可以自动接受指令、及时作出反应,自主承担或完成一定的工作职责,并且表现出连人类都难以企及的"协作能力"。普通劳动者即使通过较长时间的学习、培训和钻研,掌握了一定的知识和技能,往往还是难以理解、控制既复杂又精密的智能系统,难以与专业化的智能机器人同台竞争,难以跟上智能系统日新月异的更新速度。与智能系统的数据越来越丰富、联系越来越多样、网络越来越庞杂、技能越来越专精、反应越来越机敏、协作越来越"默契"等相比,普通劳动者显得越来越"原始"、笨拙甚至愚钝。目睹各种智能系统有条不紊地日夜忙碌,普通劳动者有时即使希望人机协作、参与一些辅助性的工作,也往往感觉力不从心。

其次,与普通劳动者的劳动态度相比,智能系统堪称"劳动模范"。自人类历史上出现阶级分化,出现生产资料私人所有者主导的不合理的社会分工,"劳动阶级"的劳动被异化了。"在奴隶劳动、徭役劳动、雇佣劳动这样一些劳动的历史形式下,劳动始终是令人厌恶的事情,始终表现为外在的强制劳动,而与此相反,不劳动却是'自由和幸福'"②。不仅如此,传统意义上的普通劳动者还需要糊口养家、维持劳动力的再生产,希望不断改善生存条件,提高生活品质,因而他们不可能不计较劳动环境、劳动时间和劳动待遇。事实上,他们多年来也一直在通过风起云涌的劳工运动不懈地进行争取。而各种智能系统没有自己的利益考量,没有阶级或政治属性,生存动机和生存需要相对"单纯",甚至可以说是无欲无求,无忧无虑。它们在工作中"勤劳踏实""任劳任怨""不计报酬""不讲条件"……各种专用的智能系统甚至就是"为劳动而生"的,不知疲倦地"劳动至死"是其"生存的要诀"。因为一旦丧失了劳动技能,一旦无法完成劳动任务,它们也就丧失了存在的理由。

---

① 恩格斯:《社会主义从空想到科学的发展》,北京:人民出版社,2014 年版,第 14 页。
②《马克思恩格斯文集》第 8 卷,北京:人民出版社,2009 年版,第 174 页。

再次，与普通劳动者相比，智能系统遵守劳动纪律，劳动状态更好。受制于劳动价值观的差异和对工作纪律的认知，以及情绪、情感、意志等主观因素的影响，普通劳动者的劳动态度和投入程度参差不齐，专注程度存在身心方面的极限。他们的劳动时间的安排需要劳逸结合，张弛有度；即使这样，有时也难以避免因为主观因素制造残次品，甚至酿成工作事故。而智能系统具有"钢铁般"的身体和意志，能够维持比较恒定的劳动状态。它们不像自然人那样易于疲劳，可以长时间地专注于劳动过程，特别"擅长"从事那些人们厌恶的又苦又累、单调重复、枯燥乏味的工作。它们不会出现"思想波动"和情绪化，更没有酗酒、吸毒、赌博之类恶习，可以一丝不苟地遵守劳动规程和工作纪律。当一项工作"交给"智能系统之后，如果系统通过不断改进日趋成熟，那么它们的精确性与正品率就能够得到保证，差错率与事故率往往会显著降低。

最后，智能系统与人的"物种进化""劳动能力"提升遵循完全不同的法则。智能系统遵循"摩尔定律"之类规律，"机器智能正在以指数速度提高自己的性能"[1]，而人作为生物体遵循生物进化规律，劳动技能的实质提升则要缓慢得多。"十年树木，百年树人"。一个自然人从呱呱坠地长大成人，成为智能社会合格的劳动者，至少需要经过十多年的养育、教育和培训，需要投入难以计量的人力、物力成本；而且人的知识、经验和劳动技能无法简单地"下载"、遗传，每一个人都需要从零开始辛辛苦苦地学习、积累。人的进化、成长规律决定了不能揠苗助长，人为地、显著地缩短这一过程。"人类技能的增速越来越缓慢，而计算机功能的增速却越来越快"[2]。智能系统或智能机器人不仅可以源源不断地创造，可以生存于虚拟时空，而且升级版可以"继承"以前版本的知识和技能，甚至可能通过自主学习，自我提升。近些年来，智能系统的功能升级与制造成本之比一直呈现快速下降的趋势，它们今后甚至可能"把劳动成本降到

---

① 卡鲁姆·蔡斯：《经济奇点：人工智能时代，我们将如何谋生？》，任小红译，北京：机械工业出版社，2018年版，第138页。

② 杰夫·科尔文：《不会被机器替代的人——智能时代的生存策略》，俞婷译，北京：中信出版社，2017年版，第9页。

几近于零"①。

诚然,人工智能的发展仍处于初级阶段,经济与社会的"智能革命"还"在路上",离完成还有相当的距离。今天,智能系统尚未真正拥有类似人类的目的意识、自主意识、计划意识以及道德感之类复杂情感,人类在想象力、创造力、复杂交流、模糊处理、灵活变通、系统思维等方面仍然具有一定的优势。但越来越多的有识之士倾向于相信:智能系统在"类人智能"方面很可能突破"图灵奇点",超级智能将远远地超越普通劳动者;适用各种复杂、繁重劳动任务的智能系统的研发没有止境,将源源不断地为社会供给"产业后备军";智能系统的"认知"水平和"劳动能力"将持续提升,劳动态度和劳动状态更是为普通劳动者所不及;智能系统将在社会分工体系中承担越来越多的劳动任务,日益自主、自动地参与各种劳动活动。"一旦机器能接手我们的工作,就会很快比我们干得更快更好,成本更低"②。人们别无选择,不得不告别曾经是"唯一拥有高等智慧"的"万物之灵"的优越感,接受并习惯自己创造的"令人难堪"的人机差距,尝试着在日益信息化、智能化的工作环境中,基于大数据、万物互联和人机交互技术,建立人与智能系统协同劳动、和谐相处的新型劳动方式。如果夜郎自大,故步自封,人为限制智能科技的发展和应用,拒绝在劳动领域与智能系统合作,拒绝采用先进的生产工艺和技术设备,通过牺牲劳动能力和劳动效率,以及迟滞经济和社会的智能化进程,"始终保持在智慧食物链的顶端"③,这种逆历史潮流的举措是既不明智、又不经济的,并且难免为诸如此类的自大、保守付出沉重的代价。

① 约翰·普利亚诺:《机器人来了:人工智能时代的人类生存法则》,胡泳、杨莉萍译,北京:文化发展出版社,2018 年版,第 33—34 页。

② 卡鲁姆·蔡斯:《经济奇点:人工智能时代,我们将如何谋生?》,任小红译,北京:机械工业出版社,2018 年版,第 229 页。

③ 雷·库兹韦尔:《奇点临近》,李庆诚等译,北京:机械工业出版社,2014 年版,第 15 页。

二、人机劳动机会竞争背景下的技术性失业潮

在工业时代残酷的市场竞争中,资本家通过采用和改进机器,建构了一种按照"机器节奏"运转、流水线分工的生产体系。这大幅提高了工人的劳动强度和生产效率,却不断"造成人的劳动的过剩"[①],造成工人的失业,造成整个社会的"过剩人口"[②]越来越多。在智能技术日益成为社会基本技术支撑的时代背景下,"智能技术范式"以更加新颖的形式重构了社会生产方式和社会分工体系,"劳动过剩"或者工人失业的情况变得更加严峻了。"相对于此前工业革命对就业市场的改变,本次工业革命(即智能革命——引者注)对就业市场的破坏范围更广,速度更快"[③]。各种智能系统日益成为经济和社会活动的基础性配置,它们的"劳动"日益成为生产和服务的支柱性力量,成为经济效益和社会财富的源泉;各种专用智能系统如雨后春笋般涌现,正"替代"越来越多的体力和脑力劳动者,占据社会分工体系中大量曾经"专属于人类"的工作岗位;智能系统还"登堂入室",扮演着维系智能社会正常运转、保障人们的生产生活顺利进行、提升社会生活效率的重要角色。在智能时代新的社会生产方式和社会分工体系中,智能系统自主运作、人机之间的劳动协作渐成常态,人机之间的劳动机会竞争也日趋白热化。在智能科技突飞猛进、智能经济日益发展、产业升级日益加快,社会智能化、智慧城市建设不断推进的同时,英国经济学家凯恩斯(J. M. Keynes)1930年就提出的"技术性失业"现象,正以日新月异、变本加厉的方式闯入人们的社会生活。

今天,经济与社会的信息化、自动化、智能化潮流正在狂飙突进。由于"大

---

① 恩格斯:《社会主义从空想到科学的发展》,北京:人民出版社,2014年版,第68页。
② 恩格斯:《社会主义从空想到科学的发展》,北京:人民出版社,2014年版,第74页。
③ 克劳斯·施瓦布:《第四次工业革命》,李菁译,北京:中信出版社,2016年版,第42页。

规模的自动化基本上相当于免费的劳动力"①,因而在日趋激烈的全球竞争格局中,如同工业化进程中机器的采用和改进一样,信息化、自动化与智能化的潮流也几乎是"必须执行的强制性命令"②。"在资本主义经济中,如果人工智能技术提高到可以取代某些白领、技术工人的程度,它们将不可避免地被用于这种用途"③。尚处于早期探索阶段、但公认是智能化程度"晴雨表"的"无人化浪潮",从无人机、无人艇、无人驾驶汽车,到无人车间、无人仓库、无人商场,到无人银行、无人旅馆、无人饭店,再到无人政府机构、无人法院、无人化战争……正在席卷一个又一个经济和社会领域。虽然智能系统是否可以成为"劳动主体""无人化"目前是否名副其实、人机之间应该建立什么样的劳动关系,等等,毋庸置疑存在激烈的理论争议,但问题的关键在于略过新事物萌芽阶段的不成熟和各种乱象,从中管窥时代和社会发展的大趋势:各行各业正在快速地、全方位地信息化、自动化和智能化,人机之间的劳动岗位重新分配、劳动机会的"竞争"不可避免,大幅度裁减普通劳动岗位上的普通劳动者势在必行。这从近年来银行业不断开拓新业务、线上银行 24 小时开放、营业额和利润率大幅飙升,各大银行却越来越热衷于裁减线下网点和雇员,就可见一斑。

尤瓦尔·赫拉利(Y. N. Harari)在《未来简史》中写道:"自工业革命爆发以来,人类就担心机械化可能导致大规模失业。然而,这种情况在过去并未发生,因为随着旧职业被淘汰,会有新职业出现,人类总有些事情做得比机器更好。"④但是,这次智能革命所导致的产业革命、社会革命是复杂、开放、颠覆性的,人类以往的所有经验、理论在逻辑上都并不能保证仍然适用。尤瓦尔·赫拉利也敏锐地意识到了这一点。他笔锋一转:"只不过,这一点并非定律,也没

---

① 约翰·普利亚诺:《机器人来了:人工智能时代的人类生存法则》,胡泳、杨莉萍译,北京:文化发展出版社,2018 年版,第 30 页。

② 恩格斯:《社会主义从空想到科学的发展》,北京:人民出版社,2014 年版,第 80 页。

③ 约翰·马尔科夫:《与机器人共舞:人工智能时代的大未来》,郭雪译,杭州:浙江人民出版社,2015 年版,第 337 页。

④ 尤瓦尔·赫拉利:《未来简史》,林俊宏译,北京,中信出版社,2017 年版,第 286 页。

人敢保证未来一定会继续如此。"①托比·沃尔什(Toby Walsh)与尤瓦尔·赫拉利英雄所见略同:"可惜经济学里没有一条基本定理曾指出,新技术摧毁多少旧岗位,就创造多少新岗位。过去的情形如此,纯属偶然。"②

关于智能科技对新兴职业和人们的就业前景的深刻影响,因为涉及的因素非常之多,又缺乏适用新情况的分析框架、评判标准和观测指标,因而社会各界一直莫衷一是,聚讼不断。目前主要存在三种针锋相对的观点:最悲观的一种,如卡鲁姆·蔡斯(C. Chace)认为,"经济奇点"到来时会出现"普遍性失业"③;比较中庸的观点断定,智能系统将会替代人的部分工作;但即使是最乐观的人也坦承,"技术性失业"将会成为一个尖锐的社会问题。无论人们倾向于哪一种观点,都不能回避诸如此类的社会发展趋势:在这次科技革命所导致的产业革命、社会革命中,虽然会诞生大量的新兴部门和新兴职业,但生产和服务的集中度、智能化也可能进一步提升;虽然会创造不少新的工作岗位,但包括新职业在内,必须由人类从事的新工作可能远逊于被减少、替代的旧岗位。著名经济学家瓦西里·列昂季耶夫(W. Leontief)警示人们:"劳动力将变得越来越不重要……越来越多的工人将为机器所取代。我不认为新兴行业能够把所有想要一份工作的人都雇用下来。"④因为,这一次我们面临的是高科技的信息化、自动化、智能化革命,正如杰里米·里夫金(Jeremy Rifkin)在《工作的终结:全球劳动力衰退和后市场时代的开端》一书中所提出和论证过的,"新型信息技术的影响将与之前几波工业自动化的影响出现质的区别"⑤。在这场革命中,人们被具有"类人智能"、可以不断开发新的劳动技

① 尤瓦尔·赫拉利:《未来简史》,林俊宏译,北京,中信出版社,2017年版,第286页。

② 托比·沃尔什:《人工智能会取代人类吗?——智能时代的人类未来》,闫佳译,北京:北京联合出版公司,2018年版,第126页。

③ 卡鲁姆·蔡斯:《经济奇点:人工智能时代,我们将如何谋生?》,任小红译,北京:机械工业出版社,2018年版,第233页。

④ W. Leontief, "Machine and Man", *Scientific American*, Vol. 187, No. 3, 1952, pp. 150-160.

⑤ 约翰·马尔科夫:《与机器人共舞:人工智能时代的大未来》,郭雪译,杭州:浙江人民出版社,2015年版,第77页。

能的智能系统所取代,"技术进步的速度将超过人们学习或发明新工作的速度"①。越来越多的有识之士相信,人工智能将会突破"图灵奇点",其发展和应用几乎不存在什么终级的限制;智能系统对人类劳动岗位和劳动职责的替代,也几乎不存在什么终级的不可能。此外,这次产业革命、社会革命所创造的新职业、新岗位注定了"不同凡响",新兴职业大都具有鲜明的高新科技色彩,新岗位将对从业者的知识、技能提出更高层级的要求。这类要求有时甚至是"刚性"的,即必须满足的,"技术性失业者"不可能像农业革命、工业革命的时候那样幸运,经过短时间的简单培训就可以实现转岗、再就业。

更何况,当今世界并未完全掌握在全体人民手中。在相当程度上,它被"资本的逻辑"所控制,难以阻止资本的贪婪攻城略地;同时,智能社会的建构又难免内嵌"智能技术范式"的逻辑,释放这种高新技术本身的负效应。全球竞争格局中的"资本的逻辑"往往以效率和利润最大化为导向,"智能技术范式"则以彻底的、全方位的信息化、自动化和智能化为目标。在社会改造、重塑的大变革过程中,资本的拥有者和技术精英们一直在观念和行动上相互靠近,"资本的逻辑"与"技术的逻辑"总是在或明或暗地互相强化。几乎是自然而然地,包括企业在内的各种社会组织以社会发展趋势为借口,以效率、利润最大化为导向,越来越热衷于重构全球社会生产体系和社会分工体系,越来越青睐高科技含量的自动化、智能化和"无人化",越来越倾向研发和使用劳动技能更优、劳动态度更好的智能机器。换言之,他们在全球市场竞争和人机劳动机会竞争的背景下,越来越不愿意雇佣工资福利要求越来越高、权利意识越来越觉醒的普通劳动者,特别是老弱病残孕之类弱势群体,目不识丁的文盲、缺乏科技知识的科盲等处于数字鸿沟之弱侧的"数字穷人"。"技术性失业"作为经济和社会智能化进程中难以破解的社会难题,将"数字穷人"之类普通劳动者置于了更具挑战性、更看不见希望的境地。

---

① 拜伦·瑞希:《人工智能哲学》,王斐译,上海:文汇出版社,2020 年版,第 82 页。

三、"社会排斥""无用阶层"与人的存在荒谬化

在资本和市场主导的工业化进程中,"机器排斥劳动者"导致工人过剩,处境日益艰难,导致劳动异化、贫富差距和社会分化越来越严重。马克思、恩格斯曾经深刻地揭批过这些现象。例如,恩格斯指出:"如果说机器的采用和增加意味着成百万的手工劳动者为少数机器劳动者所排挤,那么,机器的改进就意味着越来越多的机器劳动者本身受到排挤"[①];"机器,用马克思的话来说,就成了资本用来对付工人阶级的最强有力的武器,劳动资料不断地夺走工人手中的生活资料,工人自己的产品变成了奴役工人的工具"[②]。

迈入智能时代,智能经济的发展、产业结构的调整和"技术性失业"更是强化了以上的一切,导致社会日益分化为两个对立的阵营——占人口少数、包括财富精英和技术精英在内的精英群体,以及占人口多数的普通劳动者,特别是队伍日益壮大的"数字穷人"。自动化、人工智能所导致的工人技能的"两极分化"[③],甚至新的阶层或阶级分化,已经引起了有识之士的高度警觉和强烈关注。尤瓦尔·赫拉利指出:"随着算法将人类挤出就业市场,财富和权力可能会集中在拥有强大算法的极少数精英手中,造成前所未有的社会及政治不平等。"[④]约翰·乔丹(J. Jordan)也判断:"在经济方面,最富有的人会变得更加富有、更有影响力,而缺乏技能的人则会变得更穷、更加边缘化。"[⑤]

---

① 恩格斯:《社会主义从空想到科学的发展》,北京:人民出版社,2014 年版,第 68—69 页。

② 恩格斯:《社会主义从空想到科学的发展》,北京:人民出版社,2014 年版,第 69 页。

③ M. Krzywdzinski, "Automation, Skill Requirements and Labour-use Strategies: High-wage and Low-wage Approaches to High-tech Manufacturing in the Automotive Industry", *New Technology, Work and Employment*, Vol. 32, No. 3, 2017, pp. 247 - 267.

④ 尤瓦尔·赫拉利:《未来简史》,林俊宏译,北京:中信出版社,2017 年版,第 290 页。

⑤ 约翰·乔丹:《机器人与人》,刘宇驰译,北京:中国人民大学出版社,2018 年版,第 157 页。

智能时代是迄今最复杂、发展最快速的高科技时代,对于"数字穷人"极不友好。"数字穷人"面临层出不穷的智能系统和具有更高技能的劳动者的双重竞争,率先承受着经济和社会智能化的不良后果。智能科技越进步,智能经济越发展,社会智能化程度越高,"数字穷人"往往越是无所依凭,茫然不知所措,越是跟不上时代的步伐,难以"扼住自己命运的咽喉"。"数字穷人"所拥有的"唯一的资本",即主要以体力和劳动时间为主要表现形式的劳动力,是渔猎时代、农业时代和工业时代可资利用、不可或缺的资源,在那些时代不仅普遍受到重视,而且被统治阶层处心积虑地加以争夺;但在高度信息化、智能化的经济和社会结构中,当智能系统可以大量替代人工作时,"数字穷人"的劳动力资源日渐丧失原有的优势,其劳动价值骤然成为一个令人尴尬的问题。由于专用智能系统不断涌现,"劳动能力"越来越强,价格还越来越便宜,研制、购买它们往往比培训"数字穷人"更合算,因而"数字穷人"的竞争者必将如雨后春笋般涌现;他们失业之后,并不容易获得足够的培训和再就业的机会,从而难免被信息化、智能化、全球化的经济和社会体系排斥在外。

早在世纪之交,曼纽尔·卡斯特(Manuel Castells)就敏锐地洞察到了全球化、信息化进程中的垄断、隔离、不平等、贫穷、社会分化、边缘化和"社会排斥"的发展状况:"通过高科技网络,全球化把世界上有价值的东西联在一起,而摒弃毫无价值的。"①这里抛弃的可是"一个全新而庞大的阶级:这一群人没有任何经济、政治或艺术价值,对社会的繁荣、力量和荣耀也没有任何贡献"②。在智能时代之前,人力资源一直都是很宝贵的。农民对于农业社会的地主来说,工人对于工业社会的资本家来说,无论如何都不可或缺,是其想要剥削的对象,是利润和剩余价值之源。然而,"数字穷人"被贴上了"无用阶层"的可笑标签,精英阶层不再认可其价值,各种信息化、智能化的企业、机构越来越不愿意雇佣、剥削他。他们因此正在丧失马克思所揭露的农业时代、工业时

---

① 曼纽尔·卡斯特:《千年终结》,夏铸九、黄慧琦等译,北京:社会科学文献出版社,2003年版,第433页。

② 尤瓦尔·赫拉利:《未来简史》,林俊宏译,北京:中信出版社,2017年版,第293页。

代那种需要反抗的对抗性的社会关系,例如农民与地主、工人与资本家之间的那种因雇佣——或者说因需要——而产生的剥削与反剥削、压迫与反压迫的社会关系。曼纽尔·卡斯特将这一切形容为"信息化资本主义的黑洞":"现在世界大多数人都与全球体系的逻辑毫无干系。这比被剥削更糟。……因为至少剥削是一种社会关系。我为你工作,你剥削我,我很可能恨你,但我需要你,你需要我,所以你才剥削我。这与说'我不需要你'截然不同"①。

"数字穷人"沦落为尴尬的"无用阶层",在这个全球一体、加速运转的世界上成了"多余的人"。他们被空前繁荣的智能社会冷酷地遗弃在一隅,缺乏必要的、有效的社会交往,无法真正融入社会;他们"没有敌人,没有伙伴,和谁都没有关系"②;只能接受无人关注、无人需要、无人喝彩、彻底被边缘化的残酷命运。即使智能科技加持下的物质生产力空前发达,社会财富前所未有的丰富,通过变革社会治理方式、建立健全社会保障体系,例如设立无条件的"普遍基本收入(universal basic income)",可以解决"无用阶层"最基本的民生问题,满足其基本的生存和生活需要,然而,他们丧失了劳动的机会和价值,丧失了人生的方向和意义,存在变得虚无和荒谬化了。占人口少数、高高在上的精英群体踌躇满志,已经琢磨着如何利用智能技术"升级"自我,打造由一个个"超人"构成的梦幻新世界;他们在得意忘形之余,内心里甚至不情愿容忍"无用阶层"卑微地存在,充满鄙夷地将他们视为有害无益的"废物":有限资源的浪费者、前进道路上的绊脚石。尤瓦尔·赫拉利揭露道:"至少部分精英阶层会认为,无须再浪费资源为大量无用的穷人提升甚至是维持基本的健康水平,而应该集中资源,让极少数人升级到超人类。"③

"技术性失业""社会排斥""无用阶层"之类的被替代、被忽视、被排斥、被抛弃,特别是人生意义的丧失,存在的虚无与荒谬化,终将导致"数字穷人"的

① 曼纽尔·卡斯特:《千年终结》,夏铸九、黄慧琦等译,北京:社会科学文献出版社,2003年版,第434页。

② 曼纽尔·卡斯特:《千年终结》,夏铸九、黄慧琦等译,北京:社会科学文献出版社,2003年版,第434页。

③ 尤瓦尔·赫拉利:《未来简史》,林俊宏译,北京:中信出版社,2017年版,第314页。

人生观念和生活方式陷入紊乱。他们祖祖辈辈传承、认同的价值观念——例如"天生我材必有用""天道酬勤""一分耕耘,一分收获"之类——不知不觉间土崩瓦解,人生失去了健康向上、正常有序的理想和目标。在摧枯拉朽、令人炫目的社会变革面前,在茫然无措、无所适从的混乱生活中,他们在精神层面萎靡失落,在心理层面悲观绝望,陷入日益严重的生存危机之中。例如,有调查显示,在目前工厂倒闭率和员工失业率比较高的地区,滥用药物、患抑郁症、自杀与犯罪的概率都相对较高。"数字穷人"面对汹涌澎湃的智能化潮流,面对虚拟与现实相交织的梦幻社会,却不知道自己为什么活着,不知道每天要做什么,不知道应该往哪里去,更不知道未来等待他们的是什么。当他们不满足于酒精、药物、短视频文化、电子游戏、虚拟交往、VR体验等填充的无所事事的"现代生活方式"时,就可能像工业时代的卢德派捣毁机器一样,破坏智能社会的基础设施,干扰智能系统的正常运作,向精英群体和统治阶层抗议寻仇,从而将整个社会拖进无休止、无理性地撕裂、对抗和动荡,引爆一场全面、彻底的道德危机、价值危机和社会危机。这正如曼纽尔·卡斯特严厉警醒世人的:"整个世界危机即将爆发,但不会以革命的方式,而是:我忍无可忍了,我不知道该干什么,我不得不爆发,为爆发而爆发。"①

四、"社会排斥""无用阶层"与人的劳动权利

曼纽尔·卡斯特指出:"社会排斥基本上是资本主义社会中剥夺个人成为劳工的权力的过程。"②"技术性失业""社会排斥""无用阶层"……智能时代涌现或日益突出的这些新现象,刻画了"数字穷人"等普通劳动者前所未有的悲惨处境。他们所面临的被替代、被忽视、被排斥和被抛弃,比马克思在工业革

---

① 曼纽尔·卡斯特:《千年终结》,夏铸九、黄慧琦等译,北京:社会科学文献出版社,2003年版,第434页。

② 曼纽尔·卡斯特:《千年终结》,夏铸九、黄慧琦等译,北京:社会科学文献出版社,2003年版,第76—77页。

命初期揭露过的资本原始积累过程中的劳动异化、经济剥削和政治压迫有过之而无不及。因为它不仅剥夺了人的劳动机会和劳动权利,吞噬了人作为"劳动者"的根本,而且破坏了以劳动为基础建立的相互依存的人际关系,颠覆了传统社会正常运行的基石,从而令"数字穷人"陷入了物质和精神生活的穷途末路。

首先,劳动是人"成为人"、表现自己"类本质"的实践活动。"劳动创造了人本身"①,人也是通过劳动而不断"成为人"的。劳动是人的存在方式,是"自由的生命表现",是人的本质力量的积极的确证。"劳动是整个人类生活的第一个基本条件"②,是全部世界历史的"真正基础"③。毕竟,"整个所谓世界历史不外是人通过人的劳动而诞生的过程"④。自由、自觉的劳动实践活动曾被马克思论证为人与动物界的本质区别。正是通过具体的历史的劳动实践活动,"在改造对象世界的过程中,人才真正地证明自己是类存在物"⑤,表现出自己的"类本质"。当然,人与劳动都是历史性、过程性的,处在未完成的形态,劳动的过程正是人的自我生成过程,劳动的发展程度正是人的自由全面发展程度的体现。迈入智能时代,如果不建立全体劳动者当家做主的社会制度,如果听任"资本的逻辑"与"技术的逻辑"交相强化,令越来越多的人因为"技术性失业""社会排斥"而绝缘于劳动实践,那么他们还能选择什么样的生存方式?他们如何才能"成人"、表现自己的"类本质"? 人类社会如何才能健康发展,不断生成所谓"世界历史"?

其次,劳动是人创造财富、实现价值的实践活动。劳动与自然界相结合构成了"一切财富的源泉"⑥。"劳动是生产的真正灵魂"⑦。只有通过一定的劳动实践活动,一个人才能与外部世界进行物质、信息和能量交换,创造一定的

---

① 《马克思恩格斯文集》第 9 卷,北京:人民出版社,2009 年版,第 550 页。
② 《马克思恩格斯文集》第 9 卷,北京:人民出版社,2009 年版,第 550 页。
③ 《马克思恩格斯文集》第 3 卷,北京:人民出版社,2009 年版,第 459 页。
④ 马克思:《1844 年经济学哲学手稿》,北京:人民出版社,2014 年版,第 89 页。
⑤ 马克思:《1844 年经济学哲学手稿》,北京:人民出版社,2014 年版,第 54 页。
⑥ 《马克思恩格斯文集》第 9 卷,北京:人民出版社,2009 年版,第 550 页。
⑦ 马克思:《1844 年经济学哲学手稿》,北京:人民出版社,2014 年版,第 57 页。

物质财富和精神财富,满足自己、他人和社会的需要;也才能按照"任何一个种的尺度"和"美的规律"①改造客观世界和主观自我,充分发掘自己的潜能,实现自己的社会价值和自我价值。处于"社会排斥"状态、绝缘于具体的历史的劳动实践活动的"无用阶层",根本没有机会、平台与外部世界进行深刻互动,又怎么谈得上财富的创造、需要的满足和价值的实现呢?

再次,劳动是人相互交往、建立必要的社会关系的本质性活动。在人猿相揖别、人类诞生的过程中,劳动就不再是单个人的活动了,而是一种群体协作的社会性行为。如荀子将"能群"视为人与禽兽之间的根本区别,马克思则将"一切社会关系的总和"②视为人的本质特征。劳动交往过程中所建立的相互关系,是人的全部社会关系的核心部分,在其中占据着基础性、支配性的地位。但智能系统和智能机器人对人的排挤、替代,令"数字穷人"之类普通劳动者陷入"技术性失业""社会排斥"状态,丧失了通过群体性的劳动协作实质性地融入社会、建立和维护以劳动关系为主的社会关系的渠道和机会。他们处于全球化的智能经济、智能社会体系之外,既没有自己的劳动领域和劳动单位,又不扮演一定的工作角色、承担一定的工作职责,因而无法产生相对于一定群体、组织的归属感,建立基本的社会认同。这破坏了传统的相互依存的人际关系结构,动摇了传统社会组织存在、运行的基础,并对千百年来形成的工作伦理(职业伦理)造成了巨大的冲击。

最后,劳动是人的神圣不可剥夺的权力和尊严。马克思在《哥达纲领批判》中畅想共产主义社会高级阶段时曾经深刻地揭示,劳动"不仅仅是谋生的手段",而且本身就是"生活的第一需要"③。劳动权是人的生存权和发展权的基础,是人生快乐和幸福的源泉。平等的劳动权对于每个人至关重要,可谓与生俱来的不可转让的基本人权。"工作给人们带来的好处不仅只是保证温饱的薪水,还有群策群力制定并且最终完成具有挑战性目标而带来的

---

① 马克思:《1844 年经济学哲学手稿》,北京:人民出版社,2014 年版,第 53 页。
②《马克思恩格斯文集》第 1 卷,北京:人民出版社,2009 年版,第 501 页。
③《马克思恩格斯文集》第 3 卷,北京:人民出版社,2009 年版,第 435 页。

归属感、满足感和成就感,甚至是充实每周时光的固定的工作内容和乐在其中的生活节奏"①。如果一个人长期陷入失业状态,被经济和社会体系排斥在外,甚至被精英群体鄙夷地视为"无用阶层",那么,他不仅无法按劳取酬、获得自食其力的经济收入,在劳动过程中有所成就、"自我实现",通过劳动成绩赢得他人的尊重和做人的尊严,而且自己的"第一需要"得不到基本的满足,在迷失生活意义和生命价值的窘境中,幸福指数必然显著下降。

总之,劳动作为人的存在方式和本质性活动,是社会发展和人的美好生活的基础,劳动权是人的基本人权。而在社会信息化、智能化过程中,当智能系统的功能或者说劳动能力越来越强,实际承担的工作岗位和职责越来越多,特别是承担越来越多的以往断定"专属于人类的工作";或者说,当人的劳动能力不断被各种各样的智能系统所超越,人的工作岗位不断被智能系统所掠走,人自身因为无所事事而功能"退化",越来越丧失劳动能力时;劳动、工作就不再是人的"专利"了,正在丧失财富的源泉、美好生活的基础的地位;同时,也就很难说是人所特有的自我肯定、实现价值、维护尊严的本质性活动了。进一步地,社会智能化浪潮刚刚"起势",未来的形势只可能日趋严峻:由于智能系统的持续开发和无穷无尽,智能系统不知疲倦、不计报酬的"劳模精神""数字穷人"之类普通劳动者的劳动机会将会持续减少,基本的劳动权利不断被剥夺。这不仅造成了人的新异化和存在的荒谬化,而且对人的基本人权和自由全面发展构成了实质性威胁。

五、在经济和社会变革中寻找希望

依据唯物史观,人的劳动解放、自由全面发展必须建筑在生产力特别是科技进步的基础之上,必须以由之带来的日益充裕的自由时间为前提。所谓自

---

① 托马斯·达文波特、茱莉娅·柯尔比:《人机共生》,李盼译,杭州:浙江人民出版社,2018年版,第 VIII—IX 页。

由时间,就是不被直接生产物质生活资料的必要劳动时间占据、可供人随意支配的闲暇时间。自由时间是一个社会中个人"积极存在"、自由全面发展的空间,是人的劳动解放、获得自由全面发展的条件。

在古代社会,由于生产工具异常粗糙、简陋,生产力水平十分低下,人们不得不将全部时间用于物质生活资料的生产,一般没有剩余产品,自然也没有自由时间,没有不劳而获者。随着技术的进步和新的生产工具的发明,生产力获得了一定的发展,逐渐出现了剩余产品或者说剩余劳动时间。剩余劳动时间"一方面是社会的自由时间的基础,另一方面是整个社会发展和全部文化的物质基础"①。

以剩余产品为基础的自由时间的出现,为一些人通过占有剩余产品而从繁重的物质生产活动中摆脱出来提供了可能,他们逐渐成为"不劳动的阶级"。在以往的私有制社会中,"不劳动的阶级"通过强占剩余产品,即通过强占剩余劳动,霸占了整个社会的自由时间;而大多数人则被强迫承担全社会的劳动重负,成为饱受剥削、压迫的"劳动阶级"。"劳动阶级"辛苦创造的自由时间被"不劳动的阶级"剥夺了,丧失了休闲、娱乐、学习等精神活动所必需的空间,即丧失了自由全面发展所必需的条件。例如,在资本主义社会,资本的逐利本性或者"资本的逻辑"决定了,它必然要将自由时间变成工人的剩余劳动,尽可能榨取工人的剩余价值。即使通过采用先进技术和设备提高劳动生产率,通过风起云涌的劳工运动的抗争,工人的工作时间缩短了,获得了一定的自由时间,资本家也总是试图"减员增效",提高生产过程的科技含量和复杂程度,迫使工人不得不花费更多自由时间用于教育和培训,提升自己的素质和劳动能力,自觉或不自觉地为"资本增值"服务。

智能科技的快速发展和广泛应用,经济和社会的信息化、智能化,虽然没有直接在政治上改变"资本的逻辑"和既定的统治秩序,改变"不劳动的阶级"占有"劳动阶级"剩余劳动(剩余价值)、自由时间的不合理状况,却实质性地提高了劳动生产率和社会生产力水平,促进了物质和精神财富的极大丰富;特别

---

① 《马克思恩格斯全集》第 32 卷,北京:人民出版社,1998 年版,第 220—221 页。

是生产和服务日益自动化、智能化,智能系统大量替代人从事各种工作(尤其是人们不太情愿从事的工作),打破了资本所有者主导的异化人的旧式分工,使人们有可能远离令人厌恶的各种"苦役"。这一切不仅满足了人们自由全面发展所必需的物质需求,而且将人逐步从外在的强制劳动中解放出来。同时,还普遍缩短了人们的必要劳动时间,增加了实现人的劳动解放和自由全面发展所需要的自由时间。

"节约劳动时间等于增加自由时间,即增加使个人得到充分发展的时间,而个人的充分发展又作为最大的生产力反作用于劳动生产力。从直接生产过程的角度来看,节约劳动时间可以看做生产固定资本,这种固定资本就是人本身"①。人们拥有更加充裕的自由时间,意味着不必为谋取物质生产资料而终身辛苦劳作,意味着可以自由培养自己的兴趣和爱好,自主发挥自己的力量和才能。人自身的提升,人们的兴趣、爱好、力量和才能的发展,不仅可能反过来促进科学技术和生产力水平的进一步提高,促进社会物质生产条件的进一步改善,而且,这一切直接就是人的解放和自由全面发展的题中之义,具有深刻的哲学意蕴和道德价值。

不过,我们应该清醒地认识到,自由时间与必要劳动时间是相互联系、相辅相成的。在经济和社会信息化、智能化背景下,如果一个人长期陷入"技术性失业"状态,沦为无人关注、无人雇佣的"无用阶层",所谓的自由时间就不过是被社会排斥在外、丧失劳动权利的另一种叙事。如前所述,这是高科技时代"数字穷人"之类普通劳动者的新梦魇,是其物质和精神生活的穷途末路。智能社会的合理建构必须体现在通过政治解放和社会革命,破除"资本的逻辑"和"技术的逻辑"及其联盟,保障全体人民拥有平等的劳动机会和劳动权利,在普遍减少必要劳动时间的基础上增加自由时间,从而为包括"数字穷人"在内的全体人民的劳动解放和自由全面发展创造条件。

首先,立足占人口绝大多数的普通劳动者的立场和智能科技发展的"可能性",审慎地、具有前瞻性地确立人工智能发展、应用的价值原则,确保其为维

---

① 《马克思恩格斯文集》第 8 卷,北京:人民出版社,2009 年版,第 203 页。

护广大普通劳动者的劳动解放、基本人权和劳动尊严服务。其中最为核心的是,依照以人为本和公正原则推进经济和社会的智能化进程,推动产业升级、经济转型和社会智慧化治理,保障全体人民在新型社会中的劳动主体地位;不断开拓新兴职业和新兴劳动岗位,保障全体人民拥有丰裕的劳动机会和平等的劳动权利,过上生活有保障、事业有作为、人格有尊严的美好生活。在这一过程中,必须坚持底线思维,防止财富精英和技术精英、"资本的逻辑"与"技术的逻辑"相互勾结,特别是建立"算法影响评估"的长效机制,预防算法中隐蔽地内嵌歧视性内容,禁止资本和技术的拥有者有意无意地排斥、剥夺和奴役"数字穷人";同时,运用智能技术和设备为各种弱势群体提供解决方案,例如为残障人士发明各种替代、辅助技术和设备,弥补、克服其身体或心理的缺陷,帮助他们获得正常的劳动能力和劳动机会,实现自己的劳动价值,获得作为劳动者的尊严。

其次,针对"智能技术范式"和智能社会的新特点,完善社会顶层设计,重塑社会治理体系,为人的劳动解放、自由全面发展奠定坚实的基础。一方面,基于智能系统的劳动技能的开发和利用,废除导致劳动者工具化、异化的旧式分工,消除一切令人厌恶的强制性劳动,包括让专用智能系统接手各项工作中人们不情愿承担的环节;基于智能化趋势、以人为本的价值原则和人们美好生活的需要,重新设计人机之间、人与人之间的劳动分工,不断发掘新兴职业和新的劳动机会,"按需分配"给全体适龄劳动者,保障所有人享有平等的劳动机会和劳动权利。另一方面,基于新型的劳动分工体系和劳动市场大数据,建立动态的"时间管理模型",合理、有序地缩减每个人的必要劳动时间,将不断增加的自由时间公正地交给全体社会成员支配;利用先进的智能技术所创造的环境、条件和手段,帮助人们真正成为"自由的劳动者",尝试从事各种以往没有机会做的事情,挖掘各种或许自己都不知道的潜能;鼓励人们在自己最感兴趣、最热爱的一些"开放"工作领域(例如科学、哲学、文学、艺术、道德等)充满激情地施展才华①,实现人生价值的最大化和每个人的自由全面发展。

① 托比·沃尔什:《人工智能会取代人类吗?——智能时代的人类未来》,闫佳译,北京:北京联合出版公司,2018年版,第144页。

再次,确立全民终身学习、持续提升的理念,基于人机交互技术等智能科技的发展,为广大劳动者持续"增智""赋能",培育拥有智能社会装备、具有智能社会特质的新型劳动者,建设和谐的人机关系和新型的人机文明。"今天,我们延伸自我最让人印象深刻的方式就是发展出能够改变生命本身的技术。因此,未来将是有机世界和合成世界的联姻,正如未来一定是人类和机器人的联姻"①。迈入高科技的智能时代,如果抗拒智能技术与设备的"武装",抗拒人机之间的劳动协同与一体化,是不可能拓展劳动技能、提升劳动效率的,也是不可能拥有光明的前途的。"成功者将是那些学习运用技术的人,而不是抵御技术的人"②。人类必须摒弃恐惧、怀疑、观望、等待等消极心理,革除"万物之灵""唯我独尊"之类的陈腐观念,主动借助高新科技加快人自身的进化和劳动技能的提升。即是说,必须全身心拥抱智能科技,尝试运用各种高新科技和设备"武装"自己,通过人机协作、人机一体化等,全方位提升自己的劳动技能和劳动效率,在生产实践和社会服务领域构建更高层次的"人机共同体"和人机文明。

总之,人工智能是人类迄今为止所发明的最具革命性的科学技术,经济和社会的信息化、智能化是大势所趋。我们应该做历史的促进派,未雨绸缪,因势利导,积极探索合理利用智能系统的"劳动"、有效开展人机劳动协作的方式。在新型社会和新型文明的建设过程中,解决"人机矛盾"和"技术性失业",消除"社会排斥"和"无用阶层",维护人的劳动权利和实现人的自由全面发展的关键,是通过波澜壮阔的科技革命、产业革命和社会变革,切实落实"全体人民当家做主",彻底消除旧式分工和压抑性的强迫劳动,让劳动真正成为广大劳动者"自由的生命表现""生活的第一需要",自然而然地产生物质与精神财富极大丰富、人民生活水平和幸福指数持续提高的结果。在这一伟大的变革历程中,社会将日益挣脱"资本的逻辑"和"技术的逻辑"的宰制,发展成为共

---

① 皮埃罗·斯加鲁菲:《人类2.0——在硅谷探索科技未来》,牛金霞、闫景立译,北京:中信出版社,2017年版,第375页。

② 约翰·普利亚诺:《机器人来了:人工智能时代的人类生存法则》,胡泳、杨莉萍译,北京:文化发展出版社,2018年版,第38页。

有、共建、共享的新型技术社会形态——智能社会;人也不断地自我提升,成长为用先进的智能技术、装备"武装"起来的新型劳动者,获得前所未有的劳动解放和自由全面发展。

(原载《哲学研究》,2021 年第 8 期)

人工智能与劳动价值论内在逻辑的展开

王天恩

作为人类创造力对象化长期发展的产物，人工智能不仅使人类劳动，而且使劳动价值论步入一个全新的发展阶段。人类劳动由最初直接基于生存意义的活动，到社会分工发展过程中的异化，再由异化劳动向意义活动的复归，已经历了一个漫长的过程，只是当人工智能发展到一定阶段，劳动价值论的发展才出现了历史性转折。这一转折的到来，与人工智能发展使人类劳动的质的提升由平缓渐趋陡峭密切相关。正是人工智能推升的劳动的质的发展与人的需要的发展直接关联在一起，才使劳动价值论的效用层面不断凸显。当劳动效用与人的需要的发展相关联时，劳动效用的发展就意味着劳动价值论与人的自由全面发展日益密切的关联。正是劳动的质的提升，使劳动价值论内在逻辑的展开成为重要的时代课题。

一、人工智能的发展和劳动的质的提升

由于科学技术的发展，人类劳动的量和劳动的质及其关系发生了微妙的变化。这个变化似乎由两个性质相反的过程或方面构成：一方面，在工业时代，随着科学技术的发展，人类劳动的量越来越主要由重复劳动构成，典型的如工业化时代机器的发展使流水线上工人的劳动变成了单位时间拧多少螺丝钉的单调重复活动；另一方面，随着科学技术进一步发展到人工智能，则出现

了人类从重复性劳动中逐步解放出来的趋势。

人工智能的发展,显然对劳动价值论构成重要影响。有观点认为,人工智能是创造价值的劳动者;也有观点认为,由于人工智能是人类智能的延伸,人工智能的发展不构成对劳动价值论的实质性影响。作为人类本质力量的整体对象化,人工智能的发展与劳动价值创造的关系无疑值得更深入思考。

随着科学技术的发展,人类的价值创造活动越来越明显地呈现出这样一个发展规律:从主要通过劳动量的增加,到主要通过劳动质的提升。这一点,其实在恩格斯关于马克思劳动思想的分析中早就有所涉及。在《资本论》第一卷,恩格斯对马克思的一个重要思想作了一个脚注,即:"创造使用价值的并且在质上得到规定的劳动叫做 work,以与 labour 相对;创造价值的并且只在量上被计算的劳动叫做 labour,以与 work 相对。"①恩格斯的这一重要注脚内涵极为深刻,除了关于劳动解放的具体展开,还隐含着关于劳动的量和劳动的质的深刻理解。从中可以清楚地看到这样一种区分:劳动的质的规定和劳动的量的规定。在信息文明时代,这一重要思想的内在逻辑可以更清晰地展开。

越是高质劳动,其复杂程度越高。劳动随着质的提升而不断复杂化,正是从物能性劳动向信息性劳动发展的结果。由于日益深入涉及人的需要及其发展,高质劳动具有更丰富更高层次的关系性,而这更是信息性劳动的性质和特点。作为感受性关系②,信息使基于其上的劳动具有越来越复杂的关系,从而大大提升了劳动的质。正因为如此,早就出现的管理和决策性质的劳动更凸显为高质劳动。随着生产的发展,作为高质劳动的创造性劳动越来越得以凸显,从产品的改进和发明给部分人带来超额利润,到基础性的发现和发明给整个人类带来普遍福利,乃至发明蒸汽机和计算机以及推进其发展的创造性劳动成了划分人类文明发展时代的标志。高质劳动的衡量标准就是创造性程度,劳动的质与劳动的创造性程度成正比。类劳动的质越高,劳动产品中所包含的量的叠加的劳动就越来越表现为重复劳动,而当劳动产品的量的叠加越

---

① 马克思:《资本论》第1卷,北京:人民出版社,2018年版,第61页。
② 王天恩:《重新理解"发展"的信息文明"钥匙"》,载《中国社会科学》,2018年第6期。

195

来越为人工智能所承担，重复劳动的价值就会越来越与人相脱离。这种"脱离"一方面意味着人类从非创造性的重复劳动中解放出来，另一方面意味着可以为智能机器代替的劳动越来越不再是人类直接创造价值的劳动，只是这种变化并不易觉察。人类非创造性的重复劳动为人工智能所取代，不是表现为一个明显的交接环节，而是一个在一开始相对平滑的渐进过程，越是在一开始，越是在不知不觉中进行。

随着信息文明的发展，重复劳动为人工智能所代替日益加速，这一点也越来越明显：劳动的价值创造越来越与劳动的质而不是与劳动的量相关。由于信息不同于物能的本性，劳动的质甚至日益关系到什么样的劳动有价值，什么样的劳动不仅没有价值而且还可能有负价值。一方面，劳动产品从更多是物能性的向更多是信息性的发展，而物能性产品和信息性产品具有不同的价值属性和关系。物能性产品和信息性产品的不同价值属性，与价值的量的累积和质的提升密切相关。在物能层次，虽然也同样有价值的质的提升，如同样要素的系统化（这种物能方面的质的提升实质上也是信息性质的），但主要是价值的量的积累，其基本根据是物能产品的重复不在根本上影响产品的价值。而在信息层次，虽然也同样有量的累积，如相同信息要素的群体效应，但主要是价值的质的提升，其基本根据则是同质信息产品的重复会在根本上影响信息的价值①。特定劳动具有什么样的价值，越来越取决于劳动的质。正是劳动的质的提升，不仅在劳动的价值创造中扮演着越来越重要的角色，而且不断创造新的价值。更为重要的是，在信息性劳动产品和劳动的质之间，具有与物能性劳动产品和劳动的量之间完全不同的关系。

由于信息和物能的不同本性，信息产品和物能产品的重复生产成本完全不同。与信息产品不同，物能产品的重复生产成本主要投入到产品产量增加，因此对于物能产品而言，更重要的是量，劳动量的投入通常与价值产出成正比。由于复制与传播的边际成本递减，信息产品的劳动成本主要投入到新产品开发，因此对于信息产品而言，更重要的是质，通常与价值产出成正比的不

---

① 王天恩：《创新劳动价值论的探索及其启示》，载《哲学研究》，2011 年第 3 期。

仅一定是劳动的质的提高，而且是建立在劳动的质的提升基础之上的。没有劳动的质的提升，劳动量的投入不仅可能白费，而且可能反而新增额外的产品处理成本。如果在智能手机推出之际，有厂商还在拼命生产大量 BP 机，那实际上就不仅不是在生产价值，反而是在生产负价值——产品生产得越多，需要为处理不再有价值的产品付出的成本就越高。由于同质产品量的增加主要靠重复劳动完成，而信息科技特别是大数据和人工智能的发展，使重复劳动越来越完全为智能机器所代替，而重复劳动的人工智能承担，所依靠的是创造性劳动。由此足见，劳动的质的提升关系到劳动价值论的内在逻辑展开。

二、劳动的质的提升和劳动价值论的展开

进入智能时代，人工智能的发展将会不断替代人类的物能性劳动，由此人类承担的越来越是信息性劳动特别是创造性劳动。物能性劳动和信息性劳动及其与劳动的质和量的关系，可以进一步展开马克思劳动价值论的内在逻辑。

马克思劳动价值论的内在逻辑展开，最重要的维度之一是创造性的劳动价值与劳动时间的非线性相关。在创新驱动的社会发展时期，常规劳动和创新劳动的真正区别在于劳动的量和质，正是创造性劳动空前凸显了劳动的质。劳动创造价值是常规劳动中量的累积和创新劳动中质的创造的统一过程。创造性劳动更根本地涉及人本身的生产，其价值在维持作为常规劳动承担者的生存和再生产基础上，还必须再加上作为创造性劳动承担者的创造性人才的培养，包括层次越来越高的教育等，因而创造性劳动本身的价值不可能通过劳动量以时间计量。劳动者创新能力的培养不是一个简单的劳动力生产的倍数关系，而是质的提高。创造性劳动价值具有在同一信息共享区域中的唯一性或非加合性以及比常规劳动高得多的风险性，其与劳动时间的量不具有很强的计量意义的关联。由于创新特别是信息性创新越来越与人的需要开发和发展相联系，创造性劳动的价值越来越更与人的需要开发和发展相联系。创造性劳动所生产出来的商品不是以传统生产方式所能生产的新质商品，创造性

劳动价值的计量就不能只是根据社会必要劳动时间而是必须同时直接根据该商品的市场需求进行①。或者更确切地说，根据满足人的需要及其发展的程度衡量，这就使劳动价值的计量与人的发展更直接联系在一起。

由于商品的价值与人的需要的满足相关，因而涉及产品的供求关系就是理所当然的事情；由于管理涉及复杂的供求关系，因而属于高质劳动就再自然不过了。越是具有创造性的劳动，越是高质劳动；越是高质劳动产品，越不能主要甚至只是通过劳动量度量其价值。信息文明的发展，不仅越来越凸显了劳动的质，而且信息性劳动越来越难以像物能性劳动那样通过劳动量来度量。由于创造性劳动越来越与信息性劳动相关，而信息性劳动越来越具有非经典劳动的性质。具有特定范围的典型物能劳动价值可以甚至主要通过劳动时间度量，泛在的信息劳动特别是信息性创造活动的价值则主要甚至只能以劳动的质度量。在很多情况下，创造性活动的劳动量度量不仅不可能，而且没有意义。典型意义上的劳动可以计价，作为非典型劳动的活动常常是无价的，随着人的需要的发展，创造性活动更是如此。这个道理，在更高层次看得更清楚：人类解放是无价的，不可能进入价值评估，只能转换到意义衡量。这正是创造性劳动价值论研究的重要意义所在。正是创造性劳动价值论，不仅进一步扩展了劳动价值论的适用范围，而且将劳动价值论与人的自由全面发展联系在一起②。作为信息文明的标志性成果，人工智能的发展为劳动价值论内在逻辑的进一步展开提供了更充分的条件，使我们可以看到劳动价值论内涵的扩展。

三、劳动价值论内涵的人工智能扩展

当人工智能越来越完全地代替人类的重复性劳动，当人类劳动越来越是

---

① 王天恩：《创新劳动价值论的探索及其启示》，载《哲学研究》，2011 年第 3 期。
② 王天恩：《创新劳动价值论和劳动价值论创新》，载《学术月刊》，2012 年第 12 期。

创造性活动,劳动价值论的内涵就越来越与创造性劳动相联系;当创造性劳动在价值创造中越来越占主导地位,当资本越来越成为创造活动价值的物化形式,价值由活劳动创造就得以根本凸显。越是在原始积累时期,资本越可能具有剥削的性质。而随着社会生产的发展,特别是随着从创新 1.0 到创新 2.0,从劳动 1.0 到劳动 2.0,一方面资本越来越源于创新性劳动的价值,另一方面创造性劳动越来越可以不完全依赖资本。在这样的情况下,"资本和劳动最初是同一个东西;……资本是劳动的结果"①。在劳动价值论中,活劳动和资本的关系就在创造活动中升华到一个更高的层次。在这样一个层次,资本本身就是创造性活动的物化,资本作为价值生产的要素,当然就与价值的劳动创造内在统一,从而与劳动价值论并行不悖,劳动价值论中效用的意义和地位也可以更为明确。人类物能性劳动为人工智能完全替代,意味着人类所承担的都是信息性劳动。正是在信息性劳动中,一些问题将变得更为清晰,包括效用劳动价值的缺陷和合理因素及其在劳动价值论中的地位等。

信息的关系性质使信息性劳动的价值生产关系越来越复杂,层次也越来越高。正是关系的层次提升和复杂化,使马克思在劳动价值论基础上的效用价值思考具有越来越重要的意义。

效用价值考虑关系到劳动价值论的内在逻辑展开,这种展开必须建立在劳动价值论的基础之上。效用价值论特别是边际效用论主要甚至只关注效用,意味着只关注价值的使用体现,而忽略了价值的生成端,而只有在劳动价值论的基础上,才能构成完整的价值关系。马克思在《政治经济学批判(1857—1858 年手稿)》中写道:"单纯的自然物质,只要没有人类劳动对象化在其中,也就是说,只要它是不依赖人类劳动而存在的单纯物质,它就没有价值,因为价值只不过是对象化劳动;它就像一般元素一样没有价值。"②在《政治经济学批判(1861—1863 年手稿)》中,马克思又指出:"劳动对象化的过程

---

① 《马克思恩格斯文集》第 1 卷,北京:人民出版社,2009 年版,第 70 页。
② 《马克思恩格斯全集》第 30 卷,北京:人民出版社,1995 年版,第 334 页。

持续的时间有多长,就有多少劳动对象化了。"①只有在这一完整的价值关系中,不仅效用价值论才有其基础,而且劳动价值论的内在逻辑也可以更充分展开。不在劳动价值论的基础之上,效用价值论就会存在不可克服的内在矛盾,具体表现为"商品价值需要精确计量与效用不可精确计量的矛盾,商品价值反映生产成本与效用不反映生产成本的矛盾,商品价值转移与效用不转移的矛盾,商品价值在生产交换中决定与效用在消费中决定的矛盾"。② 从归根结底的意义上说,价值本来就不是可以精确计量的,所谓"商品价值需要精确计量"只是需要有确定价格的价值表达方式。只有与产品使用相联系的生产成本才是有意义的生产成本,生产成本不与产品使用相联系,可以是毫无意义的投入。商品价值转移正是在不同的具体条件下进行的,而效用正是相对于不同具体条件而言。商品价值既不是单纯在生产交换中实现,也不单纯在消费中决定,而是在它们所构成的整个过程中决定的。而在劳动价值论的基础上,不仅效用价值论的合理因素可以得以更充分体现,而且可以为人工智能发展基础上劳动价值论的展开提供思想资源。

将效用价值考虑建立在劳动价值论的基础之上,就能充分汲取效用价值论的合理因素,既丰富劳动价值论的内涵,又避免效用价值论的不合理使用。理论使用的合理性,关系到对理论理解的到位程度和理论本身的发展。"效用价值论虽有合理的内容,却被用过了头。"③自觉地认识到特定观点和理论的适用范围,正是正确使用观点和理论的前提。其中最为明显的例子之一,正是劳动价值论和效用价值论的关系。作为价值的社会关系的理解,劳动价值论比效用价值论更适用于对社会关系认识的整体观照。作为对价值的人和物关系的理解,效用价值论更适用于人和物关系认识的整体观照;而在信息层面,则可以在更深层次达到二者的统一理解,形成对于人、社会和物能关系认识的更高层次的整体观照。

---

① 《马克思恩格斯全集》第 32 卷,北京:人民出版社,1998 年版,第 91 页。

② 郑志国:《效用价值论的四个矛盾》,载《经济学家》,2003 年第 3 期。

③ 刘骏民、李宝伟:《劳动价值论与效用价值论的比较——兼论劳动价值论的发展》,载《南开经济研究》,2001 年第 5 期。

在价值的劳动创造中,效用的意义和地位早就为马克思和恩格斯所关注。在恩格斯那里,甚至有关于效用问题的深入研究。他提出:"价值是生产费用对效用的关系。价值首先是用来决定某种物品是否应该生产,即这种物品的效用是否能抵偿生产费用。然后才谈得上运用价值来进行交换。如果两种物品的生产费用相等,那么效用就是确定它们的比较价值的决定性因素。"①对于抽象概念和具体现实的关系,恩格斯有深入的理解,也作了非常深刻的阐述。恩格斯在谈到价值规律时指出:"一个事物的概念和它的现实,就像两条渐近线一样,一齐向前延伸,彼此不断接近,但是永远不会相交。两者的这种差别正好是这样一种差别,由于这种差别,概念并不无条件的直接就是现实,而现实也不直接就是它自己的概念。由于概念有概念的基本特性,就是说,它不是直接地、明显地符合于使它得以抽象出来的现实,因此,毕竟不能把它和虚构相提并论,除非您因为现实同一切思维成果的符合仅仅是非常间接的,而且也只是渐近线似地接近,就说这些思维成果都是虚构。"②关于抽象概念及其与现实的关系,恩格斯的认识不仅十分客观,而且非常合理。在这里,可以看到价值领域观念迷失的哲学根源。正是由此,恩格斯深刻地看到,"价值概念被强行分割了,它的每一个方面都叫嚷自己是整体。一开始就为竞争所歪曲的生产费用,应该被看作是价值本身。纯主观的效用同样应该被看做是价值本身,因为现在不可能有第二种效用。要把这两个跛脚的定义扶正,必须在两种情况下都把竞争考虑在内"③。在竞争中看价值创造中的劳动和效用,二者的关系就更加清楚。恩格斯进一步论述道:"实际价值和交换价值之间的差别基于下述事实:物品的价值不同于人们在买卖中为该物品提供的那个所谓等价物,就是说,这个等价物并不是等价物。……说价格由生产费用和竞争的相互作用决定,这是完全正确的,而且是私有制的一个主要的规律。经济学家的第一个发现就是这个纯经验的规律;接着他从这个规律中抽去他的实际价

---

① 《马克思恩格斯选集》第1卷,北京:人民出版社,2012年版,第26页。
② 《马克思恩格斯选集》第4卷,北京:人民出版社,2012年版,第666页。
③ 《马克思恩格斯文集》第1卷,北京:人民出版社,2009年版,第65—66页。

值,就是说,抽去竞争关系均衡时、供求一致时的价格。这时,剩下的自然只有生产费用了,经济学家就把它称为实际价值,其实只是价格的一种规定性。但是,这样一来,经济学中的一切就被本末倒置了:价值本来是原初的东西,是价格的源泉,倒要取决于价格,即它自己的产物。大家知道,正是这种颠倒构成了抽象的本质。"①这正与马克思和恩格斯所批判的"哲学思维的异化"②相联系,本来应当是具体事物抽象概括的产物,结果却颠倒为比具体事物更根本的"本质"。

只有在抽象普遍性的整体观照的理解中,才能深入理解马克思和恩格斯关于价值和使用价值关系的论述。相对而言,价值更抽象,使用价值更具体,价值构成对使用价值认识的整体观照。在这样的整体观照中,就能更深入地理解价值和使用价值的关系,从而理解价值和价格直至劳动和效用在价值形成中的关系,特别是在人工智能发展的条件下。

在人工智能发展的条件下,由于无人工厂的普遍发展,人的物能需要越来越会得到社会性满足,也就是作为社会的一员,每个人都会当然享有基本物质需要的满足,而且这个基本需要的标准随着人工智能的发展而不断提高。由此会带来两方面的重要变化:一方面,人的需要会越来越由物能需要向信息需要发展;另一方面,人的生存意义越来越必须在创造活动中寻求。由于越来越主要是信息产品,使用价值甚至价值概念的内涵也会发生新的变化。正是在这种新的变化中,可以更深入地理解马克思主义经典作家的相关思想。对于信息产品来说,使用价值不仅随着产品发展具有根本性变化,而且其变化具有整体性。价值是事物对人类需要的满足关系,而人的需要以一个不断发展的层级状态存在,对应不同层级的需要会有不同性质的价值。越是与高层级的需要相对应,越具有更为明显的意义性质;越是高层级的需要,越不能以经典劳动产品满足,而必须由越来越高层次的活动本身满足。人的最高层次活

---

① 《马克思恩格斯文集》第 1 卷,北京:人民出版社,2009 年版,第 66 页。
② 王天恩:《马克思的思维异化思想——兼及其内在逻辑的信息文明展开》,载《探索与争鸣》,2021 年第 2 期。

动是自由自觉的活动,这种活动只有在创造过程中才能充分体现。

自由自觉的活动不仅是人的第一需要,而且越来越与价值创造密切相关。劳动价值的形成关键在价值创造,只是这种价值创造活动必须满足相应的人类需要。在人类的传统存在方式基础上,很多活动的价值创造由于没有特定需要而呈现不出价值,而在人工智能的发展条件下,人类新的生存方式为越来越多活动的价值和意义提供了满足需要的基础,结果就是越来越多以往看上去没有价值的活动具有了价值,而且具有越来越重要的意义,人类的价值创造活动由此也得以不断拓展。而随着人的发展所带来的需要的发展,创造性劳动越来越是价值和意义的最重要源泉。由此可见,甚至效用也是随着人类需要的发展而发展的。正是由效用和人的需要的发展之间的关联,可以看到劳动价值论的发展与人的自由全面发展之间的内在逻辑关系。随着人工智能的发展,可以看到劳动价值论内在逻辑展开的一个重要维度,即劳动的质的提升与人的发展的内在关联,从而可以看到人工智能发展对于深化理解劳动价值论的意义。

四、劳动价值论理解的人工智能深化

人工智能发展最令人忧虑的方面,莫过于人工智能取代人类工作岗位。关于人工智能取代人类工作岗位,存在两种相对的观点:一种观点认为,"对大多数的现代工作来说,99％的人类特性及能力都是多余的"[1]。这种可能性引发了越来越广泛的忧虑,人们已经在根据工作性质提出失业先后顺序表。另一种观点则认为,人工智能不会加重失业,因为它会造就新的工作岗位,甚至带来更多的工作机会[2]。而从更高层次看,人们既不用为工作岗位将被人

---

① 尤瓦尔·赫拉利:《未来简史》,林俊宏译,北京:中信出版社,2017 年版,第 295 页。
② 肖锋:《人工智能时代"工作"含义的哲学探析——兼论"软工作"的意义与"工作哲学"的兴起》,载《中国人民大学学报》,2018 年第 5 期。

工智能所取代而担忧,也别简单地为人工智能的发展将为人们带来新的工作岗位而释然。失业顺序表所反映的事实上是人类解放的某种进程;人工智能发展带来的肯定不是以往任何意义上的"新的工作岗位",而是全新的生存处境。人们应该欣喜的是从人工智能的发展中看到了异化劳动解放的现实途径,而应当警觉和提前做好准备的,则是生活意义甚至生存价值的自觉寻求,这是人类将面临的最严峻的机遇性挑战——现在大多数人可能还想象不到,甚至知道也不会相信。

人工智能将不仅快速取代人类的体力劳动,而且更快取代的是非创造性脑力劳动。而人类之所以从事劳动,并不仅仅是获取报酬,甚至越来越不仅仅是出于谋生的需要。劳动是人类的生活方式,即获得人的生活意义的基本方式。正因为如此,人工智能的发展给人们带来的忧虑,与其说是生活着落问题,不如说是生活意义问题。随着人工智能的发展,人类劳动成了一个越来越重要的话题,这一现象本身就意味着,以人工智能为最重要标志,信息文明时代是劳动大变革的时代。劳动不仅创造了人,而且人的创造性劳动解放了人自身。如果劳动被取代,那么何处寻意义?这本身就成了一个具有越来越重要意义的问题。而问题的答案,显然是有意义的活动,而其更高层次的典型体现就是创造性活动。

人工智能发展所带来的信息性劳动普遍化,将开启一个劳动即创造的时代。创造是最符合人性的活动,创造性活动归根结底是信息性活动。物能所具有的基础意义上的重要性永恒存在,信息所具有的界面意义上的重要性日渐凸显。在劳动即创造的时代,相应具有劳动即创造的生活(人生)意蕴。不仅体力劳动,而且重复性脑力劳动意义渐失,创造性活动的意义则呈几何级数剧增。这正是人工智能的发展为人的自由全面发展展开的广阔前景。在这一前景中,经典劳动将向意义活动复归,并最终向创造活动发展,从而在更深层次建立起劳动价值论与人的自由全面发展的内在关联。在劳动价值论和人类发展及其相互关联中,创造性活动具有特别重要的地位。

毫无疑问,信息文明的发展使人类的创造性活动与两个世纪前已有所不同,但探索人类发展规律的马克思主义经典作家早就涉及人类创造性的地位。

事实上,即使在近两百年前,恩格斯就已经考虑到了劳动的创造性因素。"在经济学家看来,商品的生产费用由以下三个要素组成:生产原材料所必需的土地的地租,资本及其利润,生产和加工所需要的劳动的报酬。但是人们立刻就发现,资本和劳动是同一个东西,因为经济学家自己就承认资本是'积累起来的劳动'(亚当·斯密)。这样,我们这里剩下的就只有两个方面,自然的、客观的方面即土地和人的、主观的方面即劳动。劳动包括资本,并且除资本之外还包括经济学家没有想到的第三要素,我指的是简单劳动这一肉体要素以外的发明和思想这一精神要素"①。恩格斯不仅考虑到了作为典型创造性劳动的"发明",而且涉及"思想"这一更基础且广泛意义上的创造性劳动。只是在工业文明时代,由于主要以劳动量计量,劳动价值论的进一步展开还不具备条件。令人惊叹的是,恩格斯已经意识到了这一点,他把劳动价值论的进一步展开清晰地寄望于这样的时代:"在一个超越利益的分裂——正如在经济学家那里发生的那样——的合理状态下,精神要素自然会列入生产要素,并且会在经济学的生产费用项目中找到自己的位置。到那时,我们自然会满意地看到,扶植科学的工作也在物质上得到报偿,会看到,仅仅詹姆斯·瓦特的蒸汽机这样一项科学成果,在它存在的头50年中给世界带来的东西就比世界从一开始为扶植科学所付的代价还要多。"②在这里,恩格斯明确涉及创造性劳动。当他谈到商品的生产费用时,认为其构成要素主要包括两个方面,而且在把生产要素归结为自然和人时,明确把精神活动包括在内:"这样,我们就有了两个生产要素——自然和人,而后者还包括他的肉体活动和精神活动。"③事实上,在以蒸汽机开启的工业文明中,还不可能进一步展开马克思和恩格斯看到的劳动价值论形态,只有在大数据开启的信息文明时代,我们才可能继续在新的时代基础上展开他们思想的内在逻辑。在马克思主义就是人类解放的理论意义上说,劳动价值论最终必定落实到人的自由而全面发展。

---

① 《马克思恩格斯文集》第1卷,北京:人民出版社,2009年版,第67页。
② 《马克思恩格斯文集》第1卷,北京:人民出版社,2009年版,第67页。
③ 《马克思恩格斯文集》第1卷,北京:人民出版社,2009年版,第67页。

　　人类劳动是一个一方面不断为自己创造更好的生存和发展条件,另一方面又使自己在这种创造活动中不断提升自己创造力的过程。从创新劳动价值论,由劳动的创造性活动化,可以看到人类创造能力要求的人工智能提升。而劳动中创造性活动地位的日益凸显,正与人的发展方向相一致。由此可见,随着人工智能的发展,劳动价值论的进一步展开必定建立起与人的自由全面发展的关联。

　　在质的方面不断提升的劳动,归根结底是创造性劳动。正因为如此,创造活动才是最符合人的本性的活动。由此,又可以进一步看到更深层次的两方面内容:一方面,只要能满足人的需要,而且符合人的发展即人的需要的发展方向,所有的创造活动都是创造价值的活动;另一方面,创造性活动越来越成为一个类的活动,越来越与人类的生存活动一体化。随着信息文明的发展,在越来越具有整全性的大数据基础上,无论是作为经典意义上的劳动活动,还是不断出现的新的创造活动,甚至包括数据生成这样为典型或核心的创造性劳动创造条件的活动,都是人类具有整体性的价值创造活动。只是在这种类的活动中,个人在其中所起的作用有很大不同,所处的地位因此也有相应区别。这种区别会日益演变为人的自由而全面发展的多样性,因为"每个人的自由发展是一切人的自由发展的条件"①,而"自由人的联合体"由不同的自由而全面发展的个人构成。

　　人的自由全面发展,必须有相应的条件,而人工智能的发展,为人类集中于创造性劳动奠定了基础。在人工智能发展的基础上,人类创造价值的劳动不仅越来越是创造性劳动,而且由于创造性活动是最符合人的本性的活动,人的自由全面发展的活动条件,也正是普遍的创造性活动。这一点,从目前如火如荼发展的"创客"运动可以看到最典型的表现。创客及其运动的蓬勃发展生动地表明,人类劳动创造的价值正由相对于劳动者而言的外在价值向同时具有越来越丰富的内在意义提升。这一关系到人本身发展的重要提升,不仅与以物能劳动为主转向以信息劳动为主密切相关,而且直接建立在人工智能发

---

　　①《马克思恩格斯选集》第 1 卷,北京:人民出版社,2012 年版,第 422 页。

展的基础之上。

在人工智能使无人工厂普遍发展的基础上,在由物能活动为主向以信息活动为主的发展过程中,劳动的价值性逐渐向劳动的意义化发展。传统劳动越来越以相对较低层次的价值性考量为主,创造性劳动越来越以相对较高层次的价值意义考量为主。这实际上意味着,劳动价值不断向意义维度发展。正是劳动价值向意义维度的不断发展,意味着劳动向创造性活动发展。在人工智能发展的基础上,这是一个必将发生的重要转换。正是这一重要转换,使人工智能基础上的发展空前凸显了一个深刻的道理:人类的创造活动不仅越来越是根本的财富源泉,而且本身就是所有人自由而全面发展或人类解放的基本方式。创造性活动所创造的,远远不只是社会财富,更是人的更高层次发展和人类更高阶段进化本身。正是由此,劳动价值论的内涵得以空前丰富,作为其高级发展形态的意义也随之大大拓展。劳动价值论内涵的发展和作为其更高层次的意义扩展对于人类未来发展中的价值观引领,具有特别重要的意义。

(原载《思想理论教育》,2021 年第 9 期)

智能社会及其价值建构

马克思主义唯物史观视域中的"智能社会"

孙伟平

随着互联网、大数据、物联网、云计算,特别是人工智能的快速发展和广泛应用,人类社会正在快速信息化、智能化,迈入一种新型的技术社会形态——智能社会(亦有人称"智慧社会")。那么,什么是"智能社会",它与农业社会、工业社会存在什么实质性的区别,智能社会的基本结构、发展的动力机制是怎样的?智能社会与作为经济社会形态的共产主义社会是什么关系,等等,都是需要研究和解决的前沿问题。本文拟立足马克思主义的立场、观点和方法,特别是唯物史观的社会形态理论,对这些问题进行一些初步的探讨。

一、作为新型技术社会形态的智能社会

人类迄今走过了什么样的社会发展历程?我们今天究竟处在什么样的社会发展阶段?对于这样的"大问题",从不同的角度、依据不同的理论,可以进行不同的刻画。如果我们立足社会生产力,特别是立足其中的"第一生产力"——科学技术,从技术社会形态的角度进行判断的话,那么,人类社会大致经历了从渔猎社会、农业社会到工业社会,再到"工业社会之后"的智能社会的发展历程。这种从生产力(科学技术)或技术社会形态的角度所进行的刻画,

与人们耳熟能详的从生产关系或经济社会形态进行的刻画——从古代社会、封建社会、资本主义社会到共产主义社会(社会主义是其初级阶段),是马克思、列宁等经典作家对人类社会的两种不同的划分方法。

从马克思的唯物史观理论看,人类社会的发展是一个从低级到高级的"自然历史过程"。大约在一万年前,随着铁器等生产工具的使用,人类从原始的渔猎社会,即古代社会,迈入了农业社会;18世纪60年代的工业革命极大地解放了社会生产力,把人类社会从农业社会推进到工业社会。而信息、智能科技革命的兴起,特别是人工智能的突破性发展,又正在把人类社会从工业社会导向智能社会。

从历史演进的序列看,智能社会显然是一个"新事物"。在社会信息化、智能化早期,思想家们曾经使用"后工业社会"(丹尼尔·贝尔)、"知识社会"(彼得·德鲁克)、"情报社会"(梅棹忠夫)、"信息社会"(约翰·奈斯比特、弗兰克·韦伯斯特)、"网络社会"(曼纽尔·卡斯特)等概念来描绘它。现在看来,思想家们所描绘的上述这类"后工业"的社会,只能算作智能社会的萌芽形态或者早期形式,其本质表现是不太充分的。智能社会作为当今世界具有革命意味的一种技术社会形态,它与农业社会、工业社会等相比较,已经产生了本质性的差别。农业社会是一种以土地为主要生产资料,以家庭为生产单位,以畜力和人自身的自然力为能量,以满足人们的"衣食住行"等基本需求,以种植、养殖和家庭手工业为主要生产活动的小农经济形态。工业社会则主要依靠资本和机器驱动,以使用自然资源(原材料、能源等)、分工生产规模化、标准化的工业产品、大量满足市场需求为主要生产方式。智能社会则建筑在高度发达的信息科技、智能科技之上,它通过信息、知识的采集、创新、传播、共享和创造性使用,将知识生产率和生产力水平提升到了以前不可思议的高度。

智能社会是工业社会之后,以信息科技、智能科技的发展和应用为核心的高科技社会,是知识创新发挥主导作用的智能经济社会。丹尼尔·贝尔以"后工业社会"之名指出:"如果工业社会以机器技术为基础,后工业社会是由知识技术形成的。如果资本与劳动是工业社会的主要结构特征,那么信息和知识则是后工业社会的主要结构特征。"①虽然智能科技的发展仍处于早期,智能科技对社会的塑造仍是初步的,智能社会的展现仍很不充分,它的未来也不是那么确定;但是,它肯定不是工业社会发展的"高级阶段",而是与农业社会、工业社会等相对而言、超越工业社会的一种新型的技术社会形态。

尽管人们对智能社会众说纷纭,莫衷一是,但与农业社会、工业社会相比较,它的一些基本特征逐渐突显出来了:一是信息化、数字化,即运用电脑、手机、互联网、物联网、大数据、云计算等信息技术和设备,人们将一切都"数字化"了。通过网民和机构的自主互联,特别是"万物互联",人们采集、存储、加工处理的信息、知识的总量,正以以往社会无法想象的速度迅猛增加,形成了"海洋般的汇聚"。二是"虚拟化",即运用各种虚拟技术,人们可以创构大量的虚拟场景,创构各种各样的虚拟社会组织,开展日益丰富多彩的虚拟实践、虚拟交往活动。三是智能化,即以大数据、智能算法为基础,"社会有机体"日益具备一定的智能,进行一定的"刺激—反应"式的"类生命行为"。目前,以智能机器人为代表的智能系统的研发速度日新月异,以智能产业为代表的智能经济快速崛起,以智慧社区、智慧城市为代表的智能社会治理已经初具雏形。四是人机协同或人机一体化。包括智能机器人在内的各种智能系统如雨后春笋般涌现出来,并在社会生产、生活和社会治理中占据越来越重要的地位。如何构建与时俱进的新型"人机关系",塑造新型"人机文明",已经成为必须思考和解决的前沿性问题。

智能社会的到来,也导致了许多传统社会不曾出现的新的社会问题、社会矛盾和社会冲突,社会的不确定性和风险更是呈现出新的态势。例如,算法是人工智能的核心。但如何保证算法对人是"友善"的、"负责任"的,如何防止算法中写入歧视性内容,包括智能歧视、性别歧视、年龄歧视、阶层歧视、种族歧视等,一直令人忧心忡忡。又如,由于智能科技对生产力的巨大推动作用,社会财富的增长速度远超工业时代,但不同主体之间的数字鸿沟却愈掘愈宽,

---

① 丹尼尔·贝尔:《后工业社会的来临》,高铦等译,北京:新华出版社,1997年版,序言第9页。

"富者愈富,贫者愈贫"的不平等现象呈现加剧之势。再如,社会智能化与智能机器代替人工作,大幅抬升了失业率,"数字穷人"被经济和社会排斥在外的"社会排斥"问题愈演愈烈,这导致人的存在荒谬化了。再如,为智能算法所"加持"的信息技术在信息采集、存储、分析和运用方面具有前所未有的能力,这是否会侵犯个人隐私,甚至被极权主义者滥用于监视、控制居民,令人深感不安。此外,人工智能的"进化"速度远远快于人的进化速度,机器智能很可能突破"图灵奇点",超级智能是否会被居心不良的个人或社会团体掌握和利用?超级智能是否会抢夺社会治理的主导权,统治、控制甚至灭绝人类?如尼克·波斯特洛姆就警示说:"如果有一天我们发明了超越人类大脑一般智能的机器大脑,那么这种超级智能将会非常强大。并且,正如现在大猩猩的命运更多地取决于人类而不是它们自身一样,人类的命运将取决于超级智能机器。"[①]无论如何,这些新出现的社会问题和挑战,已经令人类迈入了一个需要谨慎应对的风险社会。

最后,关于智能社会这一尚无定论的"新事物",我们还应该特别强调如下几点:

其一,智能社会是人类社会发展的一个新的历史阶段,它的到来虽然带给人们极大的冲击,却不会导致传统技术社会形态中的一切彻底消亡。智能社会描绘的主要是社会形态、社会结构的变化和发展趋势,它没有必要、也不可能彻底消灭农业社会、工业社会的一切。这就如同当年工业社会取代农业社会之时,并没有消灭所有的农业经济部门一样。当然,如同工业时代的农业需要实现机械化一样,智能时代的农业、工业等也必须经过信息化、智能化的洗礼,得到不同程度改造、重塑,发展成为智能农业、智能工业。

其二,目前人类正在大踏步迈入智能社会,许多国家、地区都正在绘制自己的智能社会发展蓝图。例如,2016 年,美国发布了《国家人工智能研究与发展策略规划》,日本"第 5 期科学技术基本规划"提出了"社会 5.0"(超级智能社

---

① 尼克·波斯特洛姆:《超级智能——路线图、危险性与应对策略》,张体伟、张玉青译,北京:中信出版集团,2015 年,第 XXV 页。

会)概念;2017年,中国也发布了《新一代人工智能发展规划》。但同时也应该看到,受制于技术、经济和文化发展差距等因素,不同国家、地区的信息化、智能化水平极不平衡,所处的技术社会形态的发展阶段也千差万别。从总体上看,当今世界正处于从工业社会向智能社会过渡的伟大变革时期。而具体地从世界上最大的发展中国家——中国来说,则相对复杂多了,大体处于从农业社会向新型工业化社会、同时向智能社会推进的历史阶段。古老的中国在近代落伍之后,终于迎来了"换道追赶"甚至"换道超车"的历史契机。

其三,智能社会是一种全新的技术社会形态,它仍然处于快速发展过程之中,本质的呈现远远没有完成。但是,智能科技已经或正在成为社会的基本技术支撑,成为社会自我组织、自我发展甚至自我变革的基本动力。我们虽然并不认同"技术决定论",而且唯物史观告诉我们,技术的力量必须通过人与社会才能发挥出来,但也不能走向另一个极端,无视智能科技相比以往一切技术的革命性和颠覆性,无视海德格尔所揭示的现代科技的那种"座架(Gestell)"①功能,无视智能科技对于当今社会的推动、塑造和"再结构"。这正如卡斯特以"网络社会"为例所指出的:"事实上,社会能否掌握技术,特别是每个历史时期里具有策略决定性的技术,相当程度地塑造了社会的命运。我们可以说,虽然技术就其本身而言,并未决定历史演变与社会变迁,技术(或缺少技术)却体现了社会自我转化的能力,以及社会在总是充满冲突的过程里决定运用其技术潜能的方式。"②

二、智能社会的基本结构

智能社会究竟是一种什么样的技术社会形态? 它具有什么样的社会结

---

① M. Heidegger, *The Question Concerning Technology and Other Essays*, New York: Harper and Row, 1977, p.12.

② 曼纽尔·卡斯特:《网络社会的崛起》,夏铸九、王志弘等译,北京:社会科学文献出版社,2003年版,第8页。

构？我们应该从什么角度去把握和建设它？对于这些仁者见仁、智者见智的挑战性问题，我们一时难以直接给出答案，但大致可以从以下角度进行描绘：

（一）智能社会是智能科技"再结构"社会的产物

智能社会，顾名思义，当然是随着以信息科技为基础的智能科技的发展而产生的新兴社会形态。人工智能的快速发展，以及其对相关科技的"灌注"改造和提升，构成了智能社会的基本技术支撑。这些高新科技诚然涉及甚广，但扼要地说，主要包括如下三类：一是"插上了智能翅膀"的信息科技。电脑、手机、互联网、物联网，虚拟技术、大数据技术、云计算等，它们将一切都"数字化"了；并且在"插上了智能翅膀"之后，信息的采集、存储、加工、传输等方面都更加快捷、"聪明""能干"了；二是以复杂算法为核心的人工智能，它不仅可以改善、提升人的智能，而且可以实现物的智能化。包括人形智能机器人在内的各种智能系统，将越来越多地出现在未来的生产和服务领域，出现在人们的社会生活中，成为人们学习、工作、生活的助手和伙伴；三是与前两类密切联系、比目前的区块链技术更高层级的区块链技术。通过它，特别是智能合约技术之类，人们可以建立一种新型的智能社会关系，逐步实现"关系的智能化"。当然，以上几种科技的关联度在未来必将越来越密切，而且必将融合发展，越来越难以区分，共同塑造新型的智能社会。

以信息科技为基础的智能科技是一种基础性、革命性的现代科技，它对经济、政治、社会和文化等方面的影响不是零散的、枝节方面的，而是既全面、又深刻的。它具有极强的渗透力，无论是在人们的生存环境和行为方式方面，还是在社会组织及其运作方式方面，乃至在社会意识形态、价值观念和人们的思维方式方面，其社会影响都巨大且深远。今天，智能科技已经成为整个社会的基本技术支撑，它的快速发展和广泛应用已经成为经济发展和社会变革的强大推动力。

卡斯特在讨论"网络社会"的时候，曾经提出了"再结构"社会的"信息主义范式"："信息技术革命引发了信息主义的浮现，并成为新社会的物质基础。在信息主义之下，财富的生产、权力的运作与文化符码的创造变得越来越依赖社会与个人的技术能力,而信息技术正是此能力的核心。信息技术变成为有效执行社会—经济再结构过程的不可或缺的工具。"①"以信息主义为基础,作为当今时代社会组织主要模式的网络社会已经出现,并扩展到整个世界。网络社会是一个由信息主义范式的信息技术特征控制的信息网络组成的社会结构"②。就智能科技对社会的范导、塑造而言,也完全可以说存在一种类似的"智能主义范式"。即是说,智能社会是以信息科技为基础的智能科技广泛应用于社会各领域、重构或"再结构"社会的产物。当然,智能科技仍然处在日新月异的发展之中,它将把社会改造、重构成什么样子,还有待于其自身发展的方向和程度,以及人们基于自身利益和需要的选择性应用。

(二)虚实结合的实践方式与新颖复杂的人机交往关系

随着虚拟现实技术(VR)、增强现实技术(AR)和混合现实技术(MR)等技术的发展,虚拟技术得到了广泛的应用。在智能科技的"加持"下,人们借助虚拟技术"能够"做的事情不断突破既有的阈限,实现的场景更为丰富、能力更加强大、互动更为深刻。基于虚拟技术,社会生产方式、生活方式、包括休闲娱乐方式都正在被彻底地改变。从虚拟驾驶、虚拟旅游、虚拟游戏,到虚拟银行、虚拟企业、虚拟交易,到虚拟社团、虚拟社区、虚拟城市,再到虚拟身体、虚拟交流、虚拟家庭……一个"另类"的"虚拟社会"正在走进人们真实的现实生活。人们虚拟创构的虚拟场景越来越多,虚拟实践、交往活动日益丰富多彩,虚拟技术与身体交互融合产生的交互关系越来越奇妙。面对人们不断展开的奇特、梦幻的"虚拟化生存",其中隐含的伦理问题也日益引人关注,传统的社会治理体系、方式和政府的治理能力更是面临严峻的挑战。

与虚拟技术的发展和应用相呼应,智能科技对人们的实践、交往方式的冲击更加强烈。在经济、社会日益智能化的条件下,各种智能系统、智能机器人

① 曼纽尔·卡斯特:《千年终结》,夏铸九、黄慧琦等译,北京:社会科学文献出版社,2003年版,第403页。
② 曼纽尔·卡斯特:《信息主义与网络社会》,载派卡·海曼:《黑客伦理与信息时代精神》,李伦等译,北京:中信出版社,2002年版,第124页。

的使用越来越广泛,它们之间越来越需要在生产、生活中相互配合、相互协作、相互交往。它们正基于互联网、大数据、物联网、云计算等组成更庞大、更复杂的智能系统,结成更加紧密、更加多样化的"机机关系"。这种"机机关系"或许会比人类迄今所建立的最复杂的社会关系还要复杂,更加多样化,它们之间的交往互动也显然将更加敏捷、频繁和深入。

人形智能机器人是万众瞩目的研究领域。虽然目前其"拟人化"程度尚待突破,但其进步速度却令人充满期待。一些人形智能机器人已经开始以工人、秘书、保姆、助手、同事、朋友之类身份,走进人们的学习、工作和生活领域,事实上进入了人们的社交范围。2018 年,沙特授予汉森机器人公司研制的智能机器人索菲亚以"公民"身份,成为一个颇具冲击力的标志性事件。我们观察现实经常会发现,有人声称更喜欢与态度和蔼、"思想单纯"、不会骗人、风格沉稳的智能系统"打交道",还有人表示希望定制个性化的智能机器人"伴侣",与之"结婚",组成某种反传统的"新式家庭"。无论如何,我们已经越来越难以否认,智能机器人日益具有思维能力,具有自主性,表现得"越来越像人",正在扮演一定的社会角色,已经或正在"挤进"人类的社会关系网络。

总之,新颖别致的虚实结合的实践、交往方式的出现,日益复杂、多元的人机关系、"机机关系"等,正在导致人类历史上最有趣的一场生存变异和活动革命,正在强烈地冲击着马克思主义哲学的实践观、交往观。从积极的角度说,这是人类的存在方式和活动方式的一次重大而深远的变革,是人类在认识世界、改变世界方面自由创造的一次飞跃,是人类改变世界的同时也改变自身,从而实现自我超越的一次飞跃。而从挑战的角度说,虚拟实践、交往是否应该纳入实践、交往的范畴?各种智能系统(智能机器人)是否可以成为实践、交往活动的主体?在"机器思维"日益逼近人类思维的情况下,什么样的人机关系才是恰当的?人与机器分别应该遵循什么样的价值准则和行为伦理?等等,一系列问题都对马克思主义哲学的实践、交往观造成了颠覆性冲击。

(三)以智能产业为代表的智能经济模式日渐成为主流

随着智能社会的到来,生产方式越来越信息化、智能化,信息和知识已经取代土地、资本、自然资源,成为最基本、最关键的生产资料,成为价值产生的源泉。德鲁克在其著作中反复强调:"基本经济资源——用经济学家的话来说,就是'生产资料'——不再是资本,自然资源(经济学家的'土地')或'劳动力'。它现在是将来也是知识。"①"知识是今天唯一意义深远的资源。传统的生产要素——土地(即,自然资源)、劳动和资本没有消失,但是它们已经变成第二位的。假如有知识,能够容易地得到传统的生产要素。在这个新的意义上,知识是作为实用的知识,是作为获得社会和经济成果的工具"②。阿尔文·托夫勒(Alvin Toffler)断言:"掌握知识是明天在全世界范围内进行的争夺每一个机构中的权力的斗争的关键。"③日本学者等对此也有充分的意识:"在21世纪的数据驱动型社会中,经济活动最重要的'食粮'是优质、最新且丰富的'实际数据'。数据本身拥有极其重要的价值,对数据领域的控制决定着企业的优劣。"④这导致世界"从通过人力资源的集约来提高生产效率的'劳动集约型社会'""以大量生活、大量消费为基础的'资本集约型社会'",过渡到了"知识集约型社会"⑤。

智能科技革命催生了新兴的智能产业,并促使传统产业日益信息化、智能化,导致整个社会的产业结构发生了实质性的调整,形成了全新的社会产业结构、劳动方式与就业结构。信息化、自动化、智能化的生产方式不仅将人从繁重的体力劳动中解放出来,而且进一步解放了人的脑力劳动。在智能经济环境中,农民或产业工人已经不再是劳动力主体,"知识劳动者""登堂入室",不仅成为科学研究、技术开发的主体,而且成为社会生产、服务、管理的主力军。

---

① 彼得·德鲁克:《后资本主义社会》,张星岩译,上海:上海译文出版社,1998年版,第8页。

② 彼德·德鲁克:《从资本主义到知识社会》,载达尔·尼夫主编:《知识经济》,樊春良、冷民等译,珠海:珠海出版社,1998年版,第57页。

③ 阿尔文·托夫勒:《力量转移——临近21世纪时的知识、财富和暴力》,刘炳章等译,北京:新华出版社,1996年版,第22页。

④ 日本日立东大试验室:《社会5.0:以人为中心的超级智能社会》,沈丁心译,北京:机械工业出版社,2020年版,第24页。

⑤ 日本日立东大试验室:《社会5.0:以人为中心的超级智能社会》,沈丁心译,北京:机械工业出版社,2020年版,第17页。

包括智能机器人在内的智能系统如雨后春笋般开发出来,走进各行各业,承担越来越多的劳动任务和工作职责。当然,它们是否有资格成为像人一样责权利相统一的"劳动者",已经成为一个聚讼不断的时髦话题。

人们的劳动方式以及传统的雇佣方式正受到强烈挑战。随着智能系统承担的工作越来越多,必须由人所承担的劳动重负正得以逐渐减轻,自由时间大幅度增加了。旧式分工之下的全日制工作方式正朝着弹性工作方式转变,在家办公、自由职业、兼职等广泛流行。人们工作的选择多了,自由度大了,但劳动强度、劳动效率却得到了空前提高。新的产业结构、劳动方式对劳动者的素质和能力提出了前所未有的高要求,数字鸿沟之弱侧的"数字穷人"不断被机器所取代,正受汹涌的"技术性失业潮"所困扰。"数字穷人"正在丧失劳动的机会和价值,被智能社会发达的经济和社会网络排斥在外,这已经成为新的社会矛盾的焦点和社会冲突的导火索。

(四)上层建筑表现为日益智能化的组织结构、治理方式和文化价值理念

基于新兴的信息科技、智能科技的发展和应用,社会组织结构正在发生巨变。一方面,以互联网、虚拟交往等为基础,各种各样的虚拟社会组织大量地出现,如虚拟社团、虚拟家庭、虚拟社区、虚拟银行、虚拟企业、虚拟城市甚至虚拟国家,有人甚至断言人类迈入了"虚拟社会"。另一方面,在社会智能化重塑了传统的社会组织结构的情况下,以保护个体权益、改善社会生活、提升治理水平、增进居民福祉为目标的整体集成性的智慧社区、智慧城市等成为社会建设的方向。

新型的社会组织结构必然要求与之相适应的治理结构和治理方式。这正如卡斯特所指出的:"植根于知识的生产与管理,若要在全球尺度上扩展到所有经济过程,则有待社会、文化与制度的根本转型。"①例如,智慧社区是移动

① 曼纽尔·卡斯特:《网络社会的崛起》,夏铸九、王志弘等译,北京:社会科学文献出版社,2003年版,第117页。

互联网、物联网、大数据、云计算等新一代信息、智能科技的集成应用,旨在为社区居民提供安全、舒适、便利的智慧化生活环境,形成基于信息化、智能化服务的一种新的社区管理形态。智慧社区是智慧城市的"细胞"。智慧城市"以知识为基础,围绕着网络而组织,以及部分由流动所构成"①,旨在将一个城市的基础设施、组织部门、政务活动、经济活动、居民生活等方面的智能系统整合、连接起来,通过推进这些智能系统的科学协作与高效运行,实现城市的快速反应、精细化治理,并有效地控制未知的不确定性和风险。进一步地,智能社会则是将智慧社区、智慧城市以及其他治理单元结合起来,将整个社会作为对象进行更大范围、更深层次、更具体细致的整体性思考,其组织管理结构将由传统的金字塔型向网络型的扁平化、分权式管理结构演变。

以智能社会的科技应用和社会生活实践为基础,思想文化领域作为观念上层建筑,必然发生与之相应的实质性的变化。一方面,思想文化领域的组织形式日益信息化、智能化,在意识形态宣传、道德教化、法治建设以及文化建设等方面越来越多地运用信息技术、智能技术。目前人们已经初步感受到,无论是企业,还是政府或公益组织的广告或公告信息,基于智能算法推送的信息显得越来越及时,越来越有针对性。另一方面,传统的农业社会、工业社会的意识形态、法律法规、伦理道德和文化价值观遭受巨大冲击,需要适应社会变迁进行变革。基于智能社会自主、创新、开放、多元的核心价值理念,创新思想文化理论,形成包含意识形态、法律法规和制度保障在内的社会治理体系,创造新型的"人机文明",已经成为摆在我们面前的紧迫课题。

三、智能社会与共产主义社会的内在关系

智能社会是超越农业社会、工业社会的先进的技术社会形态。这种新型

---

① 曼纽尔·卡斯特:《网络社会的崛起》,夏铸九、王志弘等译,北京:社会科学文献出版社,2003 年版,第 491 页。

的技术社会形态与一定的经济社会形态是否相适应？或者说，它是否会内在地要求经济社会形态同步发展，建设更高层次的经济社会形态？

概要地梳理人类社会历史的发展进程，我们不难发现，封建社会建筑在农业社会的基础之上，资本主义社会建筑在工业社会的基础之上，它们之间存在着内在的联系。顺此思路，我们是否可以尝试提出一个大胆的设想：即"工业社会之后"的智能社会与"资本主义之后"的共产主义社会之间是否存在某种内在的联系？对于马克思主义哲学的社会历史观来说，这是一个极富启迪意义的课题。

从学理上进行分析，我们确实可以发现智能社会这种技术社会形态与共产主义社会这种经济社会形态之间的内在联系。马克思指出："随着新生产力的获得，人们改变自己的生产方式，随着生产方式即谋生的方式的改变，人们也就会改变自己的一切社会关系。手推磨产生的是封建主的社会，蒸汽磨产生的是工业资本家的社会。"[1]如果这样，那么，"电子磨"或"智能磨"产生的就应该是共产主义社会。如德鲁克早就认为，"知识社会"是一个"后资本主义社会"："知识已经变成了关键的资源，而不是一般意义的一个资源，这一改变使我们的社会成为'后资本主义社会'。它从根本上改变了社会的结构。它创造了新的社会动力。它创造了新的经济动力。它创造了新的政治学。"[2]

实际上，社会历史的进程也是这样演进的。例如，随着智能科技的发展和应用，社会的信息化、智能化确实为马克思所设想的共产主义社会奠定了坚实的物质基础，提供了具体的条件；而且更进一步分析，我们还会发现，智能社会与共产主义社会之间具有一些内在相关的基本特征[3]。

首先，随着智能科技的快速发展，特别是智能机器人、智能化生产系统等先进生产工具的广泛应用，社会产业结构正在持续地调整升级，智能产业已经崛起为新的重要的经济增长点；经济发展不断转型升级，劳动生产率空前提

---

① 《马克思恩格斯选集》第1卷，北京：人民出版社，2012年版，第222页。

② 彼德·德鲁克：《从资本主义到知识社会》，载达尔·尼夫主编《知识经济》，樊春良、冷民等译，珠海：珠海出版社，1998年版，第59页。

③ 参见孙伟平：《智能社会与共产主义社会》，载《华中科技大学学报》，2018年第7期。

高,所提供的产品和服务日益丰富;人类正在迈入一个"生产力高度发达、物质财富极大丰富"的富裕社会。而"生产力高度发达、物质财富极大丰富",不仅是马克思曾经设想的实现共产主义的基本条件,而且也为满足全体人民不断增长的物质和文化需求提供了可能。我们甚至可以进一步设想,这是否可能为实现马克思所向往的"按需分配"提供条件。

其次,信息、知识正在成为最重要的生产资料,成为生产力系统中最为关键的生产要素。而信息、知识与农业社会(封建社会)的土地,工业社会(资本主义社会)的资本(包括货币资本、物质资本等)相比,具有某些迥然不同的本质特征,即信息、知识是无形的,具有可分享性或者说可共享性。因为土地、资本等生产资料的所有权是既定的,具有明确的排他性、不可分享性。如果掌握土地所有权的地主,或者拥有资本的资本家失去了相应的所有权,他就不再占有这种生产资料了。而无论谁发现、创造了某种信息、知识,却可以在分享、共享的同时,丝毫也不丧失对它的占有。人们甚至发现,信息、知识具有"共享增益"的特点,封锁、垄断的程度越高、时间越长,其可能实现的价值就越小;反之,分享、共享的范围越广、人数越多,其可能实现的价值就越大。也正因为如此,在社会信息化过程中,有识之士们一直主张开放网络、汇聚民智,主张信息公开、知识共享,而反对封锁信息、垄断知识产权。20 世纪 80 年代风起云涌的"自由软件运动"(即主张"思想共享,源码共享"的"免费软件运动"),就一直伴随着社会信息化、智能化的进程,至今不衰。信息、知识成为最重要的生产资料,并且具有不排他的可分享、共享的性质,这为实现"生产资料公有制"提供了现实的可能性。

再次,信息技术、智能技术的快速发展和广泛应用,使高度发达的计划经济有可能得以实现。十月革命之后建立的苏维埃社会主义共和国联盟,以及1949 年建立的社会主义新中国,都曾经实行高度集权的计划经济体制,但几十年实践的结果并不成功。这让一些人觉得,市场比计划更合理、更有效,甚至有人认为计划不如市场先进。认真地对此加以反思,这种观点既不符合常识,理论上也站不住脚。当然,成功的计划需要一定的前提条件,即计划的主体必须能够准确地掌握市场信息,依据科学的理论和方法建构模型,并不断因应市场反馈的信息、及时地调整计划。否则的话，计划就可能"赶不上变化"，就不如市场那只"看不见的手"有效。而在信息、智能科技不太发展，社会远未信息化、智能化之前，在苏联、中国这样庞大的社会主义国家，我们恰恰既没有技术、能力搜集、掌握生产者、消费者，以及流通领域的详尽信息（大数据），同时，我们对经济形态、经济规律的把握也很不充分，难以依据科学的理论和方法建构出合理的计划模型，此外，我们更是没有技术和能力根据市场的瞬息变化作出快速、果断的调整。即是说，在智能社会这种新型的技术社会形态到来之前，我们根本就没有技术、能力满足计划所要求的基本条件。而超越具体的技术社会形态强行实行高度集权的计划经济，自然只能遭受失败的命运。而今天时过境迁，我们却可以运用日益强大的信息化、智能化技术手段，基于高度发达的智能社会结构，及时捕捉生产者、消费者，以及流通领域的大数据，根据消费者丰富、多样、多变的需求组织个性化的定制型生产，并利用方便、快捷的智能物流系统及时送到消费者手中，再利用消费者的信息反馈及时地进行调整。因此，以大数据支撑的信息化、智能化技术和设备，令实现更先进的计划经济有了可能性。

第四，随着智能科技的发展，生产和服务的少人化、无人化渐成潮流，智能系统取代人工作、不断造成"技术性失业"已经是一个现实的社会课题。目前来看，不仅生产和服务的自动化、智能化是大势所趋，而且智能系统也越来越"聪明""能干"。它们不仅可以从事一些繁重、重复、单调的工作，或者脏乱、有毒、危险环境中的工作；而且，许多以前认为"专属于人类的工作岗位"，例如翻译、教学、做手术、审案，乃至于小说创作、写诗填词、书法绘画、作曲弹琴、唱歌跳舞……它们也正在尝试中不断进步，初步显露出取代人类之迹象。如此一来，随着社会智能化而来的，难免还有"谁才是最合格的劳动者"之争，以及主要威胁"数字穷人"的"技术性失业潮"。当然，如果我们能够换一个角度思考问题，那么不难发现，只要做好社会顶层设计，生产和服务的自动化、智能化，智能系统替代原本由人承担的工作，就可以打破工业社会由资本主导形成的不合理的劳动分工，让人从被动的异化人的劳动中解放出来，从那些肮脏、有毒、危险的工作环境中解脱出来；少量的无法替代的劳动岗位和职责，则可以分配给人们用少量的劳动时间完成。我们甚至可以合理设想,这些不多的工作岗位和职责,干脆交由那些有兴趣、热爱它的劳动者承担,让劳动在人类历史上第一次成为"生活的第一需要"①。一般说来,因为这些劳动者对这些劳动有兴趣和热爱,往往会做得既快乐又出色。

第五,由于经济和社会的信息化、自动化和智能化,劳动生产率和工作效率大幅提高,人们的必要劳动时间大大缩短,自由时间以之前难以想象的速度大幅度增加,这为人的自由、全面发展创造了条件。众所周知,人的自由、全面发展是以自由时间为前提的。在古代社会,由于生产力水平极其低下,人类为了生存,不得不将几乎全部的时间用来从事生产活动。后来随着技术的发展、新的生产工具的使用,出现了剩余劳动,以及以之为基础的自由时间。但由于剩余产品即剩余劳动被少数人占有,他们成了不劳动的剥削阶级,强行占有了全社会的自由时间。同时,劳动阶级创造了自由时间,却得不到、或只能得到少量的自由时间,并因此丧失了自由、全面发展的空间。而社会信息化、自动化、智能化在推动生产力极大发展的同时,广泛地代替人从事各种各样的工作,每个人将可以只用少量的时间就获得足够的生活报酬,从而全面地节省了人们的必要劳动时间。这一切,为人从旧式分工中解放出来,获得自由、全面的发展,提供了前所未有的可能性。

综合来看,智能社会这种新型技术社会形态的到来,确实是具有划时代意义的社会进步。如果我们系统地梳理、深入地挖掘的话,它所导致的促进社会进步的变化还有很多。它确实让我们感觉到离马克思所设想的共产主义社会更近了,或者说,它正在提供实现共产主义的一些关键性的现实条件。当然,必须严肃说明的是,那种以为随着智能社会的到来,共产主义将会自然而然地实现的想法是极其幼稚的,今天根本没有发现资本大量地主动地要求共享的"壮举",没有发现资本驱动的技术完全放弃知识产权的迹象。在时代和社会变迁的历史关头,马克思主义者所应该做的,是以变革时期的马克思、恩格斯、列宁为楷模,由衷地欢迎科技的进步及其对社会的改造、"再结构",自觉地从

---

① 《马克思恩格斯文集》第 3 卷,北京:人民出版社,2009 年版,第 435 页。

思想和行动两个方面"做历史的促进派"。一方面,立足智能科技的发展和应用,促进智能经济的发展,大幅提升物质生产力水平,更好地满足广大人民不断增长的物质和文化需求,为共产主义社会的实现尽可能地创造条件。另一方面,立足"人本、公正、责任"之类价值原则①,促进智能社会的合理建构,全面提升社会治理能力和水平,努力消除数字鸿沟、贫富分化、"社会排斥"等不合理状况,将共产主义的美好价值理想逐步地加以实现。

(原载《哲学分析》,2020 年第 6 期)

---

① 参见孙伟平:《关于人工智能的价值反思》,《哲学研究》,2017 年第 10 期。

人工智能的信息文明意蕴

王天恩

创新发展日益凸显的不可预测性,使人类文明的当代发展相应越来越超乎人们的预期。相对而言近乎静止的田园式农业文明,在人们的生活中已经远去。人们对于"信息时代"的了解似乎还没有深入,"智能时代"①又扑面而来。新一代人工智能拉开了信息文明的智能化发展帷幕,从信息时代到智能时代,信息文明进入智能化发展阶段。作为信息文明智能化发展的基础,人工智能具有重要信息文明意蕴。

一、人工智能的信息文明发展意蕴

新人工智能的发展,特别是对越过"图灵奇点"后人工智能发展的展望,不仅为人类信息文明的发展展开了更远的前景,而且为信息文明的理解提供了更高层次的整体观照。

关于"信息时代"和"信息社会"等的研究,国内外已有大量文献,而将研究提升到信息文明层次,则是近年来的新动向。

随着人类社会和科技特别是大数据和新一代人工智能的发展,一种新的

---

① 关于"智能时代",有"The Intelligent Age","The Age of Intelligent Machines"和"The Age of Spiritual Machines"等多种提法。

文明悄然来临。在信息既不是物质也不是能量,但它既需要以物质为依附,又需要能量传播的意义上,信息文明是一种基于物能文明并与之相对的文明形态①。信息与物能的并列地位,使信息活动越来越占主导地位的人类社会存在方式发生重要转变。这种新的存在方式意味着一种新的人类文明,一种在物能文明基础上发展起来的、以大数据为基础的更高层次人类文明。大数据基础上的物数据化和数据物化使大数据时代扑面而来,物数据化和数据物化意味着物信息化和信息物化,正是这两方面的循环构成了与整个物能文明并列的信息文明。而随着人工智能的发展,信息文明的发展进入智能时代。由此引出的重要话题之一,就是智能时代的信息文明意蕴和定位问题。

智能时代的信息文明意蕴和定位,以对信息文明的理解为前提,而对信息文明的理解则与关于信息概念理解的当代深化密切相关。

关于信息概念的理解,已然成为人类认识史上的一个奇特现象。正如斯科特·穆勒(Scott J. Muller)所提到的,"信息是一个我们有着深刻直觉的基本概念。它构成我们和世界界面的一部分。因此似乎有点奇怪,只是在最近百年左右,人们才试图在数学上建立关于信息的严格定义"②。而关于信息的一般定义,则直到现在仍难以形成共识。意想不到同时也是情理之中,随着大数据时代的发展,我们迎来了信息的大数据开显。

关于信息概念的定义之多,本身就是一个耐人寻味的现象。在认识之初,信息自然而然被归结为物质或物质属性。随着认识的发展,信息进一步被认为是相互作用或主客体关系,也有认为信息就是关系的。大数据的发展所提供的条件,可能是信息概念理解的进一步深化所不可或缺的。此前,即使是信息论奠基人香农(C. E. Shannon)的信息定义,也不是完全到位的。他将信息定义为不确定量的减少③,作为通讯领域的科技信息定义,无疑不仅确切,而

---

① 王天恩:《信息文明论》,载《南国学术》,2015 年第 3 期。

② Scott J. Muller, *Asymmetry: The Foundation of Information*, Berlin: Springer-Verlag Berlin Heidelberg, 2007, p. 1.

③ Claude E Shannon, "The Mathematical Theory of Communication", *The Bell System Technical Journal*, Vol. 27, 1948, pp. 379 - 423.

且具有比信息的科学定义更丰富的内涵,只是随着信息科技特别是数据科学今天的发展,才使我们看到法国哲学家狄德罗(Denis Diderot)"感受性"概念从物能到信息理解的启示意义。作为近代法国唯物主义者,狄德罗首次在哲学上探索到"感受性",并把其区分为"迟钝的感受性"和"活跃的感受性",从而在此基础上阐述了二者的过渡:"使一物体从迟钝的感受性的状态过渡到活跃的感受性的状态。"①狄德罗把感受性看作物质普遍的和基本的性质,在哲学上显然具有局限性,但对于信息概念理解的启示意义却能与关于信息的当代研究相联系。近来关于信息的研究成果,正导向信息概念的更确切理解。在信息科学特别是人工智能研究中,人们在讨论信息是不是"一种实在的客观的量"②;到底"信息是物理性的",抑或"信息是关系性的"③。这让人联想到信息是信宿和信源关系,而信宿和信源关系不是一般的物质相互作用或相互关系。

信息离不开信宿和信源,信息是信宿和信源关系。而信宿之所以为信宿,就在于具有接受能力;信源之所以为信源,则在于具有可感受的特质。作为信宿和信源关系,信息的特殊性与感受性密切相关。必须有信宿和信源同时存在,才可能有作为它们之间关系的信息。因此在最根本的意义上,信息不是物质也不是能量,而是一种基于物能的感受性关系,即信息是信宿和信源间的感受性关系。信息的感受性关系理解,不仅涉及哲学从实体性致思到关系性致思的转向,而且涉及信息进化。

在关于信息进化的研究中,Agent 的概念至关重要。在当代哲学和科学领域,Agent 概念本身就构成了一个重要课题。随着信息文明的发展,Agent 这一概念的地位越来越得以凸显,Agent 的翻译正反映了这一课题的特殊性。

---

① 《狄德罗哲学选集》,江天骥、陈修斋、王太庆译,北京:商务印书馆,1997 年版,第 120—121 页。

② Scott J. Muller, *Asymmetry: The Foundation of Information*, Berlin: Springer-Verlag Berlin Heidelberg, 2007, p. 55.

③ Max H. Boisot, Ian C. MacMillan, and Kyeong Seok Han, *Explorations in Information Space: Knowledge, Agents, and Organization*, New York: Oxford University Press Inc., 2007, p. 27.

目前 Agent 的中译有"主体""行为者""行动者""代理人""施事者""自主体"①和"智能体"等，由于这是一个其含义因具体使用情景不同而有很大差别的概念，在中文文献中有时不得不使用原文，或音意结合译为"艾真体"②。从人工智能的当代发展看，"智能体"的译法虽然在形式上含义难以确切对应，但能体现具有智能的 Agent 的性质，而这一点，正是人工智能的当代发展为哲学上关于 Agent 概念的理解提供了重要启示。

　　Agent 的概念引入人工智能领域，带来了这一概念理解的广阔智能背景。人工智能的学科创始人之一、美国人工智能专家马文·明斯基（Marvin Minsky）首次将 Agent 引入人工智能研究。为了解释"智能如何从非智能涌现"，他将很多更小的过程（smaller processes）以某种非常特殊的方式在社会中结合产生的真正的智能称作 Agent③。如今，人工智能研究领域广泛使用 Information agents、Intelligent agents 和 Intelligent information agents④ 等概念，中译分别为"信息体""人工智能体""人工智能信息体"。在这里，虽然 Agent 的中译在形式上不能一一对应，但其含义却体现得颇为传神。在人工智能领域，"一个人工智能信息体（intelligent information agent）是一个计算的软件实体。""一个信息体（information agent）是一个自主的、计算的软件实体"⑤。人工智能的发展，为从信息到信息体的理解提供了系统的概念工具。当信宿和信源通过信息反馈机制一体化，就构成信息体。由于信宿信源一体

---

　　① 高新民、张文龙：《自主体人工智能建模及其哲学思考》，载《自然辩证法研究》，2017 年第 11 期。

　　② 蔡自兴：《艾真体——分布式人工智能研究的新课题》，载《计算机科学》，2002 年第 12 期，第 123—126 页。

　　③ Marvin Minsky, *The Society of Mind*, New York：Simon & Schuster, 1985，p. 17.

　　④ Matthias Klusch, Michal Pechoucek, Axel Polleres Eds., *Cooperative Information Agents XII*, Berlin：Springer-Verlag Berlin Heidelberg, 2008. Weiming Shen, Douglas H. Norrie and Jean-Paul A. Barthès, *Multi-Agent Systems for Concurrent Intelligent Design and Manufacturing*, New York：Taylor & Francis Inc, 2005.

　　⑤ Matthias Klusch, Sonia Bergamaschi, Pete Edwards, Paolo Petta Eds., *Intelligent Information Agents: The AgentLink Perspective*, Springer-Verlag Berlin Heidelberg, 2003, pp. V，2.

化基础上内部信息反馈机制的发展,信息体不仅自身具有建立感受性关系的能力,而且发展出日益复杂的信息加工能力,从而能够进行信息加工和生产。信息加工和生产能力的发展,使信息体不断进化。当信息体的进化出现对象感觉时,就出现了意识,出现了意识信息体,发展出理解能力。当意识信息体开始将自身作为对象时,就出现了自我意识,出现了自我意识信息体①。正是自我意识信息体的自然进化和发展,创造了信息文明。

人类智能的发展带来了信息文明,而人工智能的发展则在人类智能之外,为信息文明的进一步发展提供了人类环境从信息化到智能化的重要基础。当人工智能越过图灵奇点自主进化,信息文明的发展就不仅将进入智能发展时代,而且将进一步彰显自身的性质。作为信息文明的智能发展阶段,人工智能在信息文明发展中的重要地位得以空前凸显。

人类文明的当代发展越来越清楚地表明,信息文明的实质与智能化密切相关。毫无疑问,人类的发展,每一个阶段都伴随着信息进步,人类社会的发展就是一个信息越来越居于主要地位的过程。正是这一发展性质,使人类文明最终表现为信息文明。而人工智能的发展则是人类信息文明的本性得以展开的智能发展阶段,这一展开展示了信息文明的实质:一种从整体性信息化到整体性智能化发展的文明。在这过程中,人工智能是信息文明整体性智能化发展的重要基础。

整体性信息化意味着从物能到信息,意味着信息化程度从局部到整体的发展。作为生物进化到最高阶段的结果,人也是信息化的产物,生物进化的实质就是信息进化,生物体只是信息进化的载体形式,人是具有自我意识的信息体。在人类文明发展过程中,作为信息体,人所处的环境一开始主要是自然的物能状态。随着信息科技的发展,人越来越多与信息打交道,人与外部环境之间的相互作用越来越是信息而不是物能性质的。人类环境逐渐信息化,意味着人作为信息体与其环境构成的整体,进入整体性信息化发展过程,人类文明发展由此进入基本层次的信息文明。

---

① 王天恩:《重新理解"发展"的信息文明"钥匙"》,载《中国社会科学》,2018 年第 5 期。

整体性智能化意味着信息化的高层次发展,意味着智能化层次从局部到整体的提升。作为信息体,人是信息化发展到高层次——智能化的产物,信息化发展的高层次,其实质就是智能化,作为具有自我意识的信息体,人也是智能体。在人类信息文明发展过程中,作为智能体,人所处的环境一开始则主要是没有智能化的信息甚至物能状态。随着人工智能的发展,人作为智能体的环境才开始在整体性信息化的基础上整体性智能化,人越来越多与智能体而不是信息体或物能打交道,人与外部环境之间的相互作用越来越是智能体之间性质的,而不是智能体与没有发展到具有智能的信息体之间,更不是物能性质的。人类环境逐渐智能化,意味着人作为智能体与其环境构成的整体,进入整体性的智能化发展过程,人类文明进入信息文明发展的整体性智能化高级阶段。

作为一种整体性智能化的文明,信息文明意味着以人工智能的发展为关键环节,正是人工智能使信息文明进入到一个更高的发展阶段。

信息文明发展整体性智能化的复杂过程,涉及信息和智能、智能和人工智能、人工智能和人类智能的复杂关系。无论在方向还是形态上,信息的进化就意味着智能。智能是信息进化的方向和高级形态。当人类智能进化到能创造出越来越高端的信息技术,社会基本结构、经济和文化等高度信息化,人类便已进入信息文明时代。而当人类智能创造出日益增强的人工智能,就开始了人工智能和人类智能的协同发展,人类信息文明便进入整体性智能化发展阶段。随着人工智能的发展,不仅人类的生存环境信息化,而且人本身也在人工智能的支持下,以比生物进化快得多的速度进入更高层次的智能进化。正因为信息文明进入整体性智能化水平越来越高的发展阶段,人类社会才真正得以逐渐从"人为物役"转向"物为人役"的状态,进入一种创构文明。

二、人工智能的创构文明意蕴

作为比物能文明更高层次的文明,信息文明意味着物能的地位变得更为基础,人类物能活动越来越为信息活动所取代,物能性质的工作越来越由人工智能体代劳。信息文明是一种役物文明①,而人工智能的发展,则真正展现了信息文明作为一种役物文明的具体图景。

信息文明的智能发展阶段,正是从"人为物役"到"物为人役"转化的完成时期。中国古代思想中的"人为物役"和"物为人役"的思想,正是信息文明智能发展时代的深刻表达。"君子役物,小人役於物"(《荀子·修身》)在物能文明时代,这一表述主要是就个人层面控制对物质的追求而言的;而在信息文明时代,却成了整个人类从主要是"人为物役"状态向主要是"物为人役"状态过渡的深刻写照。只有进入信息文明,我们才有可能看到人类社会从"人为物役"到"物为人役"转变的现实可能;只有拥有人工智能体,人类才可能真正通过信息中介"役"物,才可能看到实现从"人为物役"到"物为人役"转变的具体途径。正是人工智能的当代发展,使我们更清楚地看到这种转变的具体方式和机制。只能通过人工智能的发展,信息文明才可能发展为一种更高形态的创构文明,人类才可能真正实现从"人为物役"到"物为人役"的根本转变。

大数据为人类的信息创构活动提供了前所未有的舞台,以大数据为基础的信息文明是一种创构文明②。作为一种创构文明,信息文明是通过信息创构物能文明的文明。正是通过信息创构,人类社会得以从"人为物役"的状态逐渐向"物为人役"的状态转化。从总体上说,物能文明是"人为物役"的文明,黑格尔和马克思的异化理论对此作了深入系统的揭示。正是人工智能使信息活动成了人的本真活动,为消除活动的异化提供了基础。没有人工智能的发展,人类就不可能整体地以信息活动为基本活动。

毫无疑问,在人类发展史上,信息活动一直是人类活动的重要内容,在人类进化过程中,始终伴随着信息活动。而且,随着社会的发展和分工的深化,一方面,越来越多人更多从事信息活动;另一方面,又始终必须有人更多从事物能活动。因此,没有人工智能的发展,直接的物能活动就始终必须由人进

---

① 王天恩:《信息文明论》,载《南国学术》,2015 年第 3 期。
② 王天恩:《信息文明论》,载《南国学术》,2015 年第 3 期。

行,否则就不可能有必不可少的物质生产。这就意味着,只有通过人工智能的发展,人类才可能整个从这种直接的物能活动中解放出来;而作为一个类从直接的物能劳动中解放出来,绝不是一个具体个人的数量问题,而是关系到整个人类。只有整个人类从直接的物能活动中解放出来,人类社会才可能从"人为物役"的状态整个转变为"物为人役"的状态。因为正如只要有人没有电话或者通话终端,就不可能有任何人能获得通话的全部自由度,只要有人处于"人为物役"的状态,任何人都不可能真正超越"人为物役"的处境,正是在这个意义上,我们可以看到马克思和恩格斯所阐述的那一重要原理的信息文明时代彰显:无产阶级只有解放全人类,才能最后解放自己。也就是说,"物为人役"是通过整个人类从事信息创构活动实现的。信息文明之所以是"物为人役"的文明,绝不简单地是个人通过信息支配物能,而是人类作为一个整体,可以通过用信息支配物能,从而使物能更好地满足人类而不仅仅是某些个人的需要,这样才可能使整个人类走出物化造成的人的异化,使每个人的低层次需要从物能的压迫中解放出来。只有这样,人类活动才能完全实现直接与信息打交道而不是传统的主要与物能打交道。这种情景和具体机制,用"人类 Agent"可以得到更为贴切的描述。

在人类活动中,不仅活动对象,人类 Agent 本身也有物能和信息的方式或状态之别。一方面,人类 Agent 越是作为物能相互作用中的因素起作用,就越是"人为物役"的时代;人类 Agent 越是作为信息相互作用中的代理者起作用,则越是"物为人役"的时代。另一方面,人类 Agent 越是作为物能体活动,就越是"人为物役"的时代;人类 Agent 越是作为信息体活动,则越是"物为人役"的时代。因此,从"人为物役"到"物为人役"关系的转化,不仅是通过人对信息的支配呈现对物能的支配,而且作为信息体,人类 Agent 是通过人工智能 Agent 实现对物能和信息的支配和创构的。人工智能的发展既是智能发展的必然形式,又是人类从"人为物役"到"物为人役"的必由之路。由于信息文明是一种创构文明,人工智能具有重要创构文明意蕴。

大数据相关关系提供了由因素创构结果的广阔空间,它开启了一个创构的时代。创构是从未存在的感性对象的创设,它是基于人们的需要,根据所设立的潜在结果,得到与之相联系的因素体系,并确定和控制这些因素的相互作用,获得预想得到的结果的过程①。根据人的需要,从大数据中寻找相关因素,导向信息文明时代典型的创构活动。信息文明时代,创构活动在对外部世界认识的基础上获得越来越重要的地位,信息创构活动就是通过信息活动役物。在大数据基础上,信息文明日益成为一种人以自身需要为出发点,以这种需要的满足为最终目的的文明,这正是信息文明作为一种创构文明的人类学意义。而人类作为创构者地位的根本转变,只是到了人工智能的发展阶段才成为可能。不通过人工智能与对象世界打交道(相互作用),不仅整个人类就不可能从物能的束缚中彻底解放出来,而且信息文明就不可能真正提升到整体性智能化发展阶段。只有随着人工智能的发展,信息文明的发展也才可能进入创构层次不断提升的整体性智能化发展高级阶段。在这一发展阶段,人工智能涉及创构者的创构及其所构成的重要循环。由此作为创构文明,信息文明进入更高的整体性智能化发展形态。

人类信息文明发展到以人工智能为基础的阶段,作为创构文明的信息文明将经历四个发展环节,这也正是人工智能的创构文明深刻意蕴所在:

首先,对于人类智能体创构一般的新硬件和新软件来说,信息文明是一种基础层次上的创构文明。如果说,自然进化是智能进化的始作俑者,那么,人类就是信息文明的最初创构者。随着创构水平的提高,人类作为创构者,不仅创构一般的新硬件和新软件,而且能够创构出人工智能,但只要人工智能的发展没有越过图灵奇点自主进化,信息文明就仍然处于整体性智能化发展的基础层次。

其次,对于人类智能体创构人工智能体来说,信息文明将发展为一种创构创构者的文明。作为创构文明的开启者,人类创构了人工智能。当人工智能体的发展越过图灵奇点,具备创构出具有比自身更高层次智能体的能力,成为具有创构能力的智能体时,人工智能的发展就开始非人工化,发展成自主进化的机器智能体。人工智能发展到这样一个阶段,就与人一样,可以自主创构出

---

① 王天恩:《大数据中的因果关系及其哲学内涵》,载《中国社会科学》,2016 年第 5 期。

新硬件和软件,因而机器智能体也成了创构者。由于具有创造能力,一方面,自主进化的机器智能体成为继人类智能体之后新的创构者;另一方面,作为最初的创构者,人类随之升级为创构新创构者的创构者。由此可见,在广义智能进化过程中,"创构"概念从而"创构文明"还有另一个方面的合理性,即与自然进化形成智能的过程和机制的区别。人类创构创构者是信息文明整体性智能化发展阶段的真正开始,信息文明由此完全进入整体性智能化发展的加速循环迭代过程。

再次,对于越过图灵奇点的机器智能体创构新硬件和新软件来说,信息文明在某种意义上也是被创构者创构的文明。被创构者创构的文明,意味着作为最始端的创构者,人类创构了具有创构能力的机器智能体;而作为被创构的创构者,越过图灵奇点的机器智能体能够迭代创构出创构能力越来越强、智能层次越来越高的创构者。那将是一个创构能力呈连锁反应或爆炸式发展的时代,由此可见雨果·德·加里(Hugo de Garis)的描述并不夸张:"作为一个职业的人工大脑制造研究者和曾经的理论物理学家,我认为,对于 21 世纪科技所产生的'高智机器'的潜在能力,我比大多数人看得更清楚。所谓'高智',是指比人类大脑智慧不止 2 倍或者 10 倍,而是万亿个万亿倍的人工大脑,也就是真正神一样的东西。"[1]因为一个创构者逐渐进化升级的过程,必定带来广义智能进化的迭代爆发。

最后,对于被创构者创构创构者来说,信息文明则是被创构者创构创构者的文明。作为创构文明,这是信息文明的极致发展。作为创构文明发展的起点,人类创构创构者的最终目的是自己作为创构开启者的自身发展,这意味着被创构者始终为创构者的发展所用。由此,无论关于这一进程后的发展形势持乐观还是悲观态度,一个即将到来的客观事实都将必定是:构成由创构者创构被创构者,再由被创构者反过来创构创构者的循环。

正是创构者与被创构者之间所构成的整体性智能化发展的循环,构成了信息文明整体性智能化发展阶段的特殊机制,构成了人的信息存在方式的不

---

① 雨果·德·加里:《智能简史》,胡静译,清华大学出版社,2007 年版,第 2 页。

断快速迭代升级;而人工智能则是从人类智能体到机器智能体及其融合进化,也就是信息文明整体性智能化发展不可或缺的过渡智能形式和基础。

三、人工智能的人性文明意蕴

一个不断快速迭代升级的创构文明,所催生的将是一种人的活动人性化的文明。人工智能的发展及其所展示的人类智能发展前景,为信息文明作为一种人性文明的发展提供了人类解放的真正进路,甚至具体机制。

包括整体性智能化发展阶段的信息文明,始终都是一种基于信息创构的人性文明。人类文明的发展,在以物能文明为主的阶段,既是人作为物能体从物能压迫中解放出来的过程,也是人作为信息体或人性与社会文明冲突的过程。只有到了信息文明时代,人类历史才真正步入人性文明的轨道。

创造是最符合人性的活动,而创造就是信息创造活动,所有的创造活动,归根结底都是信息活动。正是信息活动,使人类生存活动更符合人的本性;正是信息文明,使人类文明成为标志着人性解放的文明。作为人性化的信息平台,创构活动通过信息役物奠定了"物为人役"的机制基础,而"物为人役"的发展过程则不仅决定于物能文明的发展,而且决定于人的需要及其满足能力的发展。

在最为直接也是最具决定性的意义上说,正是人的需要的发展,带来了人的自由全面发展;而在相互关系的意义上说,人的需要的发展与满足需要能力的发展构成互动关系。作为一种为思想的文明提供了前提的文明,信息文明所带来的思想文明本身的发展,又决定于人的思想生产能力的发展。一个创意是第一生产力的时代,意味着思想是生产力。信息文明时代为信息创造能力的发展奠定了基础,而这则意味着为人性解放提供了信息平台。一方面,人性解放恰恰意味着类关系的提升,其结果就走向"自由人的联合体"。从信息文明的角度,我们可以看到这种理想社会实现的物能信息基础甚至具体机制,看到将这一理论的重要环节更具体化了。这也是我们在当今人类社会发展的现实中,所能看到的新的更清晰景观、视野和前景①。另一方面,这种"联合体"之中的"自由人"一定是需要层次足够高,满足高层次需要能力足够强的人,不仅他们的需要已经达到自我实现层级以上,而且他们的创造能力已经得到空前发展。

当人的需要发展到自我实现层级,人性的解放便已经达到完全不同的层次。人的自我实现最核心的内容,就是人之所以为人的展开。这方面最为关切的,就是创造活动和创造能力。作为最符合人性的活动,信息创构是创造活动的基础。而人的创造活动的普遍和充分展开,则一方面需要完全不同的外在物能(自然)和社会条件,另一方面需要内在发展和机制根据。就外在条件而言,必须是社会对物能的控制达到了全社会甚至全人类实现"物为人役"的水平,社会文明发展到了人性在社会维度获得程度越来越高解放的文明水平;从内在发展根据来说,则只有在这样的条件下才有可能:人的创造活动的充分展开,不仅必须在自己的创造物本身具有创造能力,而且这种次生创造能力能够反过来促进人的创造活动进一步展开,甚至提升人的创造性层次。正是由此可以清楚地看到,人工智能不仅是人类创造活动的产物,而且对于人类创造活动的进一步展开,具有不可取代的地位和意义。这也正是人工智能的发展使信息文明真正提升到整体性智能化发展阶段的更深层次内涵:人类的创造活动与自己的创造物——人工智能构成了一个相互生成的更高层次循环发展机制,这一发展机制对于信息文明发展中人类智能和机器智能的融合进化至关重要。

由此可见,信息文明的整体性智能化发展阶段,绝不仅仅是一个有人工智能基础的信息文明发展过程,而是整个信息文明日益成为一个由整体性智能化发展向智能体发展的阶段,或朝着发育成一个智能体的信息文明发展阶段;而人工智能是其整体性智能化发展的关键环节,这也正是人工智能之于信息文明更深刻的意蕴所在,它涉及人类及其信息存在方式的根本转变。

在信息文明的一般发展阶段,物能文明和信息文明的区分不是一种基于

---

① 王天恩:《信息文明论》,载《南国学术》,2015年第3期。

社会生产方式的区分,而是一种基于人的生存状态的人类文明划分①;而在信息文明的整体性智能化发展阶段,物能文明和信息文明的区分则是一种基于智能整体层次的区分,更确切地说,一种基于人的信息存在方式层次的区分。

以信息方式存在,才是人的本真存在;而以什么样的信息方式存在,则属于人的本真存在的层次问题。关于人的本真存在的层次,人工智能注定与之密切相关。

作为最符合人性的活动,信息文明时代占主导地位的信息创构活动,为人的类解放提供了理论根据,而人工智能的发展和机器智能的自主进化,则为此提供了现实路径。

在人们的观念中,当下人工智能的发展,呈现为如此矛盾的现象:一方面,人工智能的发展使人们忧虑工作岗位会越来越多地被智能机器所取代,越来越多人将面临失业的威胁;而另一方面,我们不难看到,人工智能的发展正是人类解放的真正序幕拉开,它所带来的不应当是忧虑,而是欢欣鼓舞才对。人工智能的发展将导致越来越多人的工作岗位为人工智能体所取代,在这一意义上,"失业"对于某些个人来说肯定是事实,只是这个事实不会构成对被取代者的威胁,因为正是越来越多的智能机器,使人类社会越来越能以更低的成本生产更多的财富,而这正是人类真正解放最重要甚至是唯一的红利,社会的正常发展会把这种"失业"转化为"解放"。因而对于整个人类而言,其所意味的显然是另一个方面:人类会随着人工智能的发展,从非创造性活动中解放出来。这对于人类的真正解放来说,应当是我们目前能看到的唯一方式和途径。至于人工智能的发展对于人类具体个体来说意味着什么,那就有赖于人类怎样把这种"灾难"顺理成章地转化为人类解放的准备和把握了。事实上,由于与人类及广义智能进化密切相关,人类将面临更为复杂的观念转换。

由于是只能在生物智能进化的基础上发生的智能进化,越过图灵奇点后

---

① 王天恩:《信息文明时代人的信息存在方式及其哲学意蕴》,载《哲学分析》,2017 年第 4 期。

的机器智能进化是一种次生进化，但在生物智能进化的基础上，无论智能形式还是进化方式，那都是比人类智能更高层次的超级智能。

机器智能发展到超级智能出现的可能，将使人类更涉及自身存在方式的前提性反思。人工智能进化的实质是信息进化，即信息体发展的层次提升。智能进化的初级形式以生物进化的自然方式进行，而其高级形式则将涉及信息载体的升级，从生物体向更有利于智能发展的更良载体发展。这一发展过程将表明，人类并不以生物载体为不可替换的根本。以生物为载体的人类只是自然人类，属于智能的初级载体，随着智能的进化，更高层次的物能利用将为智能发展创造更有利的条件。因此智能载体的升级换代是智能本身发展的必然结果，人类即使生物载体被替换，也不会因此而不复为人类①。因此，所谓超级智能的发展，实质上是智能进化从生物载体到更高层次载体的升级。相对于人类智能进化，这种智能载体的升级速度是生物进化不可比拟的。一旦关键性环节取得突破，超级智能时代将很快到来。这样一个时代所能为每个人提供的发展条件，将使人类文明发展达到一个完全不同的水平。

人类文明一方面是一个类的文明，只有当一个类的文明发展到一定水平，每个人的文明水平才可能有真正的相应提升；另一方面也是个体的文明，只有每个人的发展才可能构成整个人类文明的发展。在这一相互关系中，人类通过自己对于具有创造力的人工智能的创造，使人类个体智能的发展进入良性循环，这正是信息文明不断发展的基本机制。人工智能的根本信息文明意蕴，正在于这样一个循环机制：从自然发生的人类智能，到由人类创造的人工智能，再以越过图灵奇点的机器智能创构更高层次的人类智能。由此构成一个整体性智能化发展的双向循环。也正是这个双向循环过程，蕴含着人类解放的具体路径和机制。人类文明归根结底是信息文明，而信息文明则以整体性智能化为发展方向。在这一整体性智能化过程中，以信息方式存在的人不断从包括自身载体在内的物能束缚中解放出来，不断提升自己的信息方式存在

①　王天恩：《人工智能与人类命运》，载《教学与研究》，2018 年第 4 期。

层次,从而使信息文明的发展层次不断提升。而在这整个发展过程中,人工智能是通向人类智能和机器智能融合进化的关键环节。

（原载《社会科学战线》,2018 年第 7 期）

智能社会：共产主义社会建设的基础和条件

孙伟平

人工智能是基础性、开放性、革命性和颠覆性的高新科学技术。人工智能的快速发展和普及性应用对社会生产方式、生活方式乃至休闲娱乐方式都产生了巨大且深远的影响，成为促进社会制度变革和社会形态变迁的巨大推动力。本文拟立足智能科技对社会的全方位改造和重塑，从唯物史观的视角扼要分析作为"技术社会形态"的智能社会与作为"经济社会形态"的共产主义社会之间的内在联系，并尝试探讨智能时代实现共产主义的可能性和条件。

一、技术社会形态与经济社会形态 之间的内在联系

关于时代方位和社会性质，往往可以从不同视角、依据不同理论进行分析和判断。马克思主义经典作家创立的唯物史观提出了多种不同的社会形态划分方法，但根本方法是以生产方式为基础、以生产关系特别是生产资料的所有制形式为标志划分社会形态，即列宁所说的"从社会生活的各种领域中划分出经济领域，从一切社会关系中划分出生产关系，即决定其余一切关系的基本的

原始的关系"①,划分"经济社会形态"。据此分析,人类社会经历了一个从低级到高级发展的"自然历史过程"。"生产关系总合起来就构成所谓社会关系,构成所谓社会,并且是构成一个处于一定历史发展阶段上的社会,具有独特的特征的社会。古典古代社会、封建社会和资产阶级社会都是这样的生产关系的总和,而其中每一个生产关系的总和同时又标志着人类历史发展中的一个特殊阶段"②。按此,人类社会经历了一个从古代社会、封建社会、资本主义社会到共产主义社会的发展历程;当前,我们正处于马克思主义经典作家所断言的无产阶级反对资产阶级、共产主义社会(社会主义社会是其低级阶段)逐步取代资本主义社会的时代。

不过,如果我们立足社会生产力,特别是立足生产力中的革命性因素——科学技术——对时代和社会进行判断的话,那就不难发现另一种划分社会形态的方法,即"技术社会形态"。从"技术社会形态"的角度看,人类社会所经历的从低级到高级发展的"自然历史过程",依次大致可以划分为渔猎社会、农业社会、工业社会和智能社会。

马克思指出:"各种经济时代的区别,不在于生产什么,而在于怎样生产,用什么劳动资料生产。劳动资料不仅是人类劳动力发展的测量器,而且是劳动借以进行的社会关系的指示器。"③原始的渔猎社会,生产力水平比较低下,原始人使用极其简陋、粗糙的生产工具,如石器、木器、骨器等,以狩猎、捕鱼、采集果实为生,是一种"靠天吃饭"、低水平、欠发达的自然经济形态。农业社会最重要的经济和社会资源是土地,是以畜力和人自身的自然力为能量,以在土地上种植、养殖以及家庭手工业为主要生产活动的自给自足的小农经济形态。工业社会则主要依靠资本和市场驱动,以开发和使用自然资源(原材料、能源)、建设工厂、开动机器,通过专业分工、规模化、生产标准化的工业产品为主要生产方式。智能社会是一种"后工业"的技术社会形态,是以信息科技、智

① 《列宁选集》第1卷,北京:人民出版社,2012年版,第6页。
② 《马克思恩格斯选集》第1卷,北京:人民出版社,2012年版,第340页。
③ 《马克思恩格斯选集》第2卷,北京:人民出版社,2012年版,第172页。

能科技的发展和应用为核心的高科技社会,脑力劳动、知识创新、万物互联、大数据、云计算、智能系统(机器人)是智能社会区别于其他社会形态的典型要素。智能经济加工处理的"原料"主要是信息或知识,通过信息的采集、加工、传播和共享,特别是高科技含量的知识创新,前所未有地提高了劳动生产率和生产力水平。丹尼尔·贝尔(Daniel Bell)指出:"如果工业社会以机器技术为基础,那么后工业社会是由知识技术形成的。如果资本与劳动是工业社会的主要结构特征,那么信息和知识则是后工业社会的主要结构特征。"①其中,"理论知识处于中心地位,它是社会革新与制定政策的源泉"②。

马克思早就深刻地洞察到:"劳动生产力是随着科学和技术的不断进步而不断发展的"③;"随着新生产力的获得,人们改变自己的生产方式,随着生产方式即谋生方式的改变,人们也就会改变自己的一切社会关系"④。与不同科技含量的生产资料、特别是生产工具相适应,往往会产生不同的技术社会形态。随着"劳动创造人",人类逐渐学会使用石器、木器之类简陋的生产工具,迈入原始的渔猎社会;随着铁器的使用和农耕技术的发明,人类从渔猎社会逐渐迈入农业社会;以机器的发明和大规模使用为标志的工业革命极大地解放了社会生产力,将人类从农业社会快速推进到工业社会;而信息、智能科技革命的兴起,特别是人工智能的突破性发展,又正在把人类从工业社会导向智能社会。从时代和社会变迁的角度看,当今世界总体上处于从工业时代向智能时代、从工业社会向智能社会过渡的历史转折阶段。当然,受制于经济、技术发展水平的差距,以及文化、政策取向等方面因素的影响,不同国家、地区的信息化、智能化水平极不均衡,所处的社会发展阶段往往也存在巨大的差异。例如,中国虽然通过改革开放创造了举世瞩目的"经济奇迹",但仍然是世界上最

① 丹尼尔·贝尔:《后工业社会的来临》,高铦等译,北京:新华出版社,1997年版,前言第9页。
② 丹尼尔·贝尔:《后工业社会的来临》,高铦等译,北京:新华出版社,1997年版,第14页。
③《马克思恩格斯选集》第2卷,北京:人民出版社,2012年版,第271页。
④《马克思恩格斯选集》第1卷,北京:人民出版社,2012年版,第222页。

大的发展中国家，目前正处于从农业社会向新型工业化社会、同时向智能社会迈进的历史阶段。社会主义中国同时向两个更高层次的技术社会形态跃迁，这无疑是人类历史上具有创新意义的跨越式发展，是值得大书特书的伟大历史事件。

智能社会诚然是一个"新事物"，它因为其特有的生产方式，特别是信息化、智能化的劳动资料或生产工具，具有与渔猎社会、农业社会和工业社会迥然不同的基本特征。智能社会建立在高度发达的信息科技、智能科技的基础之上，是信息科技、智能科技广泛应用于经济、政治、社会、文化等领域，重建或"再结构"整个社会的产物。

如果说，土地在农业社会、资本在工业社会具有支配一切的权力，那么，信息、知识特别是创新性知识就是智能社会最为重要的经济和社会资源。智能科技革命催生了新兴的信息产业、智能产业，要求传统的农业、制造业等进行信息化、智能化改造，促使经济结构发生根本性调整，形成了新的产业结构、劳动方式与就业结构。在社会生产方式日趋信息化、智能化的过程中，以制造业为代表的工业逐渐让出主导产业的显赫位置，信息产业或智能产业以令人晕眩的速度快速扩张；脑力劳动相比体力劳动的增加值不断上升，发达国家的"白领"人数早已超过了"蓝领"；体力劳动者或机械的操作者不再是劳动主体，知识型劳动者"闪亮登场"，智能系统或智能机器人开始大量承担劳动任务。基于信息加工、知识生产的特点，全日制工作方式正让位于"自由"、弹性的工作方式，但劳动强度越来越高，对劳动者的素质和能力的要求也越来越高，劳动机会竞争日趋惨烈。"数字鸿沟"、信息贫富差距日益加大，"技术性失业""社会排斥"等凸显为尖锐的社会问题。

智能社会是一种"虚实结合"的高科技社会。基于数字技术特别是虚拟技术，人们创造了一个奇妙的"虚拟时空"，展开了各种各样的虚拟实践和虚拟交往活动；各种智能系统（包括智能机器人）源源不断地被开发出来，走进生产和生活的各个领域，人的主体地位、传统的人机关系都正面临冲击；智能机器人的功能日益丰富、强大，甚至开始趋向"生命化"，越来越具有"类人智能"，正在对"什么是人"或人的本质构成挑战……基于智能科技革命，人类正遭遇历史上最诡异的一场生存变异和活动革命,开始一种闻所未闻的"虚实结合"的生活。包括虚拟族群、虚拟家庭、虚拟企业、虚拟社区、虚拟城市、虚拟国家在内的各种虚拟社会组织大量崛起,社会治理体系、治理方式和政府的治理能力都面临巨大的挑战。

与以上剧烈的社会变迁相适应,智能社会的思想文化领域也正在发生引人注目的变化。一方面,思想文化领域的组织形式日益信息化、智能化,在意识形态宣传、道德教化、法治建设、文化建设等方面越来越多地运用信息、智能技术和手段。另一方面,传统的农业社会、工业社会的意识形态、法律法规、伦理道德和文化价值观遭受直接冲击,面临许多新的问题和挑战。如何适应时代变迁进行深层次变革,创新思想文化理论,构建新型的人机文明,已经成为摆在我们面前的紧迫课题。

虽然人工智能的发展目前仍处于初级阶段,智能社会的表现还不太充分,它的未来也不那么确定;但是,它越来越不像是"工业社会发展的高级阶段",而是对工业社会的革命性、颠覆性的超越,是比工业社会更先进的一种新型的技术社会形态。作为一种新的社会模式、新的社会形态,智能社会仍然处于高速发展过程之中,它将把社会改造、重构成什么样子,还有待其自身发展的可能性和人们的选择性应用。当然,智能社会的到来并不意味着与传统技术社会形态的一切不分青红皂白地决裂,并不是要排斥甚至消灭农业社会、工业社会的一切。不过,迈入异质性的智能时代,农业社会、工业社会的一切,包括这些社会形态中的经济、政治、社会、文化等领域,都必须经过暴风骤雨般的信息化、智能化的洗礼,进行彻底的信息化、智能化改造。这就如同从农业社会跨入工业社会并没有消除农业部门,但农业必须全面实现机械化才可能有光明的前途一样。

历史地看,智能社会的全面建构尚"在路上",它的实现是一个渐进的历史过程。但很明显,智能科技正在成为塑造社会的基本技术力量,成为社会发展、社会变革的基本动力。虽然我们总体上并不认同"技术决定论",而且深知科学技术的变革力量受制于社会主体等因素,需要依靠相应社会主体的认知、行动和意志力才能发挥出来,但是,我们也不能走向另一个极端,无视智能科技范式的"内在逻辑",无视它相比以往科学技术更为强大的革命性和推动力,无视它对整个社会正在进行的改造、重塑和"再结构"。这正如曼纽尔·卡斯特(Manuel Castells)所说的："虽然技术就其本身而言，并未决定历史演变与社会变迁，技术(或缺少技术)却体现了社会自我转化的能力，以及社会在总是充满冲突的过程里决定运用其技术潜能的方式。"①

此外，还应该着重指出的是，技术社会形态与经济社会形态之间往往存在着内在的关联。考察和咀嚼人类有文字记载的社会发展历程，我们不难发现，古代社会建立在渔猎社会的基础之上，是一种原始的、不发达的社会形态；封建社会建筑在农业社会的基础之上，人们有时称之为"封建小农经济"，或者自给自足的"小农社会"；资本主义社会建筑在工业社会的机器生产基础之上，有时人们也称"工业资本主义社会"。马克思胸怀全局，早就高屋建瓴地洞察到了技术社会形态与经济社会形态之间的这种内在关系。他形象地说："手推磨产生的是封建主的社会，蒸汽磨产生的是工业资本家的社会。"②今天，站在历史的转折点上，我们是否可以循着马克思的思路，大胆地提出诸如此类的问题：智能社会与共产主义社会之间是否也存在着某种内在的、必然的联系？或者说，在"电子磨"产生的智能社会的基础之上，是否有可能诞生一种崭新的更先进的社会形态——共产主义社会。顺便应该强调的是，如果这一大胆的假设成立，那么就合理地解决了共产主义社会与资本主义社会"共享"一种技术社会形态、在同一个技术社会形态的层次上"纠缠不休"的问题，从而令共产主义社会拥有更为先进的技术社会形态基础，令共产主义社会相对于资本主义社会的优越性和超越性显得理所当然！

二、智能社会为共产主义社会奠定了基础

很明显，人工智能的快速发展和广泛应用，智能社会的到来，为马克思恩

---

① 曼纽尔·卡斯特：《网络社会的崛起》，夏铸九、王志弘等译，北京：社会科学文献出版社，2001年版，第8页。

② 《马克思恩格斯选集》第1卷，北京：人民出版社，2012年版，第222页。

格斯所构想的共产主义社会奠定了坚实的物质基础,提供了一些基本的条件。如果我们立足唯物史观的社会形态理论,对智能社会与共产主义社会进行深入的学理分析,那么不难发现,它们之间存在着一些颇具深意的内在联系,存在着一些相同或相似的基本特征。

首先,随着智能科技的指数式发展和在经济领域的广泛应用,智能产业横空出世,传统产业的信息化、智能化不断增强,这极大地提升了经济活动的科技含量和劳动生产率。以之为基础,人类正在迈入一个"生产力高度发达、物质财富极大丰富"的超级富裕社会。这一切不仅是马克思恩格斯所构想的超越资本主义、实现共产主义的基本条件,而且为彻底消除贫困,满足人们不断增长的物质和精神文化需求,实现马克思恩格斯所畅想的"各尽所能、按需分配"提供了可能。当然,对于这里所谓的"按需分配",我们不应该作任何随意、夸张的阐释,它主要指根据人的"需要"组织定制型生产,依据人的"需要"分配产品和服务。人的"需要"作为人的社会本性,体现着"人之为人的本质规定性",绝不能将它简单地等同于人的"欲望"甚至"贪欲";"按需分配"绝不能理解为随意地"满足所有人的所有欲望",特别是那些不健康、不合理的欲望,那些试图主宰世界、奴役他人的欲望。

其次,无形的信息或知识成为最重要的生产资料,并以其可共享性为生产资料的公有制开辟了道路。与农业时代(封建社会)最重要的生产资料——土地、工业时代(资本主义社会)最重要的生产资料——资本(包括货币资本、物质资本等)相比,智能时代最重要的生产资料——信息、知识具有鲜明的异质性,即它是无形的,具有可分享或可共享的特性。即是说,土地、资本等生产资料的所有权具有明确的排他性、不可分享性;而无形的信息、知识则可以跨时空地、甚至无限地分享、共享。任何人掌握的信息、知识分享给他人,为无数的人所共享,都不会令任何相关的人失去对它的占有。信息、知识甚至具有"共享增益"的特点:垄断的程度越高,时间越长,价值就越小;反之,共享的程度越高,时空范围越广,价值就越大。信息、知识等核心生产资料具有不排他的可共享性,至少从理论上消除了实现"生产资料公有制"的障碍,令"生产资料公有制"在人类历史上变得前所未有的简便易行。

再次，信息化、智能化的技术基础设施以及先进的智能分析工具为高度发达的计划经济提供了可能。诚然，在20世纪国际共产主义运动中，高度集中的计划经济体制在完成其历史使命后，被迫让位给了市场经济体制。但这是否说明市场一定比计划更合理、更先进呢？无论是从理论上，还是从经典作家的论述中，我们都不能得出这样的结论；即使依据常识判断，计划也应该比市场更合理、更进步。当然，成功的计划经济体制必须满足相应的前提条件，即必须能够快速、准确地采集、整理、分析生产者、消费者以及流通领域的详尽信息（大数据），依据科学方法、经济模型制定合理的计划，并且能够因应各个方面情况的瞬息变化快速地进行动态调整。如果不能满足上述技术条件，计划就可能滞后于市场、"赶不上变化"，变成"瞎指挥"；就可能通过高度集权，捆住各市场主体的手脚，窒息各市场主体的生机和活力；从而还不如市场那只"看不见的手"有效。在智能时代之前，在苏联、中国这样庞大、复杂的市场环境中，囿于农业或工业时代的理论储备和技术手段，恰恰不可能满足计划所要求的上述基本条件。然而，在社会信息化、智能化背景下，通过互联网、物联网即时获取市场大数据，通过高速电子计算机运用云计算进行加工处理，建设并不断完善基于市场的计划模型就具有了现实的可行性。这样一来，以往计划的诸多弊端和被动局面完全有可能被彻底改变：通过对生产、流通、交换、消费等环节的全方位监测，相关部门可以全天候捕捉市场大数据，围绕消费者丰富、多变的需求，组织、调配各种生产资源，开展有针对性的订制型生产，利用发达的智能物流系统快速配送，并根据市场反馈动态地进行调整。这样的计划经济体制既可以调动一切可以调动的经济要素，对市场需求作出灵敏反应，大幅提高劳动生产效率，及时满足消费者多样化、个性化的需求，又可以加强经济的宏观调控和结构调整，主动抑制市场的自发性和盲目性，减少因市场的无序波动而导致的浪费现象。

第四，随着生产的信息化、自动化和智能化，特别是智能系统或智能机器人的广泛使用，产业结构不断调整、升级，一些又苦又累、单调重复、枯燥乏味的工作，或者有毒、有害、危险环境中的工作，正大量地交由智能系统或智能机器人去做；一些曾被认为"专属于人类的工作岗位"，如教学、诊疗、断案、写诗、绘画、作曲、弹琴、跳舞等,相应的专用智能系统也正在初试身手。由于智能系统或智能机器人越来越聪明能干,制造成本不断降低,加之它们从不"计较"工作环境、工作时间和劳动待遇,预计人类将渐次"交出"越来越多的工作岗位。虽然这可能导致汹涌的技术性失业潮,但如果社会顶层设计合理的话,也可能产生巨大的正向效应:即由智能系统承担人们没有兴趣、不愿意从事的工作,将人从被强迫的异化劳动中解放出来。如此一来,就可以消除"迫使个人奴隶般地服从分工的情形",将必要的劳动岗位和工作职责分配给真正有兴趣、由衷热爱它的人,让人们自由、自主、自觉地"各尽所能",让劳动在人类历史上"不仅仅是谋生的手段",而且切实成为"生活的第一需要"①。

经济活动的信息化、智能化,智能系统不断取代人工作,这大大节约了人力和人的劳动时间,增加了人的自由活动时间,为人的劳动解放和自由全面发展提供了机遇。自由时间是人的自由全面发展的空间。在古代社会,由于生产工具简陋、生产力水平极其低下,原始人不得不将全部时间都用于物质生活资料的生产。随着科技进步和生产力的发展,出现了剩余产品,或者说出现了剩余劳动和以剩余劳动为基础的自由时间。少数人通过占有剩余产品,成为不劳而获的统治阶级和特权阶层,强行占有了整个社会的自由时间;而大多数人则被迫承担全社会的劳动重负,沦为被剥削、被压迫的"劳动阶级"。"劳动阶级"创造的自由时间被野蛮剥夺,也就丧失了自由全面发展的空间。而智能时代的到来,不仅通过生产工具的革新和生产效率的提高,满足了人们生存、生活所必需的各种消费需求,而且将"劳动阶级"从强迫劳动中解放出来,普遍减少必要劳动时间,增加了自由时间。人们可以利用普遍增加的自由时间,培养自己的兴趣和爱好,发挥自己的力量和才能,不断向自由全面发展迈进。

迈入智能社会,由于生产力极大发展,社会财富极大丰富,特别是由于消除了给每个人造成片面性的旧式分工和异化人的强迫劳动,人们得以自由、自主、自觉地参加生产劳动,"能够全面发挥他们的得到全面发展的才能"②,成

①《马克思恩格斯选集》第 3 卷,北京:人民出版社,2012 年版,第 364—365 页。
②《马克思恩格斯选集》第 1 卷,北京:人民出版社,2012 年版,第 308 页。

为自由全面发展的人。并且，基于智能社会民主化的技术结构、经济结构和组织结构，每个人的自由全面发展都可以是平等、公正的，因为每个人并不一定需要占有他人的自由时间，并没有必要剥夺、奴役他人；每个人的自由全面发展也并不妨碍任何人的自由全面发展，甚至"是一切人的自由发展的条件"①。而由这样"自由全面发展的个人"所构成的"自由人联合体"，正是马克思恩格斯所畅想的美好的共产主义社会。马克思晚年在《资本论》中认为，作为"自由人联合体"的共产主义社会，是比资本主义社会"更高级的、以每一个个人的全面而自由地发展为基本原则的社会形式"②。

智能社会与智能科技一样，目前仍然处在高速发展过程之中，如果我们解放思想，深入地、系统地进行挖掘的话，它可能提供的社会条件、导致的社会变化、产生的社会后果还有很多。毋庸置疑，其中的许多变化内涵丰富，意味深长，令人惊喜。立足历史进步论综合来看，智能科技的发展，智能社会的到来，确实是具有革命性的、影响深远的社会进步。它至少让我们认识到，马克思恩格斯所构想的共产主义理想并不是遥远、渺茫的"乌托邦"，它们日益具有真切、扎实的理论和实践基础；我们身边的共产主义因素正日渐增多，我们离共产主义社会也越来越近，或者说，实现共产主义所需要的一系列关键性条件正在得到满足。

三、实现共产主义需要进行系统的社会变革

虽然智能社会为共产主义社会奠定了基础，准备了条件，但是，我们应该清醒地认识到，共产主义社会绝不会随着智能科技的进步、技术社会形态的演进而自动地实现，不会随着生产力的快速发展、社会财富的迅猛增加而自动地到来。我们必须摒弃消极的观望、坐等心理，主动顺应历史潮流，做历史的促

① 《马克思恩格斯选集》第 1 卷，北京：人民出版社，2012 年版，第 422 页。
② 《马克思恩格斯选集》第 2 卷，北京：人民出版社，2012 年版，第 267 页。

进派,按照共产主义原理开展系统的社会变革。

旨在实现共产主义的社会变革的关键,在于破除"私有制神圣不可侵犯"的理念,铲除生产资料私有制,遏制"资本的逻辑"和被资本或公开或隐蔽宰制的"技术的逻辑",建立全体人民当家作主、共建共享的新型公有制社会。毕竟,在资本的私有制条件下,资本的逐利本性绝不会自动地改变,资本的拥有者和代言人仍将一如既往地贪婪和无耻。历史与现实无数次领教过"资本的逻辑"的残酷无情,它将一切高尚的、无利可图的元素通通视为没有价值地抛在一边,而为了高额利润"就铤而走险",甚至"敢践踏一切人间法律""敢犯任何罪行"①。在资本主义发展史上,包括在2020年,已经一再重演这样荒唐的一幕:为了保住牛奶的利润,资本家宁愿往河流里倾倒牛奶,也不愿意免费提供给有需要的底层民众!

在资本主义私有制和"资本的逻辑"统治下,"技术的逻辑"常常呈现出宰制、异化人的狰狞面目;如果占人口绝大多数的普通民众失去社会控制权,必然重蹈历史上被剥削、被奴役的悲惨命运。因为在智能社会,如果仍然实行资本和社会资源的私有制,那么,真正掌握先进的核心技术、拥有雄厚经济实力(资本)的仅仅只是金字塔塔尖的少数人,技术资源、信息资源、社会财富将以前所未有的速度集中到他们手上,社会贫富分化将日益严重;而占人口绝大多数的民众由于"数字鸿沟"等原因,将缺乏基本的收入来源,陷入相对贫困状态,社会生产也将由于整个社会的消费力不足,失去消费的有力拉动而停滞不前。"数字穷人"在缺乏基本收入的情况下,还要承担昂贵的教育、医疗、住房、养老、保险等费用,生存环境、生活质量和幸福指数必将每况愈下,不得不接受"贫者愈贫、富者愈富"的结局。

在日益严重的数字鸿沟、贫富分化和社会分化情形下,如果不进行系统的社会变革,听凭"资本的逻辑"和"技术的逻辑"横行霸道,广大民众的命运甚至可能比农业社会、工业社会更加悲惨,不得不接受被经济和社会体系所"排斥"、被彻底边缘化的命运。因为,随着社会的信息化、自动化和智能化,产业

---

① 《马克思恩格斯选集》第2卷,北京:人民出版社,2012年版,第297页。

结构不断转型升级，越来越多的工作将交给智能系统、智能机器人去做，大量文盲、科盲之类的"数字穷人"将不得不加入"技术性失业"的大军，劳动机会和劳动参与率有可能不断创出新低。唯利是图的资本家宁愿雇佣"听话的智能机器"，而不愿理睬权利意识、社会福利要求不断高涨的"数字穷人"。"数字穷人"难免被整个社会的技术逻辑和经济逻辑所排斥，甚至丧失劳动的价值和被剥削的价值，失去生活的方向和存在的意义。社会发展到这样荒谬、极端的地步，广大被"社会排斥"的民众的不满和愤怒不断累积，他们无所事事，无所适从，他们不再沉默，不得不反抗，必将导致严重的社会冲突和社会动荡。

直面"资本的逻辑"和"技术的逻辑"及其可能的联姻，直面可能出现的空前严峻的社会矛盾和社会冲突，唯一的出路是建立以生产资料公有制为基础、全体人民当家作主的新型社会制度——共产主义制度。因为，只有在全体人民当家作主的社会制度下，才能阻止"资本的逻辑"和"技术的逻辑"为所欲为，令科技进步、社会进步的成果为全体人民共有、共享。当然，如何立足智能科技的发展和应用，具体地做好共产主义社会的顶层设计，促进社会开展全方位变革，是又一个具有挑战性的课题，目前并不存在现成的模式和可资借鉴的思路。或许，以下几个方面是基本而必要的：

首先，倡导"科技是第一生产力"理念，落实"全民终身教育"制度，为智能社会的发展、共产主义社会的实现提供不竭动力。智能科技是智能社会的基本技术支撑，科技和教育是人们成为智能社会合格劳动者的"敲门砖"。必须坚持"科技是第一生产力""科技立国"发展方略，推动智能科技的研发和应用，不断提升整个社会的信息化和智能化水平；坚持"教育立国"基本国策，全面提升人口素质和教育水平，为科技发展提供高端人才，为经济和社会发展培养合格的"知识劳动者"；通过"知识劳动者"的创新性劳动，发展智能经济，实现社会生产力的高度发达、物质财富的极大丰富和人民生活水平的大幅提高，切实满足全体人民不断增长的美好生活需求。

其次，审慎地处理信息、知识的所有权问题，根据信息、知识的特点重建一种"新型公有制"。马克思、恩格斯指出："共产主义并不剥夺任何人占有社会产品的权力,它只剥夺利用这种占有去奴役他人劳动的权力。"①一方面,可以在尊重科技发展规律和"生产资料的共同占有"的基础上,建立合理、但有限的知识产权制度,切实尊重科技工作者的劳动,保护科技工作者的创造积极性,从而让最重要的经济和社会资源——创新性知识——不断涌流;另一方面,从制度上禁止信息、知识的私有化和恶意垄断,利用创新性知识具有的可分享、共享特性,让这种最重要的经济和社会资源总体上能够为广大人民所公有、共享。在科技和经济发展极不平衡的当今世界,只有实现创新性知识的公有、共享,才能防止资本所有者和技术精英垄断、操控技术攫取超额利润,拓展数字鸿沟,加速社会分化;才能保证共产主义社会建设的方向,让全体人民共享智能社会建设的成果,过上有保障、有质量、有尊严的幸福生活。

再次,基于互联网、物联网、大数据和云计算,构筑灵敏反映市场需求并动态变化的经济模型,实现经济和社会有计划地"又快又好"的发展。这种基于智能科技的新计划经济模式,既能够实现"人财物""产供销"的优化配置,又能够针对客户的个体化需求组织订制型生产,是人类历史上前所未有的既经济、又高效的劳动组织方式。它运用互联网、物联网、大数据和云端的智能分析工具,将那只"看不见的手"的作用"显性化",同时又避免了资本主义盲目的市场运作所造成的浪费,以及通过广告、影视作品等刺激出来的虚假需求的满足。当然,这种新计划经济模式的控制权必须掌握在全体人民手中,因为它一旦被具有技术优势的超级大国、利益集团,甚至具有自主性的超级智能系统所掌控,就可能异化成为统治、剥削、奴役广大人民的新工具。

第四,探索基于共产主义原则、符合智能社会特点的公正、合理的分配方式,维护和拓展广大劳动者的合法权益。私有制社会中按照土地、资本等生产要素进行分配的分配方式既不符合智能社会的特点,又不断加剧社会的不平等、不公正,必须基于共产主义原则和智能社会的特点进行系统地改革。一方面,立足宏观调控,通过累进制税率等税收方式,对初次分配进行必要的调节;另一方面,通过设立"全民基本收入"、健全社会福利保障制度等举措,在再次

---

① 《马克思恩格斯选集》第 1 卷,北京:人民出版社,2012 年版,第 416 页。

分配时对社会财富进行"按需调节"，保障全体人民的民生需求、生存质量和合法权益。此外，必须落实"全民终身教育"制度，保障全体人民的劳动权、发展权以及作为"劳动者"的尊严。在目前存在严重的贫富分化、数字鸿沟的背景下，必须开展制度化的免费义务教育、免费职业培训和人才资源开发，保证广大人民的文化素质、科技素养和劳动技能不断提高，跟上智能社会和未来共产主义社会不断增长的需求。只有这样，才能为智能社会和共产主义社会建设源源不断地提供高质量的劳动力资源，同时避免广大民众因无法提升自身素质、获取必要的劳动技能，而难以实现就业和再就业、向上流动。

第五，与智能经济和新计划经济的发展相协调，建立公正、合理的社会分工体系。在社会信息化、自动化和智能化背景下，工业时代确立的异化人的旧式社会分工既不合时宜，又不合理，而且，大量的工作岗位已经、或可以为智能系统、智能机器人所取代。在这种情况下，必须立足智能社会治理的价值原则，建立基于科技人才和劳动力大数据库的"智能分工模型"，按照全体社会成员的兴趣、爱好、才干和意愿进行社会分工，并建立适时动态调整的体制和机制。在这种社会分工"新常态"中，劳动将不再"仅仅是谋生的手段"，不再是被迫承担的"苦役"，而真正成为人们的积极的存在方式，成为人们"生活的第一需要"①。

第六，基于"智能分工模型"，大幅减少全体社会成员的必要劳动时间，普遍增加其积极存在、自由全面发展所必需的自由时间，为全体社会成员的劳动解放和自由全面发展创造条件。自由时间是人的自由全面发展的条件，但它也仅仅是条件，关键还在于如何运用自由时间。比较理想的状态，是人们都有机会从事自己热爱的职业，能够将自由时间用来培养自己的兴趣、爱好和特长，在自己最感兴趣、最为热爱、最富才干的劳动领域做出创造性贡献，将个人价值的实现、自由全面发展与社会生产的繁荣、社会文明的进步有机统一起来。如果每个人都能得到充分的、富有个性的自由全面发展，那么，整个社会就可能建设成为全体劳动者"各尽所能""各取所需"的"自由人联合体"。

---

① 《马克思恩格斯选集》第3卷，北京：人民出版社，2012年版，第365页。

  总之,历史进程常常是由科技革命所触发、并由科技内在的"再结构"力量所驱动的。这正如恩格斯所说:"在马克思看来,科学是一种在历史上起推动作用的、革命的力量。"①作为一种能够革新生产工具、拓展生产领域、激活生产要素、提高劳动生产率的高新科学技术,人工智能的飞速发展、经济和社会的智能化,已经引起或者正在触发一系列重大的社会历史变迁,催生一种崭新的社会制度——共产主义社会!当今世界发达资本主义国家在信息科技、智能科技领域的开拓创新,智能经济、智慧城市等的快速发展,一方面极大地推动了生产力的发展,为资本家赚取了超额利润,扩大了既有的贫富差距和社会分化,另一方面也重筑了社会基础设施,重构了社会组织方式和社会治理体系,为共产主义社会的到来准备了条件。在这一变革性的历史关头,广大马克思主义者应该坚定理论自信、制度自信和道路自信,旗帜鲜明地批驳弗朗西斯·福山(Francis Fukuyama)的"历史终结论(即共产主义失败论)""共产主义乌托邦论""共产主义渺茫论"等错误观点;应该像马克思、恩格斯等经典作家当年所做的一样,对科学技术的革命性进展感到"衷心喜悦",善于发掘重大科技革命的理论和实践意蕴,善于运用科技的力量进行社会改造,为共产主义社会的早日实现创造有利条件、贡献智慧和力量!

       (原载《马克思主义研究》,2021 年第 1 期)

---

① 《马克思恩格斯选集》第 3 卷,北京:人民出版社,2012 年版,第 1003 页。

后　记

近些年来,随着技术的进步,人工智能越来越成为推动经济与社会发展、塑造人与社会的革命性力量;同时,它可能导致的风险与挑战,也越来越成为社会各界关注的焦点。在汹涌澎湃的信息化、智能化浪潮中,从价值论、伦理学的高度对人工智能的发展和应用开展批判性反思,显得尤为重要。上海大学是国内最早开展人工智能跨学科研究的高校之一,其智能哲学研究团队及取得的成果也越来越受到学术界的瞩目。本论文集收录了研究团队在人工智能的伦理和价值反思方面已发表的部分论文,比较集中地体现了研究团队的学术旨趣和科研方向。

本论文集一共选录论文 15 篇。除导论外,其他 14 篇论文集中在以下 5 个领域:人工智能的价值主体地位、人工智能的伦理维度、智能伦理的原则与造世伦理、人工智能的工作伦理与劳动价值论以及智能社会及其价值建构。当然,这样的领域区分只具有相对的意义。这五个领域之间虽然彼此存在区别,但又是相互关联、相互渗透的,它们共同构成了对人工智能伦理、价值的整体性思考。

需要强调并指出的是,本论文集所涉主题的研究、写作和出版得到了很多同仁的关心、支持和帮助。金东寒院士、徐德民院士、唐长红院士、李德毅院士、谢少荣教授、张新鹏教授、曾刚教授、于晓宇教授等为我们提供了与科技界合作开展研究和讨论的宝贵机会;任晓明教授、李伦教授、成素梅教授、何云峰教授、王国豫教授、段伟文研究员、李建会教授、闫宏秀教授、苏令银副教授等对上大团队提供了广泛的支持;王天恩教授、肖峰教授听到我们有编此论文集的想法后,第一时间将论文稿件发给我们;上海大学出版社的王聪老师做了大量细致的工作;这里一并致以衷心的谢意!

最后必须特别说明的是,本论文集的研究和写作,得到了国家社科基金重大项目"人工智能前沿问题的马克思主义哲学研究"(项目编号:19ZDA018)、教育部哲学社会科学重大课题攻关项目"人工智能的哲学思考研究"(项目编号:18JZD013)、上海市教委马克思主义理论高峰学科(上海大学)的支持和资助,是上述项目和上海大学智能哲学与文化研究院的阶段性成果。

孙伟平　戴益斌

2022 年 6 月 28 日